CÓMO EVITAR LA PRÓXIMA PANDEMIA

CÓMO EVITAR LA PROXIMA PANDEMIA

BILL GATES

Traducción de Carlos Abreu Fetter y Raúl Sastre Letona

PLAZA JANÉS

Papel certificado por el Forest Stewardship Council®

Título original: *How to Prevent the Next Pandemic*

Primera edición: mayo de 2022

© 2022, Bill Gates
Esta traducción ha sido publicada mediante acuerdo con Doubleday, un sello de
The Knopf Doubleday Group, una división de Penguin Random House, LLC.

Printed in Spain – Impreso en España

ISBN: 978-84-01-02960-8
Depósito legal: B-5345-2022

Compuesto en Pleca Digital, S. L. U.

Impreso en Rotoprint by Domingo, S.L.
Castellar del Vallés (Barcelona)

L029608

Para los profesionales de primera línea que arriesgaron su vida durante la pandemia de la COVID-19, y los científicos y líderes en cuyas manos está impedir que tengan que volver a hacerlo

Y en memoria del Dr. Paul Farmer, que inspiró al mundo con su compromiso de salvar vidas. La cantidad recaudada como derechos de autor por este libro será donada a su organización, Partners in Health.

ÍNDICE

INTRODUCCIÓN

Un viernes de mediados de febrero de 2020, durante una cena, comprendí que la COVID-19 se convertiría en un desastre a escala mundial.

Llevaba varias semanas consultando a expertos de la Fundación Gates sobre una nueva enfermedad respiratoria que circulaba por China y había empezado a extenderse a otros países. Tenemos la fortuna de contar con un equipo de profesionales de primer nivel con décadas de experiencia en la detección, el tratamiento y la prevención de enfermedades infecciosas, que estaban siguiendo con atención la evolución de la COVID-19. El virus había comenzado a circular en África y, basándonos en la valoración inicial de la fundación y en peticiones de gobiernos africanos, habíamos asignado ayudas por varios millones de dólares para impedir que se propagara más, así como para ayudar a otros países a prepararse para un eventual repunte. Nuestro razonamiento era el siguiente: esperamos que el virus no se extienda por todo el mundo, pero, a falta de más información, debemos dar por sentado que esto es lo que va a ocurrir.

En aquel entonces, todavía había motivos para creer que era posible contener el virus y que no provocaría una pandemia. El gobierno chino había tomado medidas de seguridad sin precedentes para imponer un confinamiento en Wuhan, la ciudad donde había surgido el virus: se cerraron colegios y espacios públicos, y se expidieron a los ciudadanos tarjetas de autorización con las que podían salir de casa un día sí y otro no durante treinta minutos seguidos. Además, la incidencia del virus aún era lo bastante baja para que los países permitieran a las personas viajar libremente. Yo había volado a Sudáfrica a principios de febrero para asistir a un partido benéfico de tenis.

Cuando regresé a Estados Unidos, me propuse mantener una charla en profundidad sobre la COVID-19 en la fundación. Había una pregunta esencial a la que no dejaba de dar vueltas y que quería explorar a fondo: ¿era posible frenar el avance del virus, o se expandiría por todo el mundo?

Recurrí a una táctica socorrida que utilizaba desde hacía años: la cena de trabajo. No hace falta elaborar un orden del día; basta con invitar a cerca de una decena de personas inteligentes, proporcionarles comida y bebida, plantearles unas preguntas preparadas y dejar que piensen en voz alta. Algunas de las mejores conversaciones de mi vida profesional las he tenido con un tenedor en la mano y una servilleta sobre las piernas.

Así que, un par de días después de regresar de Sudáfrica, mandé un correo electrónico con vistas a organizar algo para la noche del viernes: «Podríamos montar una cena con la gente que está investigando el tema del coronavirus para una toma de contacto». Casi todos tuvieron la amabilidad de aceptar —a pesar de la poca antelación del aviso y de sus agendas apretadas— y, ese viernes, una docena de expertos de la fundación y otras organizaciones acudieron a mi oficina, situada a las afueras de Seattle, para participar en la cena. Mientras comíamos asado de tira con ensalada, abordamos la pregunta clave: ¿la amenaza de la COVID-19 se traduciría en una pandemia?

Esa noche me enteré de que las cifras no eran muy prometedoras para la humanidad. Puesto que la enfermedad se contagia por el aire —lo que la hace más transmisible, por ejemplo, que los virus que se propagan por contacto, como el VIH o el ébola—, había pocas posibilidades de evitar que se extendiera más allá de unos pocos países. En cuestión de unos meses, millones de personas de todo el planeta contraerían la COVID-19, y millones morirían a causa de ella.

Me extrañaba que los gobiernos no mostraran una mayor preocupación por esa catástrofe que se avecinaba.

—¿Por qué los gobiernos no están actuando con más urgencia? —pregunté.

Un científico del equipo, un investigador sudafricano llamado Keith Klugman que había desembarcado en nuestra fundación procedente de la Universidad de Emory, simplemente respondió:

—Deberían.

Las enfermedades infecciosas —tanto las que dan lugar a pandemias como las que no— representan casi una obsesión para mí. A diferencia de los asuntos que trataba en mis libros anteriores, el software y el cambio climático, las enfermedades infecciosas mortales no son cuestiones en las que la gente quiera pensar (la COVID-19 es la excepción que confirma la regla). Había tenido que aprender a moderar mi entusiasmo cuando hablaba de tratamientos para el sida y una vacuna contra la malaria en las fiestas.

Mi pasión por el tema se remonta veinticinco años atrás, a enero de 1997, cuando Melinda y yo leímos un artículo en de *The New*

York Times firmado por Nicholas Kristof. En él aseguraba que la diarrea mataba a 3,1 millones de personas cada año, en su mayoría niños. Esto nos alarmó. ¡Tres millones de criaturas al año! ¿Cómo era posible que murieran tantos debido a algo que, a nuestros ojos, era poco más que una molestia incómoda?

De *The New York Times* © The New York Times Company. Todos los derechos reservados. Publicada bajo licencia.

Descubrimos que existía un sencillo tratamiento para la diarrea que salvaba vidas —una fórmula económica que reponía los nutrientes que se perdían en cada episodio—, pero que no llegaba a millones de niños. Nos pareció que podíamos contribuir a resolver este problema, así que instituimos becas para ampliar el acceso al tratamiento y apoyar el desarrollo de una vacuna que previniera directamente las enfermedades diarreicas.*

Quería informarme más. Contacté con el doctor Bill Foege, uno de los epidemiólogos que consiguieron erradicar la viruela y exdirector de los Centros para el Control y la Prevención de Enfermedades. Bill me proporcionó una pila de ochenta y un libros de texto y artículos especializados sobre la viruela, la malaria y la sanidad pública en países pobres; los leí tan deprisa como pude y le

---

* Ya explicaré los resultados de la iniciativa en el capítulo 3.

pedí más. Uno de los que más influyeron en mí tenía un título más bien prosaico: *World Development Report 1993: Investing in Health, Volume 1* [Informe sobre el desarrollo mundial 1993: invertir en salud, volumen 1]. Así nació mi obsesión por las enfermedades infecciosas, y sobre todo por los problemas que causan en los países de rentas bajas y medias.

Cuando uno empieza a leer sobre enfermedades infecciosas, no tarda en toparse con el tema de los brotes, epidemias y pandemias. No existen definiciones estrictas para estos términos. A grandes rasgos, podemos considerar que un brote es cuando una enfermedad circula a nivel local; una epidemia es cuando un brote se extiende a escala nacional; y una pandemia es cuando una epidemia adquiere una dimensión global y afecta a más de un continente. Por otro lado, algunas enfermedades no van y vienen, sino que permanecen circunscritas a una zona determinada; se las conoce como enfermedades endémicas. La malaria, por ejemplo, es endémica en muchas regiones ecuatoriales. Si la COVID-19 nunca desaparece del todo, será catalogada como enfermedad endémica.

No es raro que se descubran patógenos nuevos. En los últimos cincuenta años, según la Organización Mundial de la Salud (OMS), los científicos han identificado más de 1.500, en su mayoría transmitidos de animales a seres humanos.

Algunos apenas han resultado dañinos; otros, como el VIH, han tenido efectos catastróficos. El VIH/sida ha matado a más de 36 millones de personas, y más de 37 millones conviven con el VIH en la actualidad. Se diagnosticaron 1,5 millones de casos nuevos en 2020, aunque la cifra se reduce año tras año porque los pacientes que reciben un tratamiento adecuado con antivirales no propagan la enfermedad.

BROTE   **EPIDEMIA**   **PANDEMIA**
Local   Nacional   Global

Y, con excepción de la viruela —la única enfermedad humana que se ha conseguido erradicar—, las antiguas patologías infecciosas aún persisten. Incluso la peste, un mal que solemos relacionar con la época medieval, sigue entre nosotros. Golpeó Madagascar en 2017, donde infectó a más de dos mil cuatrocientas personas y acabó con la vida de más de doscientas. La OMS recibe informes de por lo menos cuarenta brotes de cólera al año. Entre 1976 y 2018, se registraron veinticuatro brotes localizados y una epidemia de ébola. Si incluimos los pequeños, seguramente se producen anualmente más de doscientos brotes de enfermedades infecciosas.

Muertes por TBC, VIH y malaria (1990-2019)
107,7 millones

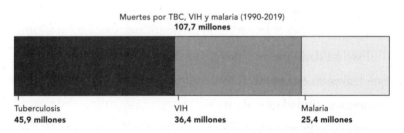

Tuberculosis   VIH   Malaria
45,9 millones   **36,4 millones**   **25,4 millones**

Asesinas endémicas. El VIH/sida, la malaria y la tuberculosis han matado a más de cien millones de personas en todo el mundo desde 1990. (Instituto para la Medición y Evaluación de la Salud).

El sida y otras de las ahora llamadas «epidemias silenciosas» —como la tuberculosis o la malaria— constituyen el principal objetivo de la labor sanitaria de la fundación, junto con las enfermedades diarreicas y la mortalidad materna. En el año 2000, más de quince millones de personas, entre ellas muchos niños, murieron a causa de estas dolencias, y a pesar de ello, se han destinado fondos irrisorios a combatirlas. Melinda y yo consideramos que ese era el terreno en que nuestros recursos y conocimientos sobre la organización de equipos para el desarrollo de innovaciones tendrían un mayor impacto.

Valla en Lusaka, Zambia, que promueve la concienciación sobre el sida y su prevención.

Esto ha dado pie a un malentendido frecuente sobre el trabajo que realiza nuestra fundación en materia de salud. No se centra en proteger a ciudadanos de países ricos de las enfermedades, sino en reducir la brecha sanitaria entre los países de rentas altas y los de rentas bajas. Ahora bien, al trabajar en ello, descubrimos muchas cosas sobre enfermedades que pueden aquejar al mundo próspero, y parte de nuestros fondos contribuye a la lucha contra ellas, pero no son el objetivo prioritario de las becas que concedemos. El sector privado, los gobiernos de los países ricos y otros filántropos invierten muchos recursos en ello.

Las pandemias afectan a todos los países, por supuesto, y me preocupan mucho desde que me embarqué en el estudio de enfermedades infecciosas. Los virus respiratorios, incluidos los de la familia de la gripe y del coronavirus, resultan especialmente peligrosos debido a la rapidez con que se propagan.

Por otro lado, la probabilidad de que sobrevenga una pandemia no deja de aumentar. Esto se debe en parte a que, como consecuencia de la urbanización, los humanos estamos invadiendo hábitats naturales a un ritmo cada vez más acelerado, interactuando cada vez más con animales y, por tanto, incrementando las posibilidades de que una enfermedad pase de ellos a nosotros. También se debe a que los viajes internacionales se han disparado (o al menos así era antes de que la COVID-19 frenara su crecimiento): en 2019, antes de la pandemia, se registraban mil cuatrocientos millones de llegadas internacionales de turistas al año, cuando en 1950 se produjeron solo veinticinco millones. El hecho de que la humanidad llevara un siglo sin sufrir una pandemia catastrófica —la más reciente, la gripe de 1918, había matado a cerca de cincuenta millones de personas— había sido en gran medida una cuestión de suerte.

Antes de la COVID-19, la posibilidad de que estallara una pandemia de gripe era relativamente bien conocida: muchos habían oído hablar al menos de la gripe de 1918 y quizá recordaban la pandemia de gripe porcina de 2009-2010. Pero un siglo es mucho tiempo, por lo que casi no quedaba nadie que hubiera vivido la pandemia de gripe, y la de gripe porcina no había supuesto un problema muy serio porque no era mucho más letal que la gripe normal. En la época en que yo estudiaba todo esto, en los primeros años del siglo XXI, se hablaba bastante menos de los coronavirus —uno de los tres tipos de virus que causan la mayor parte de los resfriados comunes— que de la gripe.

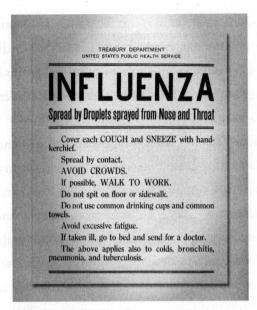

Octavilla del gobierno de EE. UU. que recomendaba una higiene adecuada y el distanciamiento social durante la pandemia de gripe de 1918.

Cuanto más aprendía, más consciente era de lo poco prevenido que estaba el mundo para lidiar con una epidemia importante causada por un virus respiratorio. Leí un informe sobre la actuación de la OMS ante la pandemia de gripe porcina de 2009 que finalizaba con estas proféticas palabras: «El mundo está mal preparado para reaccionar frente a una pandemia grave de gripe o cualquier otra emergencia sanitaria global, prolongada y potencialmente catastrófica». El informe exponía paso a paso un plan de prevención. Se tomaron pocas de las medidas propuestas.

El año siguiente, mi amigo Nathan Myhrvold me habló de la investigación que estaba realizando sobre las mayores amenazas que afrontaba la humanidad. Aunque su mayor preocupación era el desarrollo de un arma biológica —una enfermedad creada en un laboratorio—, los virus surgidos de forma natural ocupaban un puesto alto en la lista.

Hace décadas que conozco a Nathan: fundó el innovador departamento de investigación de Microsoft y es un hombre de vastos conocimientos que ha estudiado a fondo temas tan diversos como la cocina (!), los dinosaurios y la astrofísica, entre otros. Por eso, cuando me aseguró que los gobiernos del mundo no estaban haciendo prácticamente nada para prepararse de cara al posible estallido de una pandemia, tanto de origen natural como artificial, nos planteamos cómo poner remedio a eso.*

Nathan utiliza una analogía que me gusta. Ahora mismo, el edificio en el que se encuentra el lector (suponiendo que no esté leyendo el libro en la playa) seguramente cuente con detectores de humo. Ahora bien, las probabilidades de que el inmueble quede reducido a cenizas son muy bajas; de hecho, podrían pasar cien años sin que se incendiara. Sin embargo, no es la única construcción que existe, claro está, y en este preciso instante, en algún lugar del mundo, hay algún edificio en llamas. Como tenemos esto bien presente, instalamos detectores de humo: para protegernos de algo infrecuente pero muy destructivo en potencia.

En lo que a las pandemias se refiere, el mundo es un edificio gigantesco equipado con detectores de humo que no son muy sensibles y tienen dificultades para comunicarse entre sí. Si se produce un incendio en la cocina, puede extenderse hasta el comedor antes de que se entere un número suficiente de personas para apagarlo.

Cuesta formarse una idea de la rapidez con que puede propagarse una enfermedad, porque el crecimiento exponencial no es algo con lo que nos encontremos en la vida diaria. Pero hagamos

---

* Nathan escribió un artículo basado en estas ideas titulado «Strategic Terrorism: A Call to Action» [Terrorismo estratégico: una llamada a la acción] para la publicación especializada *Lawfare*. Puede encontrarse en https://papers.ssrn. com. No recomiendo leerlo antes de ir a dormir; es tan crudo como revelador.

cuentas. Si cien personas contraen una enfermedad infecciosa el día 1, y el número de casos se duplica cada día, la población mundial quedará infectada en su totalidad el día 27.

En la primavera de 2014 empecé a recibir mensajes de correo electrónico del equipo de la fundación especializado en salud en relación con un brote que tenía visos preocupantes: se habían diagnosticado algunos casos de ébola en el sudeste de Guinea. Cuando llegó el mes de julio, se habían diagnosticado casos de ébola en Conakri, capital de Guinea, así como en las ciudades principales de las vecinas Liberia y Sierra Leona. Al final, el virus se extendió a siete países más, incluido Estados Unidos, lo que ocasionó la muerte de más de once mil personas.

Durante la epidemia de ébola de 2014-2016 en África Occidental, muchas personas se contagiaban en los entierros por estar en contacto estrecho con víctimas recientes del virus.

El ébola es una enfermedad terrorífica —los infectados a menudo sangran por los orificios—, pero debido a la rápida aparición de los síntomas, que suelen ser inhabilitantes, no llega a transmitirse a millones de personas. El ébola se propaga solo a través del contacto físico con los fluidos corporales de una persona infectada, y cuando se alcanza el momento de máxima infecciosidad, uno se encuentra demasiado mal para salir. Los más expuestos al riesgo eran quienes cuidaban de los pacientes de ébola en casa o en el hospital, así como quienes asistían a los ritos funerarios en los que alguien lavaba el cuerpo de una persona fallecida a causa de la enfermedad.

Aunque el ébola no acabó con la vida de muchos estadounidenses, les recordó que una enfermedad infecciosa puede recorrer grandes distancias. Durante el brote de ébola, aquel virus aterrador había llegado a Estados Unidos, y también al Reino Unido e Italia, destinos habituales para muchos turistas estadounidenses. El episodio se saldó en estos países con un total de seis casos y un fallecimiento, en contraste con los once mil que se habían registrado en África Occidental, pero tanto daba: los estadounidenses estaban atentos a las pandemias, por lo menos por el momento.

Me pareció una buena oportunidad para recalcar que el mundo no estaba listo para enfrentarse a una enfermedad infecciosa con la capacidad de provocar una pandemia real. «Si el ébola os parece malo, esperad a que os cuente los estragos que podría ocasionar la gripe». Durante las vacaciones navideñas de 2014, comencé a escribir un memorando sobre los fallos de prevención del mundo que el ébola había puesto de manifiesto.

Eran fallos mayúsculos. No existía una manera sistematizada de monitorizar la evolución de la enfermedad en las distintas poblaciones. Las pruebas diagnósticas, cuando estaban disponibles, tardaban días en arrojar resultados, una eternidad cuando es necesario aislar a los infectados. Una red de valerosos especialistas en enfermedades infecciosas se ofreció voluntaria para ayudar a las autoridades de los países afectados, pero no había un equipo de expertos remunerados que trabajaran en ello a tiempo completo. Y aunque lo hubiera habido, no se había trazado un plan para desplazarlos a donde hacían más falta.

En otras palabras, el problema no residía en que el sistema implementado no funcionara lo bastante bien, sino en que prácticamente no había sistema.

Yo seguía creyendo que no tenía sentido que la Fundación Gates convirtiera esta cuestión en una de sus prioridades. Al fin y al cabo, nos centramos en terrenos en los que los mercados no consiguen solucionar los grandes problemas, y suponía que los gobiernos de los países prósperos se pondrían las pilas después del susto del ébola, si habían comprendido lo que estaba en juego. En 2015 publiqué un artículo en *The New England Journal of Medicine* en el que señalaba lo poco preparado que estaba el mundo y exponía lo que haría falta para remediarlo. Adapté la advertencia que había lanzado en una charla TED titulada «The Next Epidemic? We're Not Ready» [¿La próxima epidemia? No estamos preparados], que incluía una animación en la que treinta millones de personas perecían debido a una gripe tan infecciosa como la de 1918. Quería transmitir un mensaje alarmante para asegurarme de que el mundo tomara medidas y subrayé que se producirían pérdidas económicas de billones de dólares y graves trastornos. Si bien este vídeo ha conseguido cuarenta y tres millones de visionados, el 95 por ciento de ellos se ha registrado después del inicio de la pandemia de la COVID-19.

La Fundación Gates, en colaboración con los gobiernos de Alemania, Japón y Noruega, así como con la entidad benéfica Wellcome Trust, creó una organización llamada CEPI —siglas en inglés de la Coalición para la Innovación en la Preparación contra Epidemias— con el fin de acelerar el desarrollo de vacunas contra nuevas enfermedades infecciosas y ayudar a hacerlas llegar a las personas de los países más pobres. Además, financié un estudio realizado a escala local en Seattle para investigar cómo se comportan la gripe y otras enfermedades respiratorias en una población.

Aunque la CEPI y el Estudio sobre la Gripe de Seattle [Seattle Flu Study] fueron buenas inversiones que resultaron de utilidad cuando apareció la COVID-19, no se consiguió gran cosa aparte de eso. Más de ciento diez países analizaron su grado de preparación, y la OMS esbozó una serie de pasos para corregir las deficiencias, pero nadie actuó sobre la base de las valoraciones y los planes. Se hizo un llamamiento en favor de introducir mejoras, pero estas nunca se llevaron a cabo.

Seis años después de que pronunciara la charla TED y publicara aquel artículo en el *NEJM*, mientras la COVID-19 se extendía por el mundo, periodistas y amigos me preguntaban si me arrepentía de no haber hecho más en 2015. No sé cómo habría podido atraer más la atención sobre la importancia de contar con mejores instrumentos y práctica para desplegarlos con rapidez. Tal vez habría debido escribir este libro en 2015, pero dudo que mucha gente lo hubiera leído.

A principios de enero de 2020, el equipo de la Fundación Gates que habíamos constituido para monitorizar los brotes después de la alarma por el ébola realizaba un seguimiento de la propagación del SARS-CoV-2, el virus que en la actualidad conocemos como causante de la COVID-19.*

El 23 de enero, Trevor Mundel, presidente del programa de salud mundial de la fundación, nos mandó a Melinda y a mí un correo electrónico en el que resumía la opinión de su equipo y solicitaba la primera ronda de financiación para la investigación sobre la COVID-19. «Por desgracia —escribió—, el brote de coronavirus sigue propagándose, con el potencial de convertirse en una pandemia grave (es demasiado pronto para saberlo con certeza, pero resulta esencial actuar cuanto antes)».**

Melinda y yo tenemos desde hace tiempo un sistema para resolver peticiones urgentes que no pueden esperar a nuestra revisión estratégica anual. El que lo ve primero se lo manda al otro con un mensaje que viene a decir: «Tiene buena pinta. ¿Das tu visto bueno para tirar hacia adelante?». Entonces el otro envía un correo electrónico anunciando la aprobación del gasto. Como copresidentes, aún recurrimos a este sistema para tomar decisiones importantes

---

* Breve aclaración sobre la terminología: SARS-CoV-2 es el nombre del virus que causa la enfermedad COVID-19. En rigor, el nombre COVID se aplica a todas las enfermedades provocadas por los distintos coronavirus. La COVID-19 es solo una de ellas (el 19 indica que se descubrió en 2019).

** Ya he mencionado la Fundación Gates varias veces en esta introducción, y seguiré refiriéndome a ella a lo largo del libro. No es para alardear, sino porque los equipos de la fundación desempeñaron un papel importante en buena parte de los esfuerzos por desarrollar vacunas, tratamientos y diagnósticos para la COVID-19. No sería fácil contar esa historia sin hablar de su trabajo.

relacionadas con la fundación, aunque ya no estemos casados y trabajemos con un patronato.

Diez minutos después de recibir el mensaje de Trevor, le sugerí a Melinda que concediéramos esos fondos; ella se mostró de acuerdo y le respondió a Trevor: «Vamos a asignar cinco millones hoy y somos conscientes de que quizá sea necesaria una aportación adicional en el futuro. Nos alegramos de que el equipo se haya hecho cargo de la situación tan rápidamente. Es muy preocupante».

En efecto, tal como sospechábamos los dos, harían falta cifras adicionales, cosa que quedó clara en aquella cena de mediados de febrero, entre muchas otras reuniones. La fundación ha contribuido con más de dos mil millones de dólares a los diversos objetivos de la lucha contra la COVID-19, como el de frenar la expansión, elaborar vacunas y tratamientos, y ayudar a que estas herramientas que salvan vidas lleguen a los habitantes de los países pobres.

Desde el inicio de la pandemia, he tenido la oportunidad de trabajar con incontables expertos en salud, tanto de la fundación como de otros ámbitos, y he aprendido mucho de ellos. Hay uno que merece una mención especial.

En marzo de 2020 mantuve mi primera conversación telefónica con Anthony Fauci, director del instituto de enfermedades infecciosas de los Institutos Nacionales de Salud. Tengo la suerte de conocer a Tony desde hace años (desde mucho antes de que apareciera en la portada de revistas de cultura pop), y quería saber su opinión sobre estas cuestiones, en especial sobre el potencial de las vacunas y tratamientos que se estaban desarrollando. Como nuestra fundación estaba respaldando económicamente muchos de ellos, quería asegurarme de que nuestras directrices para la creación y la aplicación de innovaciones estuvieran en la misma línea que las suyas. Por otro lado, también quería entender lo que él decía en público sobre temas como el distanciamiento social y el uso de mascarillas para echar una mano recalcando los mismos puntos en las entrevistas.

Tras esa primera conversación productiva, Tony y yo nos poníamos en contacto cada mes durante el resto del año para comentar el progreso de los distintos tratamientos y vacunas, y planear estrategias para que el trabajo que se llevaba a cabo en Estados Unidos beneficiara al resto del mundo. Incluso concedimos varias entrevistas juntos. Era un honor comparecer a su lado (de manera virtual, por supuesto).

Un efecto secundario de haber expresado mi punto de vista es que ha suscitado más críticas a la labor de la Fundación Gates como las que llevo años escuchando. La versión más amable podría resumirse así: Bill Gates es un multimillonario a quien no ha votado nadie; ¿quién se cree que es para imponer sus ideas sobre la salud o cualquier otra cosa? Tres corolarios de esta crítica son que la Fundación Gates tiene demasiada influencia, que yo deposito una fe excesiva en el sector privado como motor de cambio y que soy un tecnófilo que cree que los nuevos inventos resolverán todos nuestros problemas.

Es totalmente cierto que nunca he sido elegido para un cargo público, ni aspiro a ocupar uno. Y estoy de acuerdo en que no es bueno para la sociedad que los ricos ejerzan más influencia de la cuenta.

Sin embargo, la Fundación Gates no utiliza de forma secreta sus recursos e influencia. Mantenemos una política de transparencia respecto a los proyectos que financiamos y sus resultados, tanto los éxitos como los fracasos. Además, sabemos que algunos no se atreven a criticarnos por temor a perder las ayudas que reciben de nosotros, y ese es uno de los motivos por los que hacemos un esfuerzo adicional por consultar a expertos externos y conocer perspectivas diferentes (ampliamos nuestro patronato en 2002 por razones parecidas). Nuestro propósito es mejorar la calidad de las ideas que sirven de base a las políticas públicas y canalizar fondos hacia las ideas con posibilidades de tener un mayor impacto.

Los detractores también aciertan al señalar que la fundación se ha convertido en un importante proveedor de fondos para iniciativas de peso e instituciones que por lo general son responsabilidad de los gobiernos, como la lucha contra la poliomielitis y la colaboración con entidades como la OMS. Pero esto se debe en gran parte a que se trata de proyectos esenciales que no reciben suficiente financiación ni apoyo gubernamental a pesar de que, tal como ha demostrado esta pandemia, benefician claramente a la sociedad en su conjunto. Nadie se alegraría más que yo de que las aportaciones de la Fundación Gates pasaran a representar una proporción mucho más pequeña del gasto mundial en los próximos años, porque, como argumentaremos en este libro, lo que pretendemos es invertir en un mundo más saludable y productivo.

En el mismo orden de cosas, los críticos argumentan que no es justo que unos pocos como yo nos hayamos enriquecido más durante la pandemia, mientras tantos otros sufrían. Tienen toda la razón. Mi fortuna me ha aislado en gran medida del impacto de la COVID-19; no sé lo que sienten aquellos que han visto su vida destrozada por la pandemia. Lo mejor que puedo hacer es cumplir el propósito que me marqué hace años de devolver la inmensa mayor parte de mis recursos a la sociedad para contribuir a hacer del mundo un lugar más justo.

Y sí, soy un tecnófilo. La innovación es mi martillo, e intento resolver todos los problemas que veo a martillazos. Como fundador de una próspera empresa tecnológica, creo firmemente en la capacidad del sector privado para impulsar la innovación. Sin embargo, esta no debe limitarse al desarrollo de máquinas o vacunas nuevas, aunque estas sin duda sean muy importantes. Puede materializarse también en una manera diferente de hacer las cosas, una nueva normativa o un plan ingenioso para financiar un bien público. En este libro describiremos algunas innovaciones de este tipo, pues los buenos productos nuevos solo resultan verdaderamente beneficiosos si llegan a manos de quienes más lo necesitan, y, en materia de salud, esto requiere la colaboración con gobiernos, ya que, incluso en los países más desfavorecidos, suelen ser las principales entidades suministradoras de servicios públicos. Por eso abogo por que se refuercen los sistemas sanitarios públicos, que, cuando funcionan bien, pueden servir como primera línea de defensa contra enfermedades emergentes.

Por desgracia, no todas las críticas que recibo son tan ponderadas. Durante la pandemia, no han dejado de maravillarme las demenciales teorías de la conspiración que han surgido en torno a mí. Aunque no es una sensación que me resulte del todo nueva —hace décadas que circulan historias disparatadas sobre Microsoft—, los ataques se han intensificado. Nunca he sabido si conviene entrar al trapo o no. Si no salgo al paso de los rumores, estos no dejan de crecer. Pero ¿de verdad serviría para convencer a quienes se tragan estas ideas que yo saliera y declarara: «No me interesa monitorizar vuestros movimientos —sinceramente, me da igual adónde vayáis—, y no hay ninguna vacuna que contenga microchips de rastreo»? He llegado a la conclusión de que la mejor manera de seguir adelante es continuar realizando mi labor y confiar en que a la larga la verdad prevalecerá sobre las mentiras.

Hace años, el doctor Larry Brilliant, eminente epidemiólogo, acuñó una frase memorable: «Los brotes son inevitables, pero las pandemias son opcionales». Siempre se han transmitido enfermedades entre los seres humanos, pero no tienen por qué degenerar en desastres mundiales. Este libro sienta las bases para que los gobiernos, los científicos, las empresas y los individuos puedan crear un sistema que frene los brotes inevitables e impida que se transformen en pandemias.

Por razones obvias, hoy más que nunca hay un interés en que esto se haga realidad. Nadie que haya vivido los tiempos de la COVID-19 los olvidará jamás. Al igual que la Segunda Guerra Mundial cambió la forma en que la generación de mis padres veía el mundo, la COVID-19 ha cambiado el modo en que nosotros lo vemos.

Pero no tenemos que vivir atemorizados por si surge otra pandemia. El mundo puede proporcionar unos servicios básicos de salud a todos sus habitantes y estar listo para responder ante cualquier enfermedad emergente y contenerla.

¿Cómo funcionaría esto en la práctica? Imaginémoslo:

La investigación nos permite conocer a fondo todos los patógenos respiratorios y prepararnos para producir herramientas como pruebas diagnósticas, fármacos antivirales y vacunas en mayor volumen y con mucha mayor rapidez que en la actualidad.

Las vacunas universales protegen a la población entera de todas las cepas de patógenos respiratorios con mayores probabilidades de provocar una pandemia: los coronavirus y los virus de la gripe.

Las agencias de salud pública locales, que funcionan de manera eficaz incluso en los países más pobres del mundo, detectan con rapidez las enfermedades con potencial para convertirse en una amenaza.

Cualquier dato fuera de lo normal se comparte con laboratorios equipados para que lo estudien, y la información se introduce en una base de datos global monitorizada por un equipo entregado.

Cuando se detecta un peligro, los gobiernos lanzan la voz de alarma y emiten recomendaciones sobre viajes, distanciamiento social y planes de contingencia.

Los gobiernos empiezan utilizando los medios imperfectos de que ya disponen, como las cuarentenas obligatorias, los antivirales que protegen contra casi cualquier cepa y los test que pueden realizarse en casi cualquier clínica, oficina o vivienda.

Si no basta con esto, los innovadores del mundo se ponen de inmediato manos a la obra para elaborar pruebas, tratamientos y vacunas contra el patógeno. Los diagnósticos en particular se desarrollan a una velocidad extraordinaria, lo que permite a grandes números de personas hacerse análisis en poco tiempo.

Se aprueban con celeridad nuevos fármacos y vacunas, pues nos hemos puesto de acuerdo son antelación sobre cómo acelerar los ensayos clínicos y compartir los resultados. Una vez que los medicamentos están listos para su producción, el proceso se pone en marcha de inmediato, pues las fábricas ya están instaladas y aprobadas.

Nadie se queda sin acceso a las vacunas, pues hemos dilucidado la manera de fabricar suficientes para todos.

Todo llega a donde se necesita en el momento que se necesita, porque hemos implantado sistemas de distribución de los productos hasta el paciente. Los comunicados sobre la situación son claros y evitan el alarmismo.

Y todo esto sucede deprisa. Se tarda solo seis meses en pasar de dar la primera señal de alerta a fabricar suficientes vacunas seguras y eficaces para proteger a la población del planeta.*

A algunos lectores, el escenario que acabo de describir les parecerá excesivamente ambicioso. Se trata, desde luego, de un objetivo de gran envergadura, pero ya estamos avanzando en esa dirección. En 2021 la Casa Blanca anunció un plan que, en la próxima epidemia, permitirá desarrollar una vacuna en un plazo de cien días, si se asignan los recursos necesarios. Por otro lado, los tiempos de producción se están reduciendo: transcurrieron solo doce meses desde que se efectuó el análisis genético del coronavirus hasta el momento en que las primeras vacunas, una vez superadas las pruebas, estaban listas para utilizarse, un proceso que por lo general requiere cinco años o más. Por otra parte, los avances tecnológicos llevados a cabo durante esta pandemia agilizarán aún más las cosas en el futuro. Si gobiernos, donantes y empresarios tomamos las decisiones correctas y realizamos las inversiones adecuadas, lo conseguiremos. De hecho, lo veo no solo como un medio de evitar que se produzcan nuevos desastres, sino como una oportunidad de lograr algo extraordinario: la erradicación de familias enteras de vi-

---

* En el campo de la medicina, «efectividad» y «eficacia» significan cosas distintas. La eficacia mide los efectos que tiene una vacuna en un ensayo clínico. La efectividad mide los efectos que tiene en el mundo real. En aras de la simplicidad, utilizaré «efectividad» para referirme a ambos conceptos.

rus respiratorios. Eso significaría el fin de los coronavirus como el de la COVID-19 e incluso la desaparición de la gripe. Cada año, esta infecta a alrededor de mil millones de personas, de las que entre tres y cinco millones desarrollan casos graves que acaban en hospitalización. Por lo menos trescientas mil mueren a causa de la gripe. Si a esto sumamos el impacto de los coronavirus, como los que causan el resfriado común, nos haremos una idea de las enormes ventajas de la erradicación.

En cada capítulo de este libro se explica uno de los pasos que debemos dar para estar preparados. En conjunto, un plan para eliminar la amenaza para la humanidad que suponen las pandemias y reducir las probabilidades de que alguien tenga que volver a pasar por algo parecido a la COVID-19.

Antes de entrar en materia, quisiera compartir una última reflexión: la COVID-19 es una enfermedad que evoluciona con rapidez. Desde que empecé a escribir este libro, han surgido diversas variantes del virus, de las que ómicron es la más reciente, mientras que otras ya no existen. Algunos tratamientos que parecían muy prometedores a la luz de los primeros estudios resultaron menos efectivos de lo que algunos esperábamos. Hay preguntas, como cuánto tiempo dura la protección de las vacunas, que solo el tiempo puede responder.

Aunque en este libro me he esforzado al máximo por proporcionar información que sea veraz en el momento de la publicación, soy consciente de que la situación cambiará de manera inevitable en los próximos meses y años. En cualquier caso, los puntos clave del plan de prevención de pandemias que propongo seguirán siendo válidos. Con independencia de lo que ocurra con la COVID-19, al mundo le queda mucho por hacer para estar en condiciones de impedir que los brotes desemboquen en catástrofes mundiales.

1

Aprender de la COVID-19

Suele decirse que las personas nunca aprendemos del pasado. Pero en ocasiones esto no es así. ¿Por qué no ha estallado la tercera guerra mundial? En parte porque, en 1945, los dirigentes mundiales analizaron la historia y decidieron que había maneras mejores de zanjar sus diferencias.

Con ese ánimo pretendo abordar las lecciones de la COVID-19. Podemos aprender de ella y tomar la determinación de protegernos mejor de las enfermedades mortales; de hecho, es imprescindible que tracemos un plan y lo dotemos de fondos antes de que la actual pandemia sea cosa del pasado, la sensación de urgencia quede atrás, y el mundo dirija su atención a otra cosa.*

Numerosos informes documentan los puntos fuertes y débiles de la reacción internacional a la COVID-19, y he aprendido mucho de ellos. También he extraído varias lecciones esenciales de mi

---

* Respecto a la primera persona del plural: la utilizo en este libro de maneras distintas. A veces me refiero a proyectos en los que la Fundación Gates o yo personalmente estamos implicados. Sin embargo, en aras de la simplicidad, también empleo el «nosotros» para aludir al ámbito de la salud mundial en general, o al mundo en su conjunto. Procuraré que quede claro por el contexto a qué me refiero en cada caso.

trabajo en el terreno de la salud mundial, que incluye proyectos como la erradicación de la polio y el seguimiento diario de la pandemia con expertos de la fundación, así como de distintos gobiernos, instituciones académicas y el sector privado. Es fundamental fijarnos en los países que realizaron una mejor gestión que otros.

Hacer lo correcto con antelación reporta enormes beneficios más tarde

Sé que esto parecerá extraño, pero mi página web favorita es un tesoro de datos sobre enfermedades y problemas de salud por todo el mundo. Se llama Global Burden of Disease* y posee un nivel de detalle impresionante (la versión de 2019 monitoriza 286 causas de muerte y 369 tipos de enfermedades y lesiones en 204 países y territorios). Se trata de la mejor fuente para quien esté interesado en saber cuánto tiempo viven las personas, de qué enferman y cómo evolucionan estas circunstancias con el tiempo. Puedo pasarme horas mirando los datos.

La web está administrada por el Instituto para la Medición y Evaluación de la Salud, con sede en la Universidad de Washington, en Seattle, mi ciudad. Como ya habrá deducido el lector, el IHME (por sus siglas en inglés) se especializa en medir la salud en todo el mundo. También crea modelos informáticos para intentar establecer relaciones de causa-efecto: ¿qué factores explican el aumento o la disminución de casos en un país, y cuál es el pronóstico?

Llevo desde principios de 2020 asediando al equipo del IHME con preguntas sobre la COVID-19. Mi intención es descubrir qué

* https://vizhub.healthdata.org/gbd-compare

tienen en común los países que han llevado a cabo una gestión más eficaz de la pandemia. ¿Qué es lo que todos ellos han hecho bien? Cuando respondamos a esta pregunta con cierta seguridad, tendremos claro cuáles son las mejores prácticas y podremos animar a otros países a adoptarlas.

Antes de nada, convendría definir qué entendemos por eficacia, pero no es tan fácil como parece. No basta con contabilizar el número de pacientes de COVID-19 de un país determinado que han fallecido a causa del virus. Esta estadística estaría distorsionada por el hecho de que las personas mayores son más propensas a morir por esta enfermedad que los jóvenes, por lo que es inevitable que los territorios con una población envejecida arrojen peores cifras en este aspecto. (Un país que salió especialmente bien parado, a pesar de contar con la sociedad más longeva del mundo, es Japón. Destaca por encima de los demás en cuanto al cumplimiento de las normas de uso de mascarillas, lo que explica parte de su éxito, aunque seguramente hay otros factores en juego).

Lo que de verdad nos interesa como medida de eficacia es un número que refleje en su totalidad el impacto de la enfermedad. Las personas que mueren de un ataque al corazón porque el hospital está saturado de pacientes de COVID-19 deben contar tanto como los fallecidos a causa de la enfermedad en sí.

Existe un indicador que refleja exactamente esto: se denomina exceso de mortalidad, y contabiliza los decesos que son consecuencia indirecta de la pandemia además de los causados por la propia COVID-19 (se trata del exceso de muertes per cápita, que tiene en cuenta las diferencias de población entre los países). Un exceso de mortalidad menor indica una actuación más eficaz frente al virus. De hecho, en algunos países esta cifra es negativa. Esto se debe a que, además de tener relativamente pocas defunciones por COVID-19, han sufrido menos accidentes de tráfico y de otro tipo porque la gente pasa mucho más tiempo en casa.

A finales de 2021, el exceso de mortalidad de Estados Unidos era de más de 3.200 personas por millón, más o menos igual que la de Brasil e Irán. En cambio, la de Canadá rondaba los 650, mientras que la de Rusia sobrepasaba los siete mil.

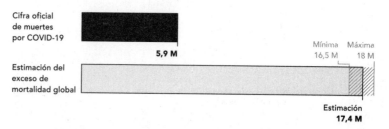

Cifra oficial de muertes por COVID-19

5,9 M

Estimación del exceso de mortalidad global

Mínima 16,5 M   Máxima 18 M

Estimación 17,4 M

El auténtico coste en vidas de la COVID-19. El «exceso de mortalidad» mide el impacto de la pandemia incluyendo a sus víctimas indirectas. La barra de arriba muestra el número de decesos por COVID-19 producidos hasta diciembre de 2021. La de abajo, el exceso de mortalidad estimado, con un rango de entre 16,5 millones y 18 millones. (IHME).

Muchos de los países con el exceso de mortalidad más bajo (próximo a cero o negativo) —Australia, Vietnam, Nueva Zelanda y Corea del Sur— hicieron tres cosas bien al principio de la pandemia. Realizaron pruebas a una parte sustancial de la población, aislaron a quienes daban positivo o habían estado expuestos al virus y llevaron a cabo un plan para detectar, rastrear y gestionar casos procedentes de otros países.

Por desgracia, no es fácil mantener las buenas cifras iniciales. En Vietnam un porcentaje bajo de personas fueron vacunadas contra la COVID-19, en parte por la disponibilidad limitada y en parte porque la vacunación no les parecía tan urgente dados los buenos resultados del país en cuanto al control del virus. Por eso cuando apareció la variante delta, mucho más transmisible, relativamente pocos vietnamitas estaban inmunizados, por lo que la ola golpeó con fuerza el país. La tasa de exceso de mortalidad pasó de poco más de quinientas personas por millón en julio de 2021 a casi mil quinientas personas por millón en diciembre. Aun así, incluso en su momento de mayor incidencia, Vietnam tenía mejores cifras que Estados Unidos. En general, podría decirse que partía de una situación más favorable gracias a las medidas iniciales.

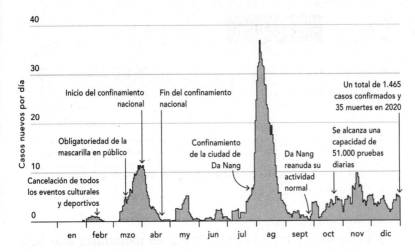

Contención de la COVID-19 en Vietnam. Los funcionarios implementaron medidas para controlar el virus durante 2020. Que se saldara con solo 35 muertes a lo largo de un año en un país de 97 millones de personas es un logro extraordinario. (Programa Exemplars in Global Health).

Los datos del IHME parecen indicar también que el éxito de un país en la lucha contra la COVID-19 guarda cierta correlación con el porcentaje de personas que confían en el gobierno. Esto tiene sentido desde un punto de vista intuitivo, puesto que, si alguien se fía de las autoridades, es más probable que siga las normas establecidas para la prevención de los contagios. Por otro lado, la confianza en el gobierno se evalúa por medio de encuestas, y es poco probable que quienes viven bajo regímenes particularmente represivos se sientan inclinados a expresarle a un encuestador desconocido lo que opinan de verdad sobre el gobierno. Además, esta conclusión no se traduce con facilidad en consejos prácticos que puedan implementarse de manera rápida. Cimentar la confianza entre el pueblo y sus dirigentes requiere años de esfuerzo, entrega y determinación.

Otro enfoque para identificar las medidas que funcionan consiste en analizar el problema desde el ángulo inverso: encontrar modelos de países que obtuvieron resultados destacados en aspectos concretos y estudiar cómo lo consiguieron para que otros puedan seguir su ejemplo. Uno de los grupos que financio, que lleva el apropiado nombre de Exemplars in Global Health [modelos de salud global] se dedica precisamente a esto y ha descubierto vínculos fascinantes.

Por ejemplo, en igualdad de otras condiciones, los países cuyo sistema sanitario funcionaba bien en general tenían más probabilidades de actuar de forma adecuada frente a la pandemia. Los territorios que disponen de una red de centros de salud dotados de personal suficiente y cualificado, cuentan con la confianza de la población local y reciben oportunamente el material que necesitan parten de una situación más ventajosa para luchar contra una nueva enfermedad. De esto se desprende que cualquier plan de prevención de pandemias debe incluir, entre otras cosas, ayudas a los países de rentas bajas y medias para mejorar sus sistemas sanitarios. Retomaremos este tema los capítulos 8 y 9.

Otro ejemplo: los datos muestran que el transporte transfronterizo fue responsable en buena parte de la propagación del virus entre países. Así pues, ¿qué lugares lo gestionaron bien? Tenemos el caso de Uganda, que, al principio de la pandemia, comenzó a exigir pruebas de COVID-19 a todos los camioneros que entraban en el país. Poco después, la región de África oriental adoptó la misma medida. Sin embargo, como el proceso de análisis era lento y había escasez de kits de detección, esta norma ocasionó grandes atascos —de hasta cuatro días— en la frontera y los contagios se dispararon mientras los camioneros esperaban en recintos abarrotados.

Uganda y sus vecinos tomaron varias iniciativas para deshacer el embrollo, como enviar laboratorios de pruebas móviles a los pasos fronterizos, crear un sistema informático de seguimiento y difusión de los resultados, y obligar a los camioneros a hacerse la prueba en el país de partida, en vez de en la frontera. Al poco tiempo, el tráfico volvió a ser fluido y los casos estaban controlados.

Naliku Musa aguarda los resultados de su prueba de COVID-19.

En resumen: si, en los primeros días de una pandemia, consigues realizar pruebas a una parte sustancial de la población, aislar a los casos positivos y a sus contactos y ocuparte de los posibles casos procedentes del extranjero, te encontrarás en buena posición para mantener un número de contagios manejable. Si no adoptas estas disposiciones con prontitud, solo unas medidas extremas evitarán que se produzca un gran número de infecciones y muertes.

Algunos países nos muestran lo que no hay que hacer

No me gusta recrearme en los errores, pero algunos son demasiado garrafales para pasarlos por alto. Aunque hay ejemplos positivos, la actuación de casi todos los países frente a la COVID-19 dejó mucho que desear al menos en algunos aspectos. Hablaré aquí del caso de Estados Unidos porque conozco bien su situación y porque debería haber hecho mucho mejor papel, aunque no es ni mucho menos el único país que cometió numerosos errores.

La respuesta de la Casa Blanca en 2020 fue desastrosa. El presidente y sus asesores de alto nivel quitaron hierro a la pandemia y dieron consejos terribles al público. Aunque parezca mentira, algunas agencias federales se negaban a compartir información entre ellas.

Tampoco ayudó mucho que el director de los Centros para el Control y la Prevención de Enfermedades (CDC, por sus siglas en inglés) fuera un cargo político sometido a presiones políticas, y saltaba a la vista que las recomendaciones públicas de los CDC respondían en parte a motivaciones partidistas. Y, lo que es aún peor, la persona que se encontraba al frente de esta agencia en 2020 no había recibido formación como epidemiólogo. Los exdirectores de los CDC que aún recordamos por su extraordinaria labor —como Bill Foege o Tom Frieden— eran expertos que habían consagrado gran parte o la totalidad de su vida profesional a la organización. Imaginemos a un general que ni siquiera ha participado en un simulacro de batalla teniendo que comandar un ejército en una guerra.

Sin embargo, uno de los peores fracasos de Estados Unidos se dio en el terreno de las pruebas de diagnóstico: no se realizaron suficientes, y los resultados tardaban mucho en conocerse. Si una persona era portadora del virus pero no se enteraba de ello hasta siete días más tarde, podía pasarse una semana entera contagiando a otros. Para mí, el problema más inconcebible —por lo fácil que habría sido evitarlo— radica en que el gobierno estadounidense apenas maximizó su capacidad para realizar pruebas y no desarrolló un sistema centralizado que permitiera identificar a las personas que debían tener prioridad para obtener el diagnóstico lo antes posibles, así como registrar los resultados de todas las pruebas. Incluso dos años después del inicio de las pruebas, mientras ómicron se propagaba con rapidez, muchos no pudieron hacerse pruebas a pesar de presentar síntomas.

En los primeros meses de 2020, a cualquiera en Estados Unidos habría debido bastarle con acceder a un sitio web del gobierno y responder a algunas preguntas sobre síntomas y factores de riesgo (como la edad y el lugar de residencia) para averiguar dónde podía realizarse una prueba. O, en caso de haber una cantidad limitada de test, la web podía indicarle al usuario que su caso no era prioritario y notificarlo cuando ya hubiera pruebas disponibles.

La web no solo habría permitido que los kits de detección se utilizaran de la manera más eficiente posible —reservándolos para las personas con más probabilidades de dar positivo—, sino que habría proporcionado al gobierno información adicional sobre las zonas del país donde demasiada poca gente mostraba interés por hacerse pruebas. Con estos datos, las autoridades habrían podido destinar más recursos a concienciar a la población e incrementar el número de pruebas realizadas en esas regiones. Además, el sitio web habría podido ofrecer a los usuarios la posibilidad de participar en un ensayo clínico si recibían un resultado positivo o se encontraban en mayor situación de riesgo, y más tarde habría servido para garantizar que las vacunas se administraran a las personas más susceptibles de desarrollar síntomas graves o fallecer. Por otra parte, la web también resultaría útil en épocas no pandémicas para combatir otras enfermedades infecciosas.

Cualquier empresa de software que se preciara habría podido crear un sitio así en muy poco tiempo*, pero en vez de ello se abandonó a los estados y ciudades a sus propios recursos, lo que redundó en un proceso caótico. Era como el Salvaje Oeste. Recuerdo una conversación telefónica especialmente acalorada con funcionarios de la Casa Blanca y los CDC en la que reaccioné de forma bastante brusca a su negativa a tomar esta elemental medida. A día de hoy sigo sin entender por qué no permitieron que el país más innovador del mundo empleara la tecnología de comunicaciones moderna para luchar contra una enfermedad mortífera.

Ante una situación para la que el mundo tenía que haber estado preparado, algunos realizaron una labor heroica

Cada vez que sobrevenía un desastre, el presentador de televisión infantil Fred Rogers decía: «Buscad a los ayudadores. Siempre encontraréis a personas dispuestas a echar una mano». En los tiempos

---

* Microsoft lo habría hecho gratis, y estoy seguro de que muchas otras empresas también.

de la COVID-19, no hace falta buscar mucho para dar con los ayudadores. Están por todas partes, y he tenido el placer de conocer a algunos y aprender de muchos más.

Todos los días, durante cinco meses de 2020, Shilpashree A. S., especialista en pruebas de diagnóstico en Bengaluru, India, se ponía una bata quirúrgica, gafas de protección, guantes de látex y mascarilla. (Como muchas otras personas de la India, utiliza como apellido las iniciales de su ciudad natal y el nombre de su padre). A continuación, se metía en una cabina diminuta con dos agujeros para los brazos y se pasaba horas tomando muestras con hisopos a largas colas de pacientes. Para proteger a su familia, no mantenía contacto físico con ella; durante cinco meses solo se veían a través de videollamadas.

Shilpashree A. S. recoge una muestra en Bengaluru, India, desde el interior de una cabina y vestida con ropa protectora.

Thabang Seleke era uno de los dos mil voluntarios de Soweto, Sudáfrica, que participaron en un estudio sobre la efectividad de la vacuna contra la COVID-19 desarrollada en la Universidad de Oxford. Había mucho en juego para su país: en septiembre de 2020, a más de seiscientas mil personas se les había diagnosticado la enfermedad, y más de trece mil habían muerto a causa de ella. Thabang, que se había enterado del ensayo por un amigo, se ofreció voluntario para ayudar a acabar con el coronavirus en África y el resto del mundo.

Sikander Bizenjo se trasladó de Karachi a Balochistán, su provincia natal, una región seca y montañosa en el sudoeste de Pakistán, donde el 70 por ciento de la población vive en la pobreza. Fundó una asociación llamada Jóvenes de Balochistán contra el Coronavirus, que ha formado a más de ciento cincuenta chicos y chicas para que ayuden a la gente de toda la provincia. Celebran charlas de concienciación sobre la COVID-19 en lenguas locales, además de construir salas de lectura y donar cientos de miles de libros. Han facilitado material médico a siete mil familias y alimentos a dieciocho mil familias.

Ethel Branch, miembro de la nación navajo y ex fiscal general de la misma, dejó su bufete de abogados para ayudar a establecer el Fondo de Ayuda Contra la COVID-19 para Familias Navajo y Hopi. Sus colegas y ella han recaudado millones de dólares (parte de ellos a través de una de las cinco campañas más exitosas en GoFundMe de 2020) y organizado a cientos de jóvenes voluntarios que han prestado apoyo a decenas de miles de familias de ambas naciones.

Las historias de personas que hacen sacrificios para socorrer a otros durante esta crisis darían para un libro entero. En todo el mundo, los profesionales sanitarios se juegan la salud para atender a los enfermos: según la OMS, antes de mayo de 2021, más de 115.000 habían perdido la vida por cuidar a pacientes con COVID-19. Los primeros intervinientes y trabajadores en primera línea no dejaron de acudir ni de cumplir con su deber. La gente se preocupaba por los vecinos y les compraba comestibles cuando estos no podían salir de casa. Incontables personas seguían las normas sobre mascarillas y se quedaban en casa en la medida de lo posible. Muchos científicos trabajaban día y noche, aplicando toda su inteligencia para frenar el virus y salvar vidas. Algunos políticos tomaban decisiones basadas en datos y pruebas, aunque no siempre se trataba de medidas populares.

No todo el mundo ha hecho lo correcto, por supuesto. Hay quienes se han negado a llevar mascarilla o a vacunarse. Algunos políticos han negado la gravedad de la enfermedad, bloqueado los intentos de limitar su propagación e incluso dado a entender que hay algo siniestro en las vacunas. Es innegable el impacto que tienen sus decisiones sobre millones de personas, y no hay mejor confirmación de esos viejos tópicos sobre la política: las elecciones tienen consecuencias, y el liderazgo importa.

Debemos esperar nuevas variantes, olas e infecciones posvacunación

A menos que el lector sea un entendido en enfermedades infecciosas, es posible que nunca haya oído hablar de las variantes hasta que apareció la COVID-19. Quizá la idea nos parezca poco común y aterradora, pero las variantes no son en absoluto inusuales. Los virus de la gripe, por ejemplo, pueden mutar con rapidez para dar lugar a nuevas variantes, razón por la cual las vacunas contra la gripe se revisan cada año y se actualizan con frecuencia. Las variantes que más preocupan son las que resultan más transmisibles que otras, o mejor dotadas para evadir nuestro sistema inmunológico.

Al principio de la pandemia, estaba muy extendida entre la comunidad científica la creencia de que, aunque habría mutaciones de la COVID-19, no representarían un gran problema. En los primeros días de 2021, los científicos sabían que estaban surgiendo variantes, pero parecían evolucionar de manera parecida, lo que llevó a algunos a concebir la esperanza de que el mundo ya había sufrido las peores mutaciones que el virus era capaz de desarrollar. Sin embargo, la variante delta demostró lo contrario: debido a la evolución experimentada por su genoma, se había vuelto mucho más transmisible. Aunque la aparición de delta supuso una sorpresa desagradable, convenció a todos de que podían surgir más variantes. En el momento en que termino de escribir este libro, el mundo se enfrenta a una ola arrolladora de ómicron, la variante que más rápidamente se transmite entre todas las que han surgido hasta la fecha y, de hecho, el virus de transmisión más rápida que ha conocido el mundo.

Las variantes virales nunca se pueden descartar. Cuando aparezcan brotes futuros, los científicos estudiarán la evolución de las variantes para asegurarse de que las armas desarrolladas para combatirlas sigan funcionando. No obstante, como el virus tiene la oportunidad de mutar cada vez que se transmite de una persona a otra, lo más importante sería que continuáramos haciendo las cosas que sabemos con certeza que reducen la transmisión: seguir las recomendaciones de los expertos sobre las mascarillas, el distanciamiento social y las vacunas, y asegurarnos de que los países de rentas bajas reciban vacunas y las demás herramientas que necesiten para hacer frente al patógeno.

Del mismo modo que las variantes no supusieron una sorpresa, tampoco lo fueron las así llamadas infecciones posvacunación, en las que personas vacunadas acaban contrayendo el virus de todas formas. Mientras no dispongamos de fármacos o vacunas que bloqueen las infecciones al cien por cien, algunas personas vacunadas seguirán infectándose. Cuanta más gente se vacune en una población determinada, más se reducirá el número total de casos y mayor será el porcentaje de infecciones posvacunación entre los casos que se produzcan a pesar de todo.

A título ilustrativo, imaginemos que la COVID-19 empieza a propagarse en una ciudad con una tasa de vacunación más bien baja. Mil personas se ponen tan enfermas que acaban hospitalizadas. De estos mil casos graves, diez son infecciones posvacunación.

A continuación, el virus se extiende a la ciudad vecina, que tiene una tasa de vacunación elevada. Allí se producen solo cien casos graves, ocho de ellos en personas vacunadas.

En la primera ciudad, las infecciones posvacunación representan diez casos entre mil, es decir, un 1 por ciento. En la segunda constituyen ocho casos entre cien, o sea, un 8 por ciento del total. Este porcentaje no pinta bien para la ciudad número dos, ¿verdad?

Pero recordemos que el dato importante no es la tasa de infecciones en personas vacunadas, sino el número total de casos graves, y esta cifra bajó de mil casos en la primera ciudad a solo cien en la segunda. Esto supone un progreso se mire por donde se mire. Cualquier persona estaría mucho más segura en la ciudad número dos, donde hay muchos vacunados, sobre todo si se encuentra entre ellos.

Al igual que las variantes y las infecciones en vacunados, las olas —fuertes repuntes en el número de casos— no resultan sorprendentes por sí mismas. La historia nos ha enseñado que las pandemias evolucionan por olas, y sin embargo estas pillaron con la guardia baja a países de todas las regiones del mundo. Reconozco que, como a muchos otros, me sobrecogió la magnitud de la ola

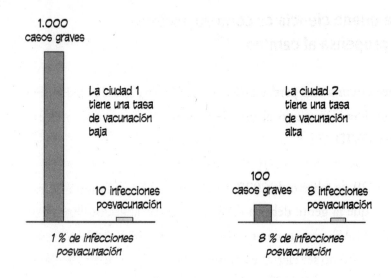

**1.000
casos graves**

La ciudad 1
tiene una tasa
de vacunación
baja

La ciudad 2
tiene una tasa
de vacunación
alta

**100
casos graves**

10 infecciones
posvacunación

8 infecciones
posvacunación

1 % de infecciones
posvacunación

8 % de infecciones
posvacunación

¿QUÉ CIUDAD ES MÁS SEGURA?

delta que se produjo en la India a mediados de 2021. Esto se debió en parte a unas expectativas poco realistas derivadas de la idea errónea de que el país podía relajarse porque había conseguido contener el virus a principios de 2020. Hay otra explicación, tristemente irónica: algunos de los países que supieron controlar mejor la transmisión en un primer momento quedaron más expuestos a las olas posteriores, pues las medidas de contención impidieron que los ciudadanos enfermaran y se inmunizaran de manera natural. El objetivo es contener la propagación para retrasar los contagios generalizados, evitar la saturación de los hospitales y ganar tiempo mientras se desarrollan vacunas para proteger a la población. Pero si aparece una variante especialmente transmisible antes de que comience la vacunación masiva y se ha puesto fin a las medidas de contención, entonces es casi inevitable que se produzca una ola grande. India aprendió la lección con bastante rapidez y organizó una eficaz campaña de vacunación contra la COVID-19 hacia finales de 2021.

La buena ciencia es confusa, incierta y propensa al cambio

He aquí una lista parcial de las diversas posturas del gobierno estadounidense respecto al uso de mascarillas durante la pandemia de COVID-19:

- 29 de febrero de 2020: la máxima autoridad sanitaria tuitea que la gente debería «DEJAR DE COMPRAR MASCARILLAS» porque «no protegen» de la COVID-19 (cosa que resultó no ser cierta) y comprarlas dificulta el acceso a ellas por parte de los profesionales sanitarios (cosa que era verdad en aquel momento, aunque habría sido bastante fácil fabricar más mascarillas).
- 20 de marzo de 2020: los CDC reiteran que las personas sanas que no trabajen en el sector sanitario o no cuiden de enfermos no necesitan mascarillas.
- 3 de abril de 2020: dos semanas después, los CDC recomiendan que todos los mayores de dos años lleven mascarilla en espacios públicos, medios de transporte o en presencia de convivientes que puedan estar infectados.
- 15 de septiembre de 2020: los CDC recomiendan que todos los profesores y alumnos que asistan a clases presenciales utilicen mascarillas siempre que sea posible.
- 20 de enero de 2021: el presidente Biden firma una orden ejecutiva que impone el uso de mascarilla y el distanciamiento físico en las oficinas y terrenos federales, así como por parte de contratistas del gobierno. Al día siguiente firma una orden que establece la obligatoriedad de la mascarilla en el transporte público, y nueve días después los CDC emiten

una orden que convierte la negativa a llevar mascarilla en espacios bajo jurisdicción federal en una infracción de la ley federal.

- 8 de marzo de 2021: según los nuevos criterios de los CDC, las personas con pauta de vacunación completa no necesitan usar mascarilla cuando visiten a otros vacunados en espacios interiores.

- 27 de abril de 2021: los CDC anuncian que no es necesario el uso de mascarilla al aire libre para quienes vayan andando, en bicicleta o corriendo, solos o en compañía de convivientes, con independencia de su estado de vacunación. Aquellos con pauta completa no tienen que llevarla en exteriores salvo en grandes concentraciones como las de los conciertos.

- 13 de mayo de 2021: los CDC declaran que los vacunados con pauta completa ya no tienen que ponerse mascarilla ni practicar el distanciamiento en interiores. Algunos estados, como Washington o California, mantienen la obligatoriedad de la mascarilla durante parte o la totalidad de junio.

- 27 de julio de 2021: los CDC recomiendan a quienes han recibido la pauta de vacunación completa que vuelvan a utilizar mascarilla en interiores en zonas del país donde hay un repunte de casos. También aconsejan a profesores, empleados, alumnos y visitantes a llevarla en las escuelas al margen de su estado de vacunación.

Uno podía acabar mareado si intentara a mantenerse al día.

¿Significa eso que los CDC estaban integrados por incompetentes? No. No defenderé todas las decisiones que tomaron —como muchos expertos argumentaron en ese momento, los CDC se habían equivocado al declarar en mayo de 2021 que era innecesario el uso de mascarillas por parte de la población vacunada—, pero durante una emergencia sanitaria, personas imperfectas toman decisiones basándose en datos imperfectos en un marco que cambia constantemente. Habríamos debido estudiar mucho más a fondo la transmisión de los virus respiratorios en su día en vez de tener que aprender sobre ella en plena pandemia. Por otro lado, exigir la perfección durante un brote pone en marcha una dinámica perversa, como ilustra el caso de David Sencer.*

Nacido en Michigan en 1924, Sencer se enroló en la armada estadounidense tras graduarse en la universidad. Después de luchar un año contra la tuberculosis, se incorporó al Servicio de Salud Pública de Estados Unidos, decidido a salvar a la gente de enfermedades como la que lo había dejado postrado durante tanto tiempo.

Sencer pronto destacó en el campo de las vacunas. En cuanto se trasladó a los Centros para el Control de Enfermedades, ayudó a redactar las leyes en las que se basó el primer programa de vacunación a gran escala en Estados Unidos, responsable de que aumentara de forma espectacular el número de niños que recibieron la vacuna de la polio. En 1966 lo nombraron director de los CDC y expandió sus actividades para incluir la lucha contra la malaria, la planificación familiar, la prevención del tabaquismo e incluso la cuarentena de los astronautas a su regreso del espacio. Sencer era un mago de la logística, lo que lo convirtió en una pieza indispensable en la campaña que consiguió erradicar la viruela.

En enero de 1976, un soldado destinado en Fort Dix, en Nueva Jersey, falleció de gripe porcina tras recorrer ocho kilómetros en

---

* Michael Lewis cuenta muy bien la historia de Sencer en su libro *The Premonition*.

una marcha estando enfermo. Trece hombres más acabaron hospitalizados a causa de la enfermedad. Los médicos descubrieron que todos habían contraído una cepa de la gripe similar a la que había ocasionado la pandemia de 1918.

Aunque el brote no se propagó más allá de Fort Dix, en febrero de 1976, Sencer, temeroso de que se repitiera el desastre de 1918 cuando llegara la temporada de gripe en otoño —lo que se traduciría en millones de muertes en todo el mundo—, hizo un llamamiento a acometer una inmunización masiva contra esta cepa específica de gripe porcina, usando una vacuna existente. Un comité presidencial que incluía a los legendarios investigadores Jonas Salk y Albert Sabin, que habían desarrollado las vacunas revolucionarias contra la polio, secundó la idea. El presidente Gerald Ford anunció por televisión su apoyo a una campaña masiva de inmunización, y el plan no tardó en ponerse en marcha.

A mediados de diciembre empezaron a vislumbrarse problemas. Diez estados informaron de algunas personas vacunadas que presentaban el síndrome de Guillain-Barré, una enfermedad autoinmune que causa daños al sistema nervioso y debilidad muscular. El programa de vacunación se suspendió ese mismo mes y nunca se restableció. Poco después se le notificó a Sencer su cese como director de los CDC.

En total se contaron 362 enfermos de Guillain-Barré entre 45 millones de vacunados, una incidencia cuatro veces mayor de la que cabría esperar en la población general. Un estudio concluyó que, aunque, en efecto, la vacuna indujera este síndrome en casos muy excepcionales, sus ventajas compensaban el riesgo con creces. Pero alguien tenía que cargar con la culpa, y Sencer fue el chivo expiatorio.

Tras su muerte, acaecida en 2011, se le sigue teniendo una gran consideración en el mundo de la salud pública. La opinión generalizada es que valía la pena arriesgarse para conseguir una inmunización masiva: si él hubiera estado en lo cierto respecto a la posibilidad de que estallara una pandemia, la pasividad habría salido muy cara. Sin embargo, los críticos concedieron más importancia al peligro que entrañaba una rara enfermedad autoinmune —un peligro real— que a la posibilidad de que murieran decenas de millones de personas.

En el ambiente sanitario no es prudente transmitir el mensaje de que, si actúas con presteza pero te equivocas, te despedirán. Por supuesto, si alguien mete la pata hasta el fondo, el despido puede ser lo más indicado. Pero los funcionarios necesitan la suficiente libertad de acción para tomar decisiones difíciles, pues siempre habrá falsas alarmas, y distinguirlas de las amenazas reales no es tarea fácil.

¿Y si Sencer se hubiera quedado con los brazos cruzados y sus temores hubieran resultado fundados? Decenas de millones habrían fallecido por un virus originado en Estados Unidos, que había optado por no detenerlo pese a tener la posibilidad. Cuando personas como Sencer actúan de buena fe y basándose en la mejor información de que disponen, no es conveniente atacarlas por haber adoptado medidas que *a posteriori* sabemos que eran erróneas. Esto se convierte en un incentivo perverso para obrar con una cautela extrema e inhibirse con el fin de no poner en peligro la propia carrera profesional. Y, en cuestiones de salud pública, inhibirse puede conducir al desastre.

Vale la pena invertir en innovación

Resulta tentador suponer que los avances se realizan prácticamente de la noche a la mañana. Si en enero no habríamos reconocido al ARN mensajero aunque nos hubiéramos cruzado con él por la calle y en julio ya habíamos leído todo al respecto y estábamos poniéndonos vacunas basadas en él, podríamos pensar que se pasó de la idea a la realidad en solo seis meses. Sin embargo, la innovación no es cosa de un instante. Se requieren años de paciencia, esfuerzo y tenacidad por parte de los científicos —que cosechan más fracasos que éxitos—, además de fondos, políticas inteligentes y una mentalidad emprendedora para conseguir llevar una idea del laboratorio al mercado.

Asusta imaginar cuánto más grave habría sido la crisis de la COVID-19 si los gobiernos de Estados Unidos y otros países no hubieran invertido hace años en investigación sobre vacunas que utilizan ARN mensajero (o ARNm, cuyo funcionamiento explicaré en el capítulo 6), o en otra tecnología denominada de vectores virales. Solo en 2021 se administró un total de seis mil millones de dosis en todo el mundo. Sin ellas habríamos salido bastante peor parados.

La pandemia nos ha proporcionado unos cuantos ejemplos más de ideas innovadoras, herramientas de diagnóstico nuevas, tratamientos, políticas e incluso maneras de financiar la distribución de todas estas cosas por el mundo. Los investigadores han aprendido mucho sobre cómo los virus se contagian de una persona a otra. Y, como la transmisión del virus de la gripe prácticamente se interrumpió durante el primer año de la pandemia, los investigadores saben ahora que es posible frenar los contagios de influenza, lo que parece prometedor de cara a futuros brotes de esta y otras enfermedades.

La COVID-19 ha puesto también de manifiesto una verdad ineludible sobre la innovación: gran parte de las personas con más talento para aplicar la investigación a la creación de productos comerciales trabaja en el sector privado. Aunque no a todo el mundo le gusta que esto sea así, el ánimo de lucro constituye la motivación más potente para crear productos nuevos con rapidez. Es responsabilidad del gobierno invertir en la investigación básica que da pie a innovaciones importantes, instaurar políticas que fomenten la eclosión de ideas nuevas y establecer mercados y estímulos (tal como Estados Unidos aceleró el desarrollo de las vacunas con la operación Warp Speed). Y cuando el mercado fracase —cuando aquellos que más necesitan las herramientas que salvan vidas no puedan permitírselas—, los gobiernos, ONG y fundaciones deben intervenir para subsanar el problema, a menudo buscando la manera más adecuada de colaborar con el sector privado.

Podemos hacerlo mejor la próxima vez... si nos tomamos en serio la preparación de cara a futuras pandemias

El mundo ha reaccionado a la crisis de la COVID-19 de manera más rápida y eficaz que a cualquier otra enfermedad de la historia. Sin embargo, en palabras del difunto profesor y médico Hans Rosling: «Algo puede ser mejor y malo a la vez». En la columna «mejor», por ejemplo, incluiría el hecho de que el mundo ha desarrollado vacunas seguras y efectivas en un tiempo récord. En la columna «malo» haría constar que están llegando a muy poca gente de los países pobres. Retomaré este problema en el capítulo 8.

Añado otro elemento a la columna «malo»: el mundo no se ha tomado en serio la labor de prepararse para afrontar e intentar evitar futuras pandemias.

Los gobiernos son responsables de la seguridad de sus ciudadanos. Han desarrollado estructuras para actuar ante sucesos comunes que ocasionan daños y muertes, como incendios, desastres naturales o guerras. Cuentan con expertos que comprenden los riesgos, saben cómo conseguir los recursos y herramientas que necesitan y ensayan la respuesta a emergencias. Los militares realizan maniobras a gran escala a fin de estar preparados para entrar en acción en caso necesario. Los aeropuertos llevan a cabo simulacros para comprobar si están preparados para emergencias. Ayuntamientos y gobiernos estatales y federales practican sus actuaciones frente a desastres naturales. Hasta los niños participan en simulacros de incendios y también de tiroteos, si viven en Estados Unidos.

No obstante, en lo que concierne a las pandemias, prácticamente no se toman este tipo de precauciones. Aunque hay personas que llevan décadas dando la voz de alarma respecto a enfermedades nuevas que podrían acabar con la vida de millones de personas —una larga serie de advertencias precedió y siguió a las que lancé yo en 2015—, el mundo no ha reaccionado. Pese a todo el esfuerzo que ponemos los seres humanos en prepararnos para hacer frente a incendios, tormentas y otros seres humanos, no nos habíamos preparado en serio para combatir al enemigo más pequeño posible.

En el capítulo 2 aduciré que lo que necesitamos es un cuerpo de personas que se dediquen a reflexionar desde que se levantan por la mañana sobre las enfermedades que podrían matar a números exorbitantes de personas: cómo detectarlas a tiempo, cómo responder a la amenaza y cómo determinar si estamos listos para actuar.

En resumen: el mundo no ha invertido en las herramientas que necesita ni ha realizado los preparativos adecuados para afrontar una pandemia. Es hora de remediarlo. En el resto del libro describiremos cómo podemos lograrlo.

2

Formar un equipo de prevención de pandemias

E n el año 6 de nuestra era, un incendio arrasó la ciudad de Roma. A raíz de ello, el emperador Augusto hizo algo sin precedentes en la historia del imperio: creó un cuerpo antiincendios permanente.

Esta brigada, que crecería hasta contar con casi cuatro mil hombres, estaba equipada con cubos, escobas y hachas y se dividía en siete grupos que montaban guardia en cuarteles situados estratégicamente por toda la ciudad (uno de ellos, descubierto a mediados del siglo xix, a veces abre sus puertas a los visitantes). Oficialmente, la brigada recibía el nombre de *Cohortes Vigilum* —que podría traducirse como «cohortes de vigilantes»—, pero los vecinos empezaron a referirse a ellos con el apelativo cariñoso *Sparteoli*, o «los camaradas de los cubos».

En otro rincón del mundo, la primera brigada profesional antiincendios de China se estableció en el siglo xi por orden del emperador Renzong, de la dinastía Song. Europa hizo lo propio unos doscientos años después. En Estados Unidos, antes de la Revolución de las trece colonias, se formaron grupos de voluntarios a instancias de un joven Benjamin Franklin (¿de quién si no?), así como brigadas privadas financiadas por compañías de seguros para salvar edificios en llamas. Sin embargo, Estados Unidos no contó con un cuerpo público de bomberos a tiempo completo hasta que, en 1853, se instituyó uno en la ciudad de Cincinnati, Ohio.

En la actualidad hay unas 311.000 brigadas de bomberos profesionales en Estados Unidos, distribuidos en casi treinta mil parques.* Los gobiernos municipales de Estados Unidos gastan más de cincuenta mil millones de dólares al año con el fin de estar listos para lidiar con los incendios (¡me sorprendió la magnitud de estas cifras cuando las busqué!).

Y eso sin mencionar las precauciones que tomamos para evitar directamente que se produzcan. Durante casi ochocientos años, los gobiernos han aprobado leyes para reducir el peligro de conflagraciones, como la que prohibía los tejados de paja (en el Londres del siglo XIII) y la que obligaba a almacenar en un lugar seguro el combustible para los hornos de pan (en Manchester, Inglaterra, en el XVI). En la actualidad, una importante ONG orientada a la prevención de desastres causados por el fuego publica una lista de más de trescientos códigos y normas de construcción concebidos para minimizar el riesgo y el alcance de los incendios.

En otras palabras, durante unos dos mil años, la humanidad ha reconocido que las familias y negocios no son los únicos responsables de su seguridad, sino que necesitan la ayuda de la sociedad. Si una casa está en llamas, el hogar del vecino corre peligro, y los bomberos intervendrán para impedir que el fuego se propague. Por otro lado, cuando el cuerpo no combate incendios activamente, lleva a cabo simulacros para no perder la destreza y echa una mano en otras actividades relacionadas con la seguridad y el servicio público.

---

* Además, hay unos 740.000 bomberos voluntarios en Estados Unidos.

Los incendios no se extienden por todo el mundo, claro está, pero las enfermedades sí. Una pandemia es comparable a un incendio que se declara en un edificio y al cabo de unas semanas arde en todos los países. Por consiguiente, para evitar las pandemias, necesitamos algo equivalente a un cuerpo de bomberos mundial.

A nivel global necesitamos un grupo de expertos cuyo trabajo a jornada completa consista en ayudar al mundo a prevenir pandemias. Tendría que estar pendiente de brotes potenciales, hacer sonar la alarma cuando estos aparezcan, colaborar para contenerlos, crear sistemas de datos para compartir las cifras de casos entre otra información, estandarizar las recomendaciones y formación sobre políticas, evaluar la capacidad del planeta para desarrollar herramientas nuevas con rapidez y organizar simulacros para detectar los puntos flacos del sistema. También le correspondería coordinar a los numerosos profesionales y estructuras de todo el mundo que realizan esta labor a escala nacional.

Crear esta organización requiere un compromiso serio por parte de los gobiernos de los países ricos, para garantizar, entre otras cosas, que cuente con el personal necesario. Conseguir un consenso a nivel internacional y una financiación adecuada no será fácil, pero, aunque soy consciente de los obstáculos, considero que es una prioridad crítica para el mundo poner en marcha este equipo. En este capítulo quiero dejar claro cómo debería funcionar.

El lector puede pensar que ya existe un grupo como el que propongo. ¿Cuántas veces hemos visto películas y series de televisión en las que, cuando se produce un brote de una enfermedad aterradora, el mundo demuestra que está perfectamente preparado? Alguien empieza a presentar síntomas. Al presidente de Estados Unidos se le informa sobre la situación mediante un espectacular modelo informático animado que muestra que la enfermedad se propaga por todo el planeta. Un equipo de expertos recibe la llamada que esperaban (por alguna razón, siempre mientras desayunan en familia) y ponen manos a la obra de inmediato. Enfundados en trajes de protección y provistos de instrumental muy caro, los transportan en helicóptero para que evalúen la situación. Tras tomar unas muestras, se dirigen a toda prisa al laboratorio para elaborar el antídoto y proceden a salvar a la humanidad.

La realidad es mucho más complicada. Para empezar, la versión hollywoodiense resta importancia a una de las tareas más importantes (pero, a decir verdad, muy poco dramáticas) en la prevención de pandemias: asegurarse de que los países cuentan con sistemas sanitarios sólidos. Cuando estos están bien administrados, las clínicas no tienen escasez de personal ni de material, las embarazadas reciben atención pre y posnatal, y los niños, sus vacunas de rutina; los profesionales sanitarios están bien formados en salud pública y prevención de pandemias; y los sistemas de notificación facilitan la identificación de agregaciones de casos sospechosos y declaran la alerta. Cuando existe una infraestructura de este tipo —como en casi todos los países prósperos y algunos de rentas bajas y medias—, resulta mucho más fácil detectar la fase inicial de una nueva enfermedad. Sin ella, la nueva enfermedad pasa desapercibida hasta que llega un momento en que ha infectado a decenas de miles de personas y seguramente se ha extendido a muchos países.

Pero el aspecto menos realista de estas películas es que dan a entender que existe una agencia que aglutina todo este potencial, y actúa con celeridad y decisión para prevenir una pandemia. Mi ejemplo favorito es la temporada tres de la serie *24* —que me gustaba mucho—, en la que un terrorista libera a propósito un patógeno en Los Ángeles. Prácticamente todas las instancias del gobierno se enteran de lo que ocurre en el acto. Precintan de inmediato el hotel donde se ha producido el suceso. Un genio de los modelos informáticos calcula no solo cómo se transmitirá la enfermedad, sino a qué velocidad se propagará la noticia de la enfermedad y (esto es lo mejor) cómo se congestionará el tráfico cuando la gente huya de la ciudad. Recuerdo que, al ver esos episodios, pensaba: «Caray, qué bien preparado estaba ese gobierno».

Como entretenimiento está muy bien, y desde luego todos dormiríamos más tranquilos si las cosas funcionaran así de verdad, pero por desgracia no es el caso. Aunque existen muchas organizaciones que se afanan por prepararse para lidiar con un brote importante, sus esfuerzos se basan en gran parte en la labor de voluntarios (la más conocida es la Red Mundial de Alerta y Respuesta ante Brotes Epidémicos, o GOARN, por sus siglas en inglés). Los equipos de respuesta regionales y nacionales no disponen de personal ni de fondos suficientes, y ninguno está autorizado por la comunidad internacional para actuar a escala global. La OMS, la única organización de ese tipo que goza de dicha autorización, está infrafinanciada y apenas cuenta con profesionales especializados en pandemias, por lo que depende para ello de la GOARN, integrada en su mayor parte por voluntarios. No existe una entidad con la envergadura, alcance, recursos y responsabilidad esenciales para detectar brotes, responder a ellos y evitar que se conviertan en pandemias.

Analicemos la serie de acontecimientos que constituirían una respuesta eficaz a un brote. Los enfermos deben acudir a un centro sanitario, cuyos trabajadores deben realizar un diagnóstico adecuado. Los casos deben notificarse a lo largo de la cadena de mando, y un analista debe ser capaz de detectar una agregación de casos inusual con síntomas sospechosos o resultados de pruebas similares. Un microbiólogo debe obtener muestras del patógeno y determinar si se trata de algo que hemos visto antes. Tal vez se requiera que un genetista secuencie el genoma. Los epidemiólogos deben tener claro el grado de transmisibilidad y gravedad de la enfermedad.

Los líderes deben obtener y compartir información precisa. Quizá sea necesario decretar cuarentenas y hacerlas cumplir. Los científicos deben ponerse las pilas para desarrollar herramientas diagnósticas, tratamientos y vacunas. Y, del mismo modo que los bomberos realizan simulacros cuando no están apagando incendios, todos estos colectivos deben practicar y poner a prueba el sistema para encontrar los fallos y arreglarlos antes de que aparezca el brote.

Existen atisbos de lo que cabría desear de un proceso de monitorización y respuesta. He conocido a personas que han consagrado su carrera a este objetivo, y muchos han arriesgado la vida por ello. Sin embargo, el desastre de la COVID-19 no se produjo porque no hubiera suficientes personas inteligentes y solidarias intentando impedirlo, sino porque el mundo no ha creado un marco en el que estas personas inteligentes y solidarias puedan sacar el máximo partido a sus capacidades como engranajes de una máquina potente y bien engrasada.

Lo que necesitamos es una organización internacional bien financiada que contrate a tiempo completo a expertos en todos los campos necesarios, cuente con la credibilidad y la autoridad que confiere la condición de institución pública y se enfoque en el cometido de trabajar para la prevención de pandemias.

He bautizado esta organización como Equipo Mundial de Respuesta y Movilización ante Epidemias, o GERM, por sus siglas en inglés. La misión de sus miembros debe consistir en plantearse las mismas preguntas cada mañana al despertar: «¿Está preparado el mundo para el siguiente brote? ¿Qué podemos hacer para prepararnos mejor?». Deben cobrar lo que les corresponde, llevar a cabo simulacros con regularidad y estar listos para desplegar una respuesta coordinada a la siguiente amenaza de pandemia. El GERM ha de tener la potestad de declarar el estado de pandemia y colaborar con los gobiernos nacionales y el Banco Mundial a fin de recaudar dinero con rapidez para la respuesta.

Según mis cálculos a ojo, el GERM necesitaría alrededor de tres mil empleados a jornada completa. Sus especialidades abarcarán todo el espectro: epidemiología, genética, desarrollo de fármacos y vacunas, sistemas de datos, diplomacia, respuesta rápida, logística, modelización informática y comunicaciones. El GERM debe estar gestionado por la Organización Mundial de la Salud, el único grupo capaz de proporcionarle credibilidad a nivel global, y fichar una plantilla diversa, con una estructura descentralizada y repartida por todo el mundo. A fin de contar con el mejor personal posible, el GERM tiene que gestionar los recursos humanos de manera distinta a como lo hace la mayor parte de las agencias de la ONU. Gran parte del equipo tendría su base en los institutos de salud pública de cada país, aunque algunos desempeñarían su trabajo en las oficinas regionales de la OMS y en su sede de Ginebra.

Cuando una potencial pandemia se cierne sobre la humanidad, se requiere un análisis experto de puntos de datos tempranos que puedan confirmar la amenaza. Los científicos de datos del GERM crearían un sistema para llevar a cabo un seguimiento de las agregaciones de casos sospechosos que se notificaran. Sus epidemiólogos monitorizarían los informes de gobiernos nacionales y trabajarían codo con codo con colegas de la OMS a fin de identificar cualquier posible brote. Sus expertos en desarrollo de productos asesorarían a gobiernos y empresas sobre los fármacos y vacunas de máxima prioridad. Sus especialistas en la modelización por ordenador coordinarían la labor de los modelizadores de todo el mundo. Y el equipo tomaría la iniciativa en la creación y coordinación de respuestas compartidas, como los cierres de fronteras o la recomendación de uso de mascarillas.

La diplomacia será una actividad imprescindible para la labor del equipo. Al fin y al cabo, los dirigentes nacionales y locales son quienes están más familiarizados con las condiciones específicas de su país, hablan las lenguas locales, conocen a los actores clave, y la población cuenta con su liderazgo. Los miembros del GERM tendrían que establecer una colaboración estrecha con ellos, dejando muy claro que su misión es brindar apoyo y no sustituir a los expertos locales. Si la organización se convierte en algo impuesto desde fuera —o simplemente lo parece—, algunos países rechazarán sus recomendaciones.

Para los países que necesitan apoyo adicional, GERM costearía o prestaría personal experto en salud pública que participaría en esta red mundial de prevención de pandemias. Se formarían y juntos y participarían en simulacros para mantener sus habilidades a punto, y estarían preparados para actuar cuando se los necesite, tanto a nivel local como global. Los países con mayor necesidad y un alto riesgo de brotes dispondrían de más miembros del equipo GERM, y los alojarían para que pudieran desarrollar experiencia local en enfermedades infecciosas. Con independencia del lugar al que los asignaran, profesionales del GERM poseerían una identidad dual: formarían parte de su sistema nacional de detección y respuesta, y a la vez pertenecerían al equipo de respuesta rápida del GERM.

Por último, el GERM sería responsable de poner a prueba el sistema mundial de monitorización y respuesta para descubrir los puntos débiles. Elaborarían una lista de comprobación del grado de preparación frente a pandemias parecida a la que completan los pilotos de avión antes del despegue o la que revisan muchos cirujanos actuales durante una operación. Y, del mismo modo que los militares ejecutan maniobras complejas que simulan condiciones distintas y evalúan su respuesta, los profesionales del GERM organizarían ejercicios de respuesta a los brotes. No se trataría de juegos de guerra, sino de juegos de gérmenes. Esta sería la función más importante del equipo. Hablaremos de ella con mucho más detalle en el capítulo 7.

El grupo que describo sería algo nuevo, pero no carece de precedentes. Se basa en un modelo que he visto funcionar muy bien en el combate contra otra enfermedad, una que estamos dolorosamente cerca de erradicar.

La poliomielitis —una enfermedad paralizante que suele afectar a las piernas, pero que, en casos excepcionales, paraliza el diafragma, lo que imposibilita la respiración— sin duda lleva miles de años entre nosotros (una tablilla egipcia del siglo XVI antes de nuestra era muestra a un sacerdote con una pierna que parece atrofiada por la poliomielitis). Aunque las vacunas contra la polio se inventaron a mediados de la década de 1950 y principios de la de 1960, durante décadas muchas personas que las necesitaban no podían acceder a ellas. En una época tan reciente como finales de la década de 1980, aún se registraban 350.000 infectados por poliovirus salvaje al año en 125 países*.

---

* Empleo la denominación «salvaje» para distinguirlo de los casos derivados de la vacunación, que son muy poco frecuentes.

Sin embargo, en 1988, la OMS y sus colaboradores —encabezados por el grupo de voluntarios Rotary International— se fijaron el objetivo de erradicar la polio. Al agregar una vacuna a la lista de inmunizaciones infantiles de rutina, los casos de poliovirus salvaje en el mundo se redujeron de 350.000 al año a menos de una decena en 2021. ¡Eso constituye una disminución de más del 99,9 por ciento! La polio ya no existe en 125 países como antes, sino solo en dos: Afganistán y Pakistán.

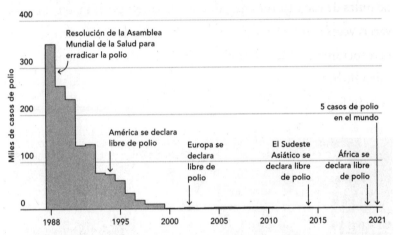

El fin de la polio. Gracias al esfuerzo internacional, los casos de polio salvaje han caído en picado de 350.000 en 1988 a solo 5 en 2021 (OMS).

Un ingrediente fundamental de la receta secreta es lo que conocemos como centros de operaciones de emergencias, o COE. Originados en Nigeria la década pasada, se han convertido en el puntal del programa antipolio en más de una docena de países donde eliminar la polio ha resultado más complicado.

Si imaginamos la oficina central de una campaña política unos pocos días antes de las elecciones, nos haremos una idea del aspecto que tiene un COE. Hay mapas y gráficos colgados en las paredes, que, en lugar de las cifras de las encuestas, reflejan los últimos datos sobre la polio. Se trata del centro neurálgico donde los profesionales sanitarios del gobierno y sus colaboradores internacionales (como la OMS, la Unicef, los CDC y Rotary International) gestionan la respuesta a cualquier notificación de posibles indicios de polio, como síntomas de parálisis en un niño o la detección del virus en una muestra de aguas residuales (explicaré más a fondo este tipo de muestras en el siguiente capítulo).

Los COE supervisan normalmente la distribución de millones de dosis de vacuna oral contra la polio cada año y dirigen a decenas de miles de vacunadores que van de puerta en puerta para vacunar varias veces a los niños, tratan con líderes locales para combatir las percepciones erróneas y la desinformación sobre las vacunas, y se valen de herramientas digitales para determinar si los vacunadores podrán llegar a todos los sitios a los que tienen previsto acudir.

El centro nacional de operaciones de emergencia de Nigeria, sito en Abuya, lidia con las amenazas a la salud pública, como el ébola, el sarampión o la fiebre de Lassa. En 2020 centró rápidamente sus actividades en la COVID-19.

Gracias a este sistema, el personal de un COE sabe incluso cuántas familias se niegan a vacunar a sus hijos. Miden este dato con una precisión increíble: el coordinador nacional del COE de Pakistán declaró que habían reducido el índice de negativas del 1,7 por ciento en 2020 al 0,8 por ciento al año siguiente, y que, en una campaña, solo el 0,3 por ciento de los hogares había rechazado la vacuna. En marzo de 2020, el gobierno utilizó el COE antipolio como modelo para instituir uno centrado en la COVID-19.

El GERM sería como un COE mundial, pero a lo bestia. Del mismo modo que los centros de operaciones de emergencia luchan contra enfermedades endémicas como la polio sin dejar de estar preparados para redirigir sus esfuerzos cuando surja algo nuevo, el GERM también desempeñará una doble función, pero con el enfoque inverso. Las enfermedades emergentes deben ser su máxima prioridad, si bien, en ausencia de una amenaza activa de pandemia, conviene que ejerciten sus habilidades echando una mano con la polio, la malaria y otras enfermedades infecciosas.

Tal vez el lector se haya percatado de que en la descripción de las funciones del GERM falta una actividad muy obvia: atender a los pacientes. Eso es deliberado. Al equipo no le correspondería desplazar a los expertos clínicos en respuesta rápida como los de Médicos Sin Fronteras. Su misión consistiría en coordinar sus esfuerzos y complementar su trabajo realizando otras tareas, como la vigilancia de enfermedades o el modelizado por ordenador. Ningún miembro del GERM sería responsable de la atención a los pacientes.

Calculo que el GERM necesitaría un presupuesto anual de unos mil millones de dólares para cubrir los sueldos de tres mil personas, así como el material y los viajes, entre otros gastos. Por poner esta cifra en perspectiva: mil millones de dólares anuales equivale a menos de la milésima parte de lo que el mundo gasta en defensa al año. Teniendo en cuenta que constituiría un seguro contra una tragedia que costaría billones de dólares al mundo —como ha sido la de la COVID-19— y además reduciría la carga humana y·económica que conllevan otras enfermedades, mil millones de dólares al año sería una ganga.* No debemos considerar este desembolso un acto de caridad ni una ayuda al desarrollo en el sentido tradicional. Al igual que el gasto en defensa, garantizar la seguridad de los ciudadanos formaría parte de las responsabilidades de todos los países.

El GERM será esencial para dirigir un sistema eficaz de monitorización y respuesta, por lo que retomaré el tema repetidamente en los siguientes capítulos. Analizaremos el papel crucial que debe desempeñar en todos los aspectos de la prevención de pandemias: la vigilancia de enfermedades, la coordinación de la respuesta inmediata, el asesoramiento para los programas de investigación y la puesta a prueba de sistemas para encontrar sus fallos. Centrémonos primero en el problema de cómo se detecta un brote, para empezar.

* Esta organización no debe estar financiada por particulares. Ha de responder ante la ciudadanía y tener una autoridad avalada por la OMS.

3

Mejorar la detección temprana de brotes

¿**C**uántas veces ha estado enfermo el lector en su vida? Seguramente habrá contraído unos cuantos resfriados y gastroenteritis y, si ha tenido mala suerte, algo peor como la gripe, el sarampión o la COVID-19. Según el lugar del mundo donde viva, quizá haya tenido que lidiar con la malaria o el cólera.

La gente enferma constantemente, pero no todas las enfermedades causan brotes.

La labor de estar atentos a los casos que solo resultan molestos, los que pueden desembocar en desastre y todas las posibilidades intermedias —así como la de dar la voz de la alarma si es necesario— se conoce como vigilancia de enfermedades epidémicas. Los responsables de ello no buscan una aguja en un pajar, sino las agujas más afiladas y mortíferas en un montón de otras más romas.

El término «vigilancia» tiene siniestras connotaciones orwellianas, pero en este caso se refiere simplemente a las redes de personas de todo el mundo que realizan un control diario de cuestiones relacionadas con la salud. La información que proporcionan tiene múltiples utilidades, desde conformar las políticas públicas hasta servir como base para decidir contra qué cepas de la gripe nos vacunarán cada año. Y, tal como ha puesto de manifiesto la pandemia de COVID-19, el mundo invierte demasiado poco en la vigilancia de enfermedades, por desgracia. Sin un sistema más robusto no seremos capaces de detectar las pandemias a tiempo para evitarlas.

Por fortuna, el problema tiene remedio, y en el resto del capítulo explicaré cómo podemos solucionarlo. Empezaré por los profesionales sanitarios locales, epidemiólogos y funcionarios de salud pública, que son los primeros en percibir los indicios de una pandemia en ciernes. Luego expondré algunos de los obstáculos que dificultan la vigilancia de enfermedades —como, por ejemplo, el hecho de que muchos nacimientos y muertes no se registran oficialmente— y comentaré cómo algunos países superan estos escollos.

Por último, examinaremos los elementos más innovadores de esta actividad: las pruebas que cambiarán de un modo radical la manera en que los médicos descubren enfermedades en los pacientes, así como un novedoso enfoque para el estudio de la gripe que abarcaba toda la ciudad de Seattle, donde nací (una historia con giros de tuerca y dilemas éticos peliagudos). Confío en que, al terminar el capítulo, habré convencido al lector de que, con una inversión inteligente en recursos humanos y tecnológicos, el mundo podrá prepararse para ver venir la próxima pandemia antes de que sea demasiado tarde.

El 30 de enero de 2020 marcó un hito decisivo en la pandemia de COVID-19: el director general de la OMS declaró la enfermedad una «emergencia de salud pública de importancia internacional». Se trata de una designación oficial según las leyes internacionales, y cuando la OMS recurre a ella, se supone que todos los países del mundo deben responder tomando una serie de medidas.*

Aunque hay enfermedades tan alarmantes que se supone que deben notificarse en cuanto se detectan, como la viruela y nuevas variantes de la gripe, por lo general el sistema funciona como lo ha hecho con la COVID-19. La OMS, que procura proteger al público sin sembrar el pánico, espera a contar con datos suficientes para poner en marcha una respuesta internacional.

Como cabe esperar, una fuente de información es la actividad diaria de los sistemas sanitarios: la interacción de médicos y enfermeros con los pacientes. Con pocas excepciones, como las que he mencionado antes, un caso aislado de una enfermedad no disparará las alarmas; casi ningún empleado de un centro sanitario se pondrá nervioso por una persona que se presente con tos y fiebre. Por lo general, son las agregaciones de casos de aspecto sospechoso las que llaman la atención.

Este enfoque, conocido como vigilancia pasiva de enfermedades, funciona así: el personal de un centro sanitario transmite la información sobre los casos de enfermedades notificables a sus superiores de la agencia pública de salud. No entran en detalle sobre cada paciente, sino que facilitan las cifras agregadas de casos de estas enfermedades. A partir de ahí, lo ideal sería que la información se almacenara en una base de datos regional o mundial, lo que permitiría a los analistas detectar patrones con mayor facilidad y realizar la actuación correspondiente. Algunos países africanos, por ejemplo, introducen datos sobre ciertas enfermedades en lo que se denomina Sistema Integrado de Vigilancia de Enfermedades y Respuesta.

---

* Sin embargo, no existe un mecanismo para obligarlos a tomarlas.

Supongamos que sus datos agregados muestran un número inusual de casos de neumonía entre los trabajadores sanitarios. Es un posible aviso, y con un poco de suerte un analista de un organismo de salud regional o nacional que esté monitorizando las bases de datos reparará en el repunte de casos y lo seleccionará para una posterior investigación más minuciosa. En los sistemas sanitarios más avanzados, tal vez el repunte sea detectado por un procedimiento informático que notificará a los empleados de la agencia de salud que deben examinarlo con mayor detenimiento.

En cuanto surge la sospecha de un brote, hay que averiguar muchas más cosas que el número de casos. En primer lugar es necesario confirmar que las cifras son más altas de lo esperado, lo que requiere calcular el tamaño de la población afectada a partir de las cifras de nacimientos y defunciones, tema que abordaré de nuevo más adelante en este capítulo. Si se llega a la conclusión de que la enfermedad puede propagarse con rapidez, es importante contar con información como quiénes son exactamente los infectados, dónde pueden haber contraído el patógeno y a quiénes pueden haber contagiado. Si bien es posible que recabar estos datos lleve mucho tiempo, resulta un paso esencial en la vigilancia de enfermedades, y una de las múltiples razones por las que los sistemas sanitarios deben contar con fondos y personal suficientes.

Los centros de salud y hospitales son fuentes de información fundamentales sobre las enfermedades que circulan en una población, pero no las únicas. Después de todo, solo ven una pequeña parte de lo que sucede. Algunas personas infectadas no se encuentran lo bastante mal para molestarse en ir al médico, sobre todo si desplazarse hasta el consultorio resulta caro o especialmente trabajoso. Otros no tienen motivo para pedir cita, pues no sienten la menor molestia. Y algunas enfermedades se extienden tan deprisa que no es buena idea esperar a que se presenten infectados en el centro de salud. Cuando se detecte el aumento pronunciado de casos, tal vez sea demasiado tarde para evitar un brote importante.

Por eso, además de realizar un seguimiento de quienes acuden a consultorios y hospitales, es importante ir en busca de patologías conocidas, acudiendo a visitar a los pacientes potenciales allí donde se encuentren. A esto se le llama vigilancia activa de enfermedades, y un ejemplo magnífico es el servicio social de proximidad que prestan los trabajadores durante las campañas contra la poliomielitis. Realizan visitas a los vecinos de la zona, no solo para vacunar a los niños, sino también para comprobar si algunos de ellos presentan síntomas de polio, como una debilidad fuera de lo común en los músculos de las piernas o una parálisis de estas que no pueda explicarse por otras causas. Además, los equipos de vigilancia de la polio a menudo desempeñan una doble función, como durante la epidemia de ébola en África Occidental entre 2014 y 2015, cuando recibieron formación para identificar los indicios de ébola además de los de poliomielitis.

Algunos países están implementando sistemas ingeniosos para tener a más personas pendientes de las señales de peligro tanto de enfermedades conocidas como nuevas. La mayor parte de los brotes importantes de los últimos años se reflejó en publicaciones de blogs y redes sociales. Aunque estos datos pueden ser subjetivos, y la señal está contaminada por mucho ruido, sobre todo en internet, a menudo resultan útiles para complementar los descubrimientos que los funcionarios sanitarios realizan a partir de indicadores más tradicionales.

En Japón, los trabajadores de correos llevan a cabo servicios de salud y vigilancia de enfermedades. En Vietnam, los maestros reciben instrucciones de notificar a las autoridades locales si detectan que varios niños han faltado a clase la misma semana por síntomas similares, y a los farmacéuticos se les indica que hagan sonar la voz de alarma cuando perciban un aumento significativo en las ventas de medicamentos para la fiebre, la tos o la diarrea.

Otro método relativamente nuevo consiste en buscar señales en el entorno. Muchos patógenos como el poliovirus y los coronavirus están presentes en las heces humanas, lo que permite detectarlos en el sistema de alcantarillado. Los trabajadores obtienen muestras de aguas residuales en las plantas de tratamiento o en cloacas a cielo abierto y las llevan a un laboratorio donde las analizan en busca de estos virus.

Si el resultado de las muestras es positivo, alguien visita la zona de la que proceden para identificar a los posibles infectados, redoblar los esfuerzos de vacunación e instruir a los vecinos sobre los indicios a los que deben estar atentos. La idea de analizar las aguas residuales se concibió en un principio para la vigilancia de la polio, pero en algunos países la técnica se utiliza también para investigar el uso de drogas ilegales y la propagación de la COVID-19. Según algunos estudios, incluso puede formar parte de un sistema de alerta temprana, lo que permitiría a los funcionarios prepararse para un repunte de casos antes de que estos se manifiesten en los resultados de pruebas clínicas.

En gran parte de los países ricos, no es fácil nacer o morirse sin que el gobierno deje constancia de ello; es muy probable que el acontecimiento acabe inscrito en una partida de nacimiento o defunción. Sin embargo, en numerosos países de rentas medias o bajas, esto no es así.

Muchos calculan el número de nacimientos y muertes basándose en encuestas domiciliarias que se llevan a cabo a intervalos de varios años, lo que significa que no disponen de datos precisos, sino solo de un amplio rango de números posibles. El nacimiento o fallecimiento de alguien puede tardar años en registrarse en los archivos del gobierno, si es que llega a registrarse. Según la OMS, solo el 44 por ciento de los niños nacidos en África figura en el registro civil de su país (en Europa y en América, esta cifra es de más del 90 por ciento). En los países pobres, el gobierno solo hace constar una de cada diez defunciones en partidas, y únicamente una fracción ínfima de ellas especifica la causa de la muerte. Los habitantes de muchas poblaciones donde los nacimientos y decesos no se registran son invisibles a efectos prácticos para el sistema sanitario de su país.

Dado el reto que supone dejar constancia de los sucesos más importantes de la vida, no es de extrañar que muchos casos de enfermedades en esas poblaciones pasen inadvertidos también. A finales de octubre de 2021, se calculó que se detectaba alrededor del 15 por ciento de las infecciones de COVID-19 en todo el mundo. En Europa, esta proporción era del 37 por ciento, mientras que en África apenas llegaba al 1 por ciento. Con una precisión tan baja y muestras que se recogen solo una vez cada tantos años, las estadísticas no nos ayudarán a detectar o controlar una epidemia.

Cuando empecé a implicarme en el ámbito de la salud mundial, cada año morían unos diez millones de niños de menos de cinco años, la inmensa mayoría en países de rentas medias y bajas. La cifra era estremecedora por sí sola, pero, para colmo, el mundo sabía muy poco sobre por qué habían fallecido esos pequeños. Los informes oficiales mostraban un enorme porcentaje de fallecimientos atribuidos simplemente a la diarrea, pero son muchos los patógenos y afecciones que la ocasionan y, como nadie sabía con certeza cuál de ellos eran la causa principal de la mortalidad infantil, ignorábamos cómo prevenir esas muertes. Un tiempo después, estudios financiados por la Fundación Gates y otras organizaciones señalaron el rotavirus como culpable número uno, y los investigadores consiguieron desarrollar una vacuna asequible contra este virus que evitó más de doscientas mil muertes en la pasada década y habrá evitado más de medio millón antes de 2030.

Sin embargo, identificar el rotavirus como máximo responsable solo resolvió uno de los misterios en torno a la mortalidad infantil. No es casualidad que los lugares con mayor incidencia de este problema sean también los peor equipados con pruebas diagnósticas y otras herramientas que ayudan a entender lo que ocurre. Un alto porcentaje de decesos se produce en casa, no en el hospital, donde el personal podría documentar los síntomas del niño. Han hecho falta decenas de estudios para comprender mejor cuestiones como por qué fallecen bebés en sus primeros treinta días de vida y qué enfermedad respiratoria provoca una mayor mortalidad infantil.

Mozambique es un buen ejemplo de cómo el sistema puede funcionar mejor. Hasta hace bastante poco tiempo, el gobierno del país calculaba el número de defunciones encuestando a muestras pequeñas de la población cada pocos años y haciendo a partir de estos datos una estimación de la mortalidad a nivel nacional. Sin embargo, en 2018 Mozambique empezó a desarrollar lo que se conoce como un «sistema de registro de muestras», que consiste en la vigilancia continua de zonas representativas del país en su conjunto. Los datos de dichas muestras se analizan mediante modelos estadísticos que elaboran estimaciones bastante precisas sobre lo que sucede a escala nacional. Por primera vez los dirigentes mozambiqueños cuentan con informes mensuales sobre las cifras de fallecidos, la causa y el lugar de su muerte, y la edad que tenían.

Mozambique es asimismo uno de varios países que están profundizando en su comprensión de la mortalidad infantil gracias a su participación en un programa llamado Vigilancia de la Salud y la Prevención de la Mortalidad Infantil, o CHAMPS, por sus siglas en inglés, una red global de agencias de salud pública y otras organizaciones. El origen de CHAMPS se remonta a hace casi dos décadas, cuando asistí a mis primeras reuniones sobre salud mundial para oír las explicaciones de los expertos respecto a las lagunas que tenía su campo en el conocimiento de las causas por las que mueren los niños. Recuerdo que cuando pregunté qué revelaban las autopsias, me informaron sobre lo poco prácticas que resultaban en los países en desarrollo. Una autopsia completa es costosa tanto en dinero como en tiempo, y los familiares del pequeño a menudo no dan su consentimiento para un examen tan invasivo.

En 2013 apoyamos a investigadores del Instituto de Salud Global de Barcelona para que perfeccionaran un procedimiento llamado autopsia (o muestreo de tejido) mínimamente invasiva, que consiste en obtener pequeñas muestras del cuerpo del niño para analizarlas. En ocasiones, a la familia le resulta demasiado doloroso autorizar que un desconocido estudie así a su bebé, por supuesto, pero muchos acceden a ello.

Como su nombre indica, el proceso es mucho menos intrusivo que una autopsia completa y, no obstante, según algunos estudios, arroja resultados comparables. Aunque solo se aplica en un número reducido de casos y no se concibió como un instrumento para la prevención de pandemias —el propósito era comprender mejor las causas de la mortalidad infantil—, la información recogida por medio de las autopsias mínimamente invasivas puede proporcionar a los investigadores los primeros indicios de un brote que está matando niños.

En 2016 fui testigo de una de estas autopsias durante un viaje a Sudáfrica. Había leído acerca de cómo funcionaba el procedimiento, pero sabía que presenciar uno en persona me ayudaría a entenderlo mejor que cualquier memorando o documento informativo. Es una experiencia que jamás olvidaré.

El 12 de julio de 2016 nació un varón en el seno de una familia de Soweto, a las afueras de Johannesburgo. Falleció tres días después. Sus padres, desconsolados pero con la esperanza de ahorrar el mismo dolor a otras familias, decidieron dejar que los médicos practicaran un muestreo de tejido mínimamente invasivo. También accedieron amablemente a permitir que yo asistiera al procedimiento (no me encontraba allí cuando se planteó la petición).

En un depósito de cadáveres de Soweto observé cómo un médico utilizaba una aguja larga y estrecha para tomar muestras diminutas de tejido del hígado y los pulmones de la criatura. También extrajo una pequeña cantidad de sangre del niño. Las muestras se

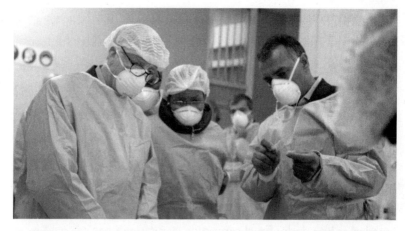

Observar una autopsia mínimamente invasiva en Soweto fue una experiencia conmovedora que nunca olvidaré.

almacenaron debidamente con el fin de analizarlas más tarde en busca de virus, bacterias, parásitos y patógenos fúngicos, entre ellos los microorganismos que causan el VIH, la tuberculosis y la malaria. Al cabo de solo unos minutos, todo había terminado. Durante todo el proceso, el equipo médico trató el cuerpo del niño con un respeto y una delicadeza infinitos.

Los resultados se comunicaron a los padres de forma confidencial. Aunque no llegué a conocerlos, espero que obtuvieran respuestas sobre lo que le había ocurrido a su hijo, además de cierto consuelo por saber que su decisión de participar en CHAMPS había contribuido de manera significativa a los esfuerzos del mundo por salvar a niños como él.

En la actualidad, los datos de más de ocho mil novecientos casos de la red CHAMPS aportan a los investigadores información valiosa sobre la mortalidad infantil. La autopsia mínimamente invasiva, junto con las mejoras sistémicas que están introduciendo Mozambique y otros países, está enriqueciendo nuestra comprensión de por qué muere la gente. Debemos ampliar estos métodos innovadores para formarnos una idea más clara de cómo podemos intervenir para salvar vidas.

Mucha gente no responderá jamás a una encuesta domiciliaria mensual sobre nacimientos y defunciones ni interactuará con una red del tipo de CHAMPS. Sin embargo, durante la pandemia de COVID-19 y también durante los brotes importantes que surjan en el futuro, nos interesa realizar muestreos en la población para averiguar cuántos casos asintomáticos o no notificados de enfermedad se han dado. En el campo de la diagnosis abundan las innovaciones que abaratan y simplifican el proceso —y por tanto facilitarán su implementación a la escala que vamos a necesitar—, así que examinemos la situación y veamos cuáles son las perspectivas. No me queda más remedio que hacer generalizaciones demasiado amplias, pues la utilidad de las distintas pruebas depende, entre otras cosas, del patógeno que busquemos y de la vía por la que entre en el organismo.

Desde la aparición de la COVID-19, el gobierno de Estados Unidos por sí solo ha aprobado más de cuatrocientos test y kits de recogida de muestras. Durante los primeros días de la pandemia, quizá el lector se familiarizó con las pruebas PCR, que en su mayoría requieren la introducción de un hisopo por la nariz hasta sentir cosquillas en el cerebro. Cuando una persona está infectada, el virus se encuentra en los orificios nasales y en la saliva, por lo que el hisopo captura una muestra de él. Para analizarla, un técnico de laboratorio la mezcla con sustancias que generan copias del material genético del virus que contenga. Este paso garantiza que, aunque la cantidad de virus en la muestra sea mínima, no pasará desapercibida (este proceso de duplicación que imita la manera en que la naturaleza copia el ADN es el que da su nombre a la reacción en cadena de la polimerasa). Se añade también un colorante que emite fluorescencia en presencia de genes del virus. Si no hay brillo, no hay virus.

Crear una prueba PCR para un patógeno nuevo es una tarea bastante sencilla una vez que se ha secuenciado su genoma. Como ya sabemos qué aspecto tienen sus genes, podemos elaborar las sustancias especiales, el colorante y otros productos necesarios en muy poco tiempo. Gracias a ello, los investigadores pudieron desarrollar pruebas PCR para la COVID-19 solo doce días después de la publicación de las primeras secuenciaciones del genoma.

Salvo en caso de contaminación de la muestra, es improbable que una prueba PCR arroje un falso positivo —si el resultado dice que estás infectado, seguramente lo estés—, pero en ocasiones arroja falsos negativos, lo que significa que indica que estás libre de la infección aunque no sea verdad. Por eso, si experimentas síntomas y la PCR sale negativa, es posible que te pidan que te realices la prueba de nuevo. Por otro lado, el test a veces detecta material genético del virus que queda en la sangre o en la nariz mucho después de que hayas pasado la enfermedad, así que puedes dar positivo incluso cuando ya has superado el periodo infeccioso.

El principal inconveniente de las pruebas PCR es que se analizan por medio de un equipo de laboratorio especial, por lo que resultan inviables en muchos lugares del mundo. Aunque el análisis en sí solo lleva unas horas, si se produce un retraso porque se acumula el trabajo —como ha ocurrido a menudo durante la pandemia de COVID-19—, el resultado puede tardar días o incluso semanas. Dada la facilidad con que se transmite esta enfermedad entre personas, un resultado recibido más de cuarenta y ocho horas después de la toma de la muestra no sirve para nada: para entonces la persona infectada ya ha contagiado a otras y, si necesita un tratamiento con antivirales o anticuerpos, debe iniciarlo en un plazo de pocos días después de la infección.

La otra categoría importante de pruebas no busca los genes del virus, a diferencia de las máquinas PCR, sino unas proteínas específicas que tiene en la superficie. Se las conoce como antígenos, por lo que las pruebas se denominan test de antígenos. Su precisión es menor, pero no desdeñable; resultan especialmente eficaces para detectar si la persona está en un momento en que puede infectar a los demás, y los resultados están listos antes de una hora (a menudo en menos de quince minutos).

Otra ventaja es que casi todos los test de antígenos pueden realizarse en la privacidad del hogar. Quien se haya hecho alguna vez uno de aquellos test de embarazo que consisten en orinar sobre una barra y aguardar a que aparezca el símbolo positivo o negativo ha utilizado una tecnología de treinta años cuyo nombre es «inmunoensayo de flujo lateral», supongo que porque «prueba en la que un líquido fluye sobre una superficie» habría sido demasiado fácil de entender. Muchos test de antígenos funcionan de la misma manera.

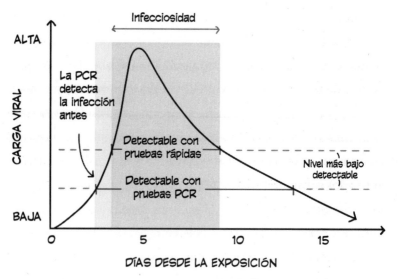

Las pruebas PCR detectan el virus en una etapa más temprana y con niveles más bajos que los test rápidos (los de antígenos), pero también pueden dar falso positivo mucho después del fin del periodo de infecciosidad.

Durante un brote tenemos que conseguir que todo el mundo pueda realizarse pruebas con facilidad y obtener resultados rápidos, sobre todo si se trata de una enfermedad que puede contagiarse a los demás antes de presentar síntomas. Y con la primera persona del plural me refiero, ante todo, a Estados Unidos. Otros países, como Corea del Sur, Vietnam, Australia y Nueva Zelanda han superado con creces a Estados Unidos en número de pruebas y resultados, lo que ha sido muy beneficioso para ellos.

Lo ideal sería que, en el futuro, los resultados de todos estuvieran enlazados a un sistema de datos digital —con las garantías de privacidad necesarias— para que las autoridades sanitarias puedan seguir lo que ocurre en su población. Es especialmente importante identificar a las personas más proclives a propagar la infección, ya que los estudios demuestran que algunos pacientes de COVID-19 transmiten el virus a mucha gente, mientras que muchos otros ni siquiera contagian a aquellos con quienes mantienen un contacto estrecho.

A la larga, necesitamos herramientas de diagnóstico precisas, asequibles para numerosas personas de todo el mundo y que permitan obtener con rapidez resultados e introducirlos en el sistema de salud pública. Por eso describiré a continuación las apasionantes iniciativas que se están llevando a cabo en este campo, desde mi habitual sesgo en favor de innovaciones que pueden beneficiar tanto a los habitantes de los países pobres como también a los de otros más prósperos.

La que más me entusiasma es la empresa británica LumiraDx, que está desarrollando aparatos que analizan pruebas para detectar múltiples enfermedades y son tan fáciles de manejar que pueden utilizarse no solo en laboratorios, sino también en farmacias y colegios, entre otros lugares. Al igual que los test de antígenos, proporcionan resultados rápidos, pero, a diferencia de ellos, son tan fiables como las máquinas PCR y cuestan como una décima parte. Una única cadena de producción basta para fabricar millones de test al año, y se puede desarrollar una nueva prueba para un patógeno emergente sin apenas reacondicionar la planta.

En 2021 un grupo de colaboradores, entre los que figuraba una ONG llamada Plataforma Africana de Suministros Médicos, donó cinco mil máquinas LumiraDx a países de toda África. Sin embargo, no son más que una pequeña parte de las que se necesitan, por lo que espero que otras organizaciones se sumen a la aportación de fondos.

Por el momento, las PCR siguen siendo las pruebas de referencia en lo que respecta a la fiabilidad, aunque resultan más lentas y caras que otros métodos. No obstante, varias empresas se han propuesto remediar esto mediante un proceso llamado procesamiento de alto rendimiento que consiste, en esencia, en incrementar por medio de dispositivos robóticos el número de pruebas PCR que pueden analizarse en un intervalo de tiempo determinado y con solo una mínima fracción de la mano de obra.

El más rápido de los que tengo noticia, Nexar, fue desarrollado hace más de una década por Douglas Scientific, aunque su objetivo original no tenía nada que ver con el diagnóstico de enfermedades en seres humanos, sino con identificar las cargas genéticas de las plantas que las convierten en cultivos más beneficiosos. La máquina dispone cientos de muestras y reactivos sobre una tira larga —algo parecido a una cinta de película— y la cierra de forma estanca. La cinta se sumerge en un baño de agua y, después de un par de horas, pasa por una segunda máquina que analiza todas las muestras y marca las que dan positivo. Al igual que LumiraDx, este sistema es lo bastante flexible para permitir la inclusión rápida de pruebas nuevas e incluso la búsqueda de muchos patógenos diferentes en la misma muestra. Por ejemplo, puede analizarse un solo hisopo nasal para buscar simultáneamente COVID-19, gripe y VSR (virus sincicial respiratorio), a un coste mucho más bajo que el de las pruebas actuales.

El sistema Nexar es capaz de procesar la increíble cantidad de ciento cincuenta mil test al día, lo que supera en más de diez veces la capacidad de los procesadores de alto rendimiento de hoy en día. La empresa LGC, Biosearch, que fabrica en la actualidad el dispositivo Nexar, prepara varios proyectos piloto para estudiar cómo se desempeña con muestras recogidas en lugares distintos, como cárceles, centros de educación primaria y aeropuertos internacionales. Otras empresas están trabajando en enfoques diferentes, y espero que no dejen de competir por crear pruebas más baratas, rápidas y precisas. El mundo aún necesita mucha innovación en este terreno.

Máquina Nexar™ de LGC, Biosearch.

En pocas palabras, tenemos que ser capaces de diseñar en el menor tiempo posible un nuevo test que pueda usarse en muchos entornos distintos, como consultorios, hogares y lugares de trabajo, y, una vez diseñado, fabricar millones de ellos a un coste ultrarreducido (de menos de un dólar por test, tal vez).

El área de Seattle, donde vivo, se ha convertido en una especie de centro neurálgico del estudio de las enfermedades infecciosas. La Universidad de Washington cuenta con un excelente departamento de salud global y una de las mejores facultades de medicina de Estados Unidos. Esta universidad es sede del Instituto para la Medición y Evaluación de la Salud, que menciono en el primer capítulo. El Centro de Investigación del Cáncer Fred Hutchinson

—aunque, como su nombre indica, se centra sobre todo en el cáncer— cuenta entre sus filas con expertos de primer nivel en enfermedades infecciosas (es una institución tan conocida que la gente del lugar se refiere a ella como «Fred Hutch», o «el Hutch»). PATH es una ONG que trabaja porque las innovaciones en materia de salud lleguen a las personas más pobres del mundo.

Si muchas personas inteligentes que comparten la pasión por un campo se instalan en la misma ciudad, la eclosión de creatividad está prácticamente garantizada. Durante las últimas décadas, Seattle se ha convertido en la sede de una red efervescente e informal de investigadores que intercambian ideas con sus compañeros o con miembros de otras instituciones.

Fue a través de esta red como, en el verano de 2018, un puñado de especialistas en genómica y enfermedades infecciosas realizó un descubrimiento conjunto. Aunque representaban a organismos distintos —Fred Hutch, la Fundación Gates y el Instituto para la Modelización de Enfermedades*—, les preocupaba el mismo problema: los brotes de virus respiratorios. Cada año matan a cientos de miles de personas y son los que más probabilidades tienen de convertirse en pandemias, pero los entendidos en el campo necesitaban aprender mucho más sobre cómo se transmiten en las poblaciones, y las herramientas a su disposición eran insuficientes, en el mejor de los casos.

Por ejemplo, los investigadores disponen de acceso a las cifras de casos de hospitales y centros sanitarios, pero estas estadísticas solo representan una porción pequeña del total. Los científicos de Seattle convinieron en que tenían que ampliar mucho sus

---

* El Instituto para la Modelización de Enfermedades ahora forma parte de la Fundación Gates.

conocimientos para llegar a comprender cómo un virus como el de la gripe se propaga por una ciudad y, lo que era más importante, era esencial que supieran cuántas personas enfermaban, no solo a cuántas se les hacían pruebas. En caso de emergencia por un brote, las autoridades municipales tendrían que identificar con rapidez a la mayoría de las personas que pudieran estar infectadas, realizarles test e informarlas de los resultados. Sin embargo, no existía una manera sistemática de llevar a cabo alguna de estas acciones.

Por fin, en junio de 2018, algunas de las personas que impulsaban este debate se reunieron conmigo en mi oficina a las afueras de Seattle para explicarme su punto de vista sobre el problema. Me esbozaron un proyecto de tres años que bautizaron como Estudio sobre la Gripe de Seattle, un prototipo de una campaña de ámbito metropolitano que tenía el potencial de transformar el modo de detectar, monitorizar y controlar los virus respiratorios... y me preguntaron si estaba dispuesto a financiarlo.

Funcionaría de la siguiente manera: en otoño, cuando comenzara la temporada de gripe, se les formularía a voluntarios de toda el área de Seattle una serie de preguntas sobre su salud. Si habían presentado al menos dos síntomas de un problema respiratorio en los últimos siete días, se les pediría una muestra que se analizaría en busca de una amplia gama de enfermedades respiratorias (a pesar del nombre del proyecto, no se limitaría a la gripe; de hecho, las pruebas abarcarían veintiséis patógenos respiratorios distintos).

Se recogerían muestras en las casetas instaladas en el aeropuerto de Seattle-Tacoma, el campus de la Universidad de Washington, albergues para los sin techo y algunas oficinas repartidas por la ciudad, pero la mayor parte de ellas procedería de hospitales locales que las habrían obtenido de pacientes por otros motivos. Se trata de una práctica habitual en la investigación médica: cuando a alguien se le realiza una prueba en un hospital, los resultados ayudan al médico a decidir qué tratamiento administrarle, pero la mucosidad del hisopo nasal puede almacenarse. Más tarde los investigadores pueden utilizar la muestra, después de suprimir ciertos datos privados del paciente, para buscar en ella otros patógenos y comprender mejor lo que está sucediendo con la población en general. Por el mero hecho de enfermar, contribuimos a la ciencia.

La intención del Estudio sobre la Gripe de Seattle era analizar todas las muestras tomadas en hospitales y espacios públicos. Cuando se descubriera un positivo por gripe, la información se incluiría en un mapa digital que mostraría, casi en tiempo real, la ubicación de los casos conocidos. A continuación, el virus pasaría por un último proceso: los científicos examinarían su código genético y lo compararían con el de otros virus de la gripe hallados en diversos lugares del mundo.

Esta labor constituiría una parte fundamental del Estudio sobre la Gripe de Seattle porque permitiría entender la relación que guardan entre sí los diferentes casos. ¿Cómo entran las distintas cepas en la ciudad? Si se produjera un brote en la universidad, ¿hasta dónde se extendería?

La información genética es tan útil para los epidemiólogos debido a un fallo fortuito en el funcionamiento de los genes. Cada vez que un patógeno crea una copia de sí mismo (o bien obliga a la célula huésped a crearla, como hacen los virus) replica su código genético o genoma. El genoma de todos los seres vivos consta de solo cuatro componentes básicos, que representamos con las letras

A, C, G, y T.* Si el lector es cinéfilo, quizá recuerde una película de ciencia ficción con Uma Thurman y Ethan Hawke sobre seres humanos genéticamente mejorados, cuyo título, *Gattaca*, es una ingeniosa secuencia formada por estos componentes básicos.

El genoma se transmite de generación en generación, y por eso los hijos se parecen a sus padres biológicos. Es lo que hace que una persona sea una persona, un virus un virus y una granada una granada. El de la COVID-19 se compone de cerca de treinta mil A, C, G y T, mientras que el tuyo o el mío consta de varios miles de millones, pero los organismos más complejos no cuentan necesariamente con genomas más grandes. La mayor parte de los ingredientes de una ensalada común y corriente tiene un genoma mayor que el de los seres humanos.

El proceso de copia de los genes es imperfecto y siempre introduce algunos errores aleatorios, sobre todo en virus como el de la COVID-19, la gripe y el ébola. Algunas letras se cambian por otras; una A se copia como una C, por ejemplo. Casi todas estas mutaciones son neutras o bien impiden el funcionamiento normal de la réplica, pero de vez en cuando hacen que la copia sea más apta para sobrevivir en su entorno que el original. Así se desarrolla el proceso evolutivo que da origen a las variantes de la COVID-19.

Determinar el orden en que se encuentran las letras genéticas de un organismo es lo que se conoce como secuenciación del genoma. Al secuenciar el genoma de las distintas versiones de un virus y estudiar las diferencias entre sus respectivas mutaciones, los científicos pueden trazar el equivalente a su árbol genealógico. En la base del árbol está la última generación. Más arriba se encuentran los

---

* En realidad, los virus ARN tienen U en vez de T, pero ambas sustancias cumplen funciones idénticas, así que conservo la T en aras de la simplicidad.

ancestros de dicha generación y, en lo alto de todo, el primer espécimen conocido. Cada punto de ramificación indica un paso evolutivo importante, como la aparición de una nueva variante. En algunos árboles figuran incluso patógenos emparentados que se han encontrado en animales y pueden pasar a los seres humanos.

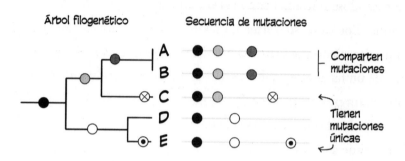

Toda esta información, combinada con un régimen de pruebas eficaz, puede dar lugar a descubrimientos valiosos sobre cómo se transmite una enfermedad en el seno de una población. En Sudáfrica, por ejemplo, un sistema eficaz de pruebas, en conjunción con el análisis genético del VIH, reveló que muchas mujeres jóvenes que vivían con el virus lo habían contraído al mantener relaciones sexuales con hombres mayores, dato que condujo a cambios en la estrategia de prevención del VIH del país. Más recientemente, la secuenciación genética desveló que el origen de un brote de ébola en Guinea en 2021 estaba en una enfermera que, increíblemente, se había infectado cinco años antes. A los científicos les asombró descubrir que el virus era capaz de permanecer latente tanto tiempo y, con base en esta nueva información, muchos están replanteándose los métodos para prevenir brotes de ébola.

El escollo con el que topaban una y otra vez los científicos de Seattle y sus colegas era que, en Estados Unidos, faltaban piezas esenciales de la infraestructura necesaria para este tipo de análisis.

Fijémonos en la manera en que lidiamos con la gripe aquí. Muchas personas que creen haberla pillado no se molestan en ir al médico; simplemente se hacen con una buena provisión de fármacos sin receta e intentan combatirla sudando. A los que sí acaban en un centro de salud es posible que el médico les dé un diagnóstico basándose únicamente en los síntomas, sin prescribirle prueba alguna. Los casos solo llegan a conocimiento de las autoridades sanitarias cuando se lleva a cabo una prueba de detección por orden de un facultativo que trabaja en un centro de salud que participa en un programa de notificación voluntaria de la gripe.

El hecho de que apenas se hagan pruebas tiene un efecto secundario: muy pocas muestras del virus de la gripe se someten a una secuenciación. Por otro lado, muchas de las que sí se secuencian no van acompañadas de información sobre las personas de las que proceden: dónde viven, qué edad tienen, etcétera. Aunque dispusiéramos de un millón de secuenciaciones de un virus, si no sabemos nada sobre sus portadores, no podremos averiguar dónde se originó la enfermedad o cómo se propagó.

El Estudio sobre la Gripe de Seattle se concibió para abordar este problema de frente. No solo se crearía un sistema para realizar pruebas a muchos voluntarios y secuenciar montones de genomas virales, sino que —en la medida en que lo permitieran las garantías de privacidad— los datos de las secuenciaciones se enlazarían a información sobre las personas de las que proceden. Y el mapa que iba a desarrollar el proyecto para mostrar los casos de gripe de toda la ciudad casi en tiempo real constituiría un punto de inflexión en la detección y contención de los brotes.

Me pareció que el Estudio sobre la Gripe de Seattle era una idea tan ambiciosa como original y tenía potencial para avanzar en la resolución de algunos de los problemas que había señalado en mi charla TED años atrás. Accedí a financiarlo a través del Instituto Brotman Baty, un organismo colaborativo para la investigación integrado por el Fred Hutch, la Universidad de Washington y el hospital infantil y centro de investigación Seattle Children's.

El equipo se puso a trabajar enseguida en la infraestructura que había planeado. Creó un sistema para desarrollar y probar un nuevo test diagnóstico, procesar y compartir los resultados, y efectuar controles de calidad con el fin de comprobar que todo el trabajo era válido. El segundo año añadieron un sistema que permitía a los participantes tomar sus propias pruebas en casa y enviarlas por correo. Gracias a esta innovación, el Estudio sobre la Gripe de Seattle se convirtió en el primer estudio del mundo que contaba con un procedimiento que facilitaba todos los pasos: la gente podía pedir un kit en línea, solicitar que se lo llevaran a casa, mandarlo de vuelta al laboratorio y recibir el resultado. Aunque esto suponía una labor pionera y un motivo de orgullo para el equipo, ninguno de nosotros se imaginaba siquiera lo trascendental que llegaría a ser.

En 2018 y 2019, el Estudio sobre la Gripe de Seattle detectó más de once mil casos de esta enfermedad y secuenció más de dos mil trescientos genomas de la influenza, una sexta parte de todos los que se secuenciaban en el mundo en aquel entonces. Consiguieron demostrar que en Seattle no había un brote homogéneo de gripe, sino una serie de brotes solapados de diferentes cepas de la influenza.

Entonces, durante las primeras semanas de 2020, todo cambió. Prácticamente de la noche a la mañana, el virus de la gripe dejó de ser el que más debía preocuparnos. Los científicos que habían pasado incontables horas planeando y ejecutando el estudio sobre la gripe ya no pensaban en otra cosa que en la COVID-19.

En febrero, la investigadora en genómica Lea Starita había desarrollado su propia prueba PCR para la COVID-19, y su equipo empezó a analizar con ella unos pocos centenares de muestras de las obtenidas para el estudio sobre la gripe. Al cabo de dos días, descubrieron un caso positivo, una muestra enviada al estudio por un consultorio que había atendido a un paciente por síntomas parecidos a los de la gripe.

Después de secuenciar el virus a partir de esta muestra positiva, uno de los miembros del equipo —el biólogo computacional Trevor Bedford— realizó un descubrimiento inquietante: presentaba una estrecha relación genética con un caso anterior detectado en el estado de Washington. Después de comparar las mutaciones en el genoma de ambos virus, infirió que los dos guardaban un parentesco cercano.* Esto confirmaba lo que muchos científicos sospechaban: que la COVID-19 ya se transmitía por el estado desde hacía un tiempo.

A continuación, el grupo se planteó la siguiente pregunta lógica: a la luz de lo que sabían sobre los dos casos que habían secuenciado y el tiempo que el virus llevaba circulando, ¿cuántas personas más podían estar infectadas? Michael Famulare, especialista en modelización de enfermedades, llevó a cabo los cálculos y situó la estimación en 570.**

Por aquel entonces, las pruebas realizadas en todo Washington Oeste solo habían confirmado dieciocho casos de COVID-19.

* Indicios derivados de la secuenciación posterior de otras muestras de la misma época han enmarañado un poco las cosas. Tal vez nunca sepamos con certeza si el virus del segundo caso descendía del virus del primero, pero hay un consenso unánime respecto a que los investigadores hicieron la inferencia correcta dada la información de que disponían y el hecho de que la transmisión era muy alta en aquel momento.

** Para ser más exactos, Famulare estimaba la cifra en 570, con una confianza del 90 por ciento en que se encontraba en un intervalo entre 80 y 1.500.

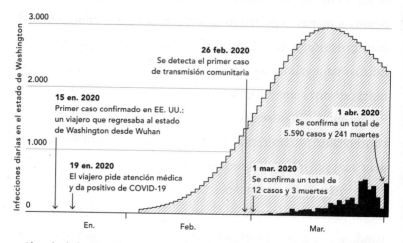

Llegada de la COVID-19 al estado de Washington. Científicos del Estudio sobre la Gripe de Seattle descubrieron que cientos de personas probablemente eran casos no detectados de COVID-19. Este gráfico muestra la diferencia entre los casos confirmados de COVID-19 y el número estimado de personas infectadas durante los primeros tres meses de 2020 (IHME).

Con su trabajo, Bedford, Famulare y sus colegas demostraron que el sistema de pruebas de COVID-19 del país dejaba mucho que desear. Solo en el estado de Washington, centenares de personas habían contraído el virus sin saberlo, y la enfermedad se propagaba a toda velocidad.

Pero había un problema: no estaban seguros de poder contarle a nadie lo que sabían.

El paciente del consultorio que había cedido la muestra no sabía que la habían utilizado para un estudio clínico. Aunque analizar la muestra del paciente en busca de otras enfermedades como la COVID-19 era un procedimiento estándar, revelar los resultados —incluso al paciente, y ya no digamos a las autoridades sanitarias— era harina de otro costal. Habría supuesto una vulneración de los protocolos de investigación del estudio sobre la gripe.

Por otro lado, su test para la COVID-19 había sido aprobado para su uso en estudios de investigación, pero no en sanitarios, donde los resultados se dan a conocer a los pacientes. Aunque el equipo llevaba semanas negociando con reguladores del gobierno, no habían conseguido que autorizaran su prueba para uso médico. Las normas para validar los test de COVID-19 desarrollados por cualquier persona ajena a los CDC ni siquiera se habían redactado aún.

Era un dilema complicado. Por un lado, revelar los resultados contravendría los criterios de investigación ética por los que se regían y tal vez infringiría normas del gobierno.

Por otro lado, ¿cómo podía el equipo ocultar los resultados de las pruebas a un portador del virus que estaba causando una pandemia, o a las autoridades sanitarias que debían saber que la COVID-19 se extendía por el estado y casi con total seguridad había infectado a cientos de personas más de lo que ellos creían?

Un miembro del grupo desencalló el debate con una sencilla pregunta: «¿Qué haría una persona razonable?». Así expresado el problema, la respuesta parecía evidente. Una persona razonable divulgaría los resultados para proteger tanto al individuo como a la sociedad. Así que eso hicieron.

La noticia fue un bombazo. «Secuenciación genética indica que el coronavirus podría llevar semanas propagándose por EE. UU.», rezaba una noticia publicada en *The New York Times*.

Aunque la decisión suscitó reacciones negativas por parte de reguladores del gobierno y el equipo tuvo que interrumpir los análisis de las muestras de hospitales, me pareció que habían hecho lo correcto (y aún me lo parece). La comisión evaluadora de la Universidad de Washington que supervisaba el proyecto llegó a la misma conclusión y señaló que la decisión del equipo había sido la más responsable y ética. Los funcionarios estatales y federales continuaron colaborando con ellos para encontrar maneras de estudiar la COVID-19 en la zona.

En marzo de 2020, el grupo del estudio sobre la gripe se asoció con la agencia de salud pública del condado de King, en el que se encuentra Seattle, para crear la Red de Evaluación del Coronavirus de Seattle, o SCAN, por sus siglas en inglés. El rompedor sistema que habían diseñado para recoger y procesar muestras de la gripe e informar a la gente sobre los resultados se utilizaría con un nuevo objetivo: realizar pruebas de COVID-19 al mayor número posible de personas, mapear los resultados y aumentar la colección de secuenciaciones genéticas de este patógeno de aparición tan reciente.

SCAN recibió un fuerte espaldarazo de otro grupo de investigadores locales, que demostró a los reguladores del gobierno que hacer girar un hisopo en la parte poco profunda de las fosas nasales producía resultados tan buenos como esas exploraciones a fondo que cosquilleaban el cerebro y que se necesitaban para otras pruebas de COVID-19. Eso supuso un avance importante, porque permitió que la gente tomara sus propias muestras, mientras que el sistema anterior requería la intervención de un profesional sanitario. El método antiguo provocaba una tos inevitable en el sujeto, lo que aumentaba el riesgo de exposición de la persona que extraía la muestra, y el mundo se encontraba en una situación sin precedentes en la que empezaban a agotarse los hisopos largos.*

Entre marzo y mayo, las cosas discurrieron sin muchos tropiezos para lo que cabía esperar durante una pandemia. El equipo SCAN recolectaba muestras de voluntarios a los que comunicaba

---

* El nuevo método tardó mucho tiempo en generalizarse. En el momento en que escribo esto, algunos parientes siguen preguntándome: «¿Cómo es que me meten el hisopo hasta el cerebro? ¿No decías que ya habían acabado con eso?». La razón es que cada vez que los reguladores del gobierno aprueban un test, tienen que aprobar el hisopo también, a pesar de que haya demostrado su eficacia en otras pruebas.

si tenían COVID-19, trabajaba en el mapa de casos que había empezado a elaborar y se aseguraba de que las muestras se secuenciaran. En ese periodo, SCAN llevó a cabo una cuarta parte de todas las pruebas que se realizaban en el condado de King, y sus mapas ayudaron a las autoridades locales a entender dónde estaba más extendida la enfermedad.

De pronto, en mayo, el gobierno federal les ordenó suspender sus actividades. El equipo había topado con otro impedimento: no estaba claro si tenían permitido o no analizar las muestras obtenidas por los propios sujetos (y no por un profesional sanitario). Hasta ese momento, la normativa del gobierno federal respecto a quién podía procesar las muestras autorrecogidas era bastante vaga. Cuando se esclarecieron las imprecisiones, fue una mala noticia para SCAN: necesitaban la aprobación del gobierno federal. El equipo se apresuró a buscar otra manera de seguir adelante.

Dos días después, la Administración de Medicamentos y Alimentos (FDA) volvió a modificar su criterio. Los investigadores podían analizar muestras obtenidas por los participantes, siempre y cuando contaran con la aprobación de la comisión evaluadora que supervisaba su trabajo. SCAN recibió su visto bueno, y el 10 de junio reanudó las pruebas.

Durante el resto del año, el equipo acumuló varios logros. Procesó casi cuarenta y seis mil test de COVID-19, casi todos de personas que se habían inscrito por internet desde casa (en vez de en las casetas instaladas en espacios públicos, que en su mayor parte habían cerrado). Realizaron la secuenciación de casi cuatro mil genomas de la COVID-19, más de la mitad de las que se secuenciaron en el estado de Washington durante ese año, y asesoraron a los equipos que estaban organizando estudios similares en Boston y el área de la bahía de San Francisco.

Mientras escribo esto, a finales de 2021, SCAN sigue en marcha, y el Estudio sobre la Gripe de Seattle continúa recopilando datos sobre la influenza y dos docenas de patógenos más. Trevor Bedford, el investigador descubrió las semejanzas genéticas entre las dos muestras de COVID-19 y había comprendido su importancia, goza de amplio reconocimiento por sus revolucionarias contribuciones a la ciencia relacionada con esta enfermedad. Sus árboles filogenéticos se consultan en todo el mundo, y Bedford se ha convertido en un excelente comunicador público que explica de forma accesible conceptos complejos de epidemiología y ciencias genómicas a sus cientos de miles de seguidores de Twitter.

Estados Unidos —y, en realidad, cualquier país con un sistema de pruebas y secuenciaciones igual de abigarrado— tendría que invertir en muchos más proyectos basados en los hallazgos del equipo de Seattle. La pandemia nos ha enseñado que debemos adelantarnos al siguiente brote importante y establecer sistemas de respuesta, como intentaron el Estudio sobre la Gripe de Seattle y SCAN. Los gobiernos deben entablar relaciones de colaboración con expertos en enfermedades infecciosas y entidades del sector privado. Las normas tienen que facilitar la aprobación rápida de pruebas cuando surja un patógeno que no hayamos visto antes. Las punteras instituciones de investigación de Estados Unidos y sus empresas privadas de diagnóstico poseen un talento y una capacidad de ayudar increíbles, pero deben implicarse cuanto antes sin tener que salvar todos los obstáculos que el equipo SCAN encontró en su camino.

Los países que tomen estas medidas se encontrarán en una posición de partida ventajosa cuando se declare el próximo gran brote. No es casualidad que Sudáfrica, que llevaba décadas invirtiendo en pruebas y secuenciaciones para la lucha contra el VIH y la tuberculosis, fuera el primer país en identificar al menos dos variantes importantes de la COVID-19.

Se avecinan innovaciones en la tecnología de secuenciación genómica que serán de gran ayuda. Por ejemplo, Oxford Nanopore, empresa derivada de la Universidad de Oxford, ha desarrollado un secuenciador genético portátil que elimina la necesidad de contar con un laboratorio completo. Requiere un ordenador conectado a internet con un procesador potente, pero investigadores de Australia y Sri Lanka están trabajando para solventar también ese problema: han creado una aplicación que permite procesar la información del dispositivo secuenciador sin conexión, en un teléfono inteligente estándar. Durante una prueba, la aplicación utilizada en conjunción con el dispositivo consiguió secuenciar genomas de COVID-19 de dos pacientes en menos de treinta minutos cada uno. En la actualidad, Oxford Nanopore colabora con los Centros Africanos para el Control y la Prevención de Enfermedades y otros organismos con el fin de implementar avances parecidos por todo el continente.

Otra lección que nos ha enseñado la pandemia es que crear una plataforma similar a SCAN o el Estudio sobre la Gripe de Seattle —es decir, elaborar el test, desarrollar el sitio web donde la gente pueda inscribirse y procesar sus muestras, entre otras cosas— constituye solo una parte del desafío. Asegurarse de que los resultados reflejen la composición real de la población es harina de otro costal. No todo el mundo navega con soltura por un sitio web. Las barreras lingüísticas pueden entorpecer el proceso. Cuando la demanda de los kits de pruebas es elevada y la oferta es limitada, las personas que pueden quedarse en casa y consultar una web varias veces tienen ventaja sobre los empleados esenciales que no pueden dejar de ir a trabajar. Superar estas desigualdades en Seattle ha representado todo un reto, y quien pretenda realizar una labor parecida debe tenerlas en cuenta. Aprovechar al máximo los avances técnicos requiere un sistema de salud pública robusto y en el que confíe buena parte de la población.

En una lista de profesiones superimportantes y a la vez superdesconocidas, seguramente situaría «modelizador de enfermedades» en primer lugar, al menos antes de 2020. Cuando llegó la COVID-19, esas personas que llevaban décadas trabajando en el anonimato saltaron a la palestra. Los modelizadores de enfermedades trafican con predicciones, y durante una pandemia pocas cosas entusiasman más a los periodistas que una predicción.

Casi toda mi experiencia con la modelización de enfermedades deriva de mi trabajo con el IHME y el Instituto para la Modelización de Enfermedades, o IDM por sus siglas en inglés, grupo que colaboró en el Estudio sobre la Gripe de Seattle. Sin embargo, hay cientos de modelos más, desarrollados por investigadores de todo el mundo, y los diferentes tipos pueden ayudar a responder a preguntas diferentes. Expondré dos ejemplos.

El primero es la investigación sobre la variante ómicron que se llevó a cabo a finales de 2021 en el Centro Sudafricano de Modelización y Análisis Epidemiológicos (con sede en Stellenboch). En aquel entonces, los científicos habían identificado la cepa, pero aún no habían despejado algunas incógnitas cruciales sobre ella, como con qué frecuencia infectaba a personas que ya habían contraído una variante anterior de la COVID-19. Utilizando una base de datos en la que se registraban casos de enfermedades infecciosas de todo el país, el equipo sudafricano dio con la respuesta: la capacidad de reinfección de ómicron era muy superior a la de las variantes anteriores. Esto, junto con otros hallazgos del equipo, demostró que, a diferencia de otras variantes que habían perdido fuelle, ómicron podía propagarse con rapidez por cualquier población en cuanto apareciera en ella, tal como en efecto ocurrió.

Otros equipos de modelización abordaron problemas diferentes. Un grupo con base en la Escuela de Higiene y Medicina Tropical de Londres, por ejemplo, cuantificó los efectos del uso de mascarillas, el distanciamiento social y otros métodos para frenar la transmisión. En 2020, sus modelos generaron algunas de las predicciones más precisas y oportunas sobre cómo se extendería el virus en países de rentas bajas y medias (de hecho, superaron a IDM, grupo que ahora forma parte de la Fundación Gates; ellos son los primeros en reconocerlo). Para formarnos una idea de lo que hacen los modelizadores cuando intentan predecir patrones pandémicos, podemos compararlo con los pronósticos del tiempo. Los meteorólogos cuentan con modelos que predicen de forma bastante fiable si lloverá esta noche o mañana por la mañana (si es invierno en Seattle, la respuesta seguramente será «sí»). Sus modelos son menos precisos respecto al tiempo que hará dentro de diez días y no tienen la más remota idea de lo que sucederá dentro de seis o nueve meses.* Algo parecido ocurre con la modelización de enfermedades con variantes y, aunque jamás será una ciencia exacta, con el tiempo obtendrá mejores resultados que los pronósticos meteorológicos.**

---

* Aunque sí se sabe con certeza que las temperaturas globales subirán, lo que tendrá consecuencias terribles si no hacemos algo por evitarlo.

** Al principio de la pandemia se criticó al IHME por hacer predicciones demasiado optimistas y no recalcar la incertidumbre que rodeaba sus proyecciones. No obstante, escucha las críticas y se esfuerza en todo momento por mejorar su trabajo, como corresponde a una organización científica seria.

El objetivo de un modelizador, a grandes rasgos, es analizar todos los datos disponibles —las fuentes que he descrito en este capítulo, además de muchas otras como los datos de teléfonos móviles y las búsquedas en Google— con dos propósitos. Uno es determinar por qué algo sucedió en el pasado, y el otro, formular una hipótesis fundamentada sobre lo que puede suceder en el futuro. La modelización por ordenador nos previno casi desde un primer momento de que bastaría con que un 0,2 por ciento de la población se infectara de COVID-19 para que los hospitales se saturaran de pacientes en muy poco tiempo.

La modelización de enfermedades tiene beneficios más amplios para los investigadores en salud pública. Los obliga a exponer todas sus hipótesis y datos, lo que pone de relieve lo que saben, lo que ignoran y su grado de certeza. También les permite estudiar qué características de la enfermedad pueden tener un mayor impacto en el futuro: por ejemplo, ¿qué ventajas hay en vacunar a los colectivos más vulnerables antes que al resto de la población? Si surge una variante diez veces más transmisible, ¿cuántos más casos, hospitalizaciones y muertes debemos esperar? ¿Cuánto ayudaría que un porcentaje determinado de la población usara mascarilla?

Para mí, una de las principales enseñanzas sobre la modelización que cabe extraer de la COVID-19 es la importancia de que cada modelo se base en datos sólidos y lo difíciles que estos son de conseguir. ¿Cuántas pruebas se realizan? ¿Cuántas dan positivo? Los modelizadores de enfermedades toparon con toda clase de dificultades para averiguarlo. Algunos estados de Estados Unidos no desglosaban sus casos por ubicación o datos demográficos. En ocasiones, las notificaciones se interrumpían durante los puentes, y luego, el primer día hábil, se notificaban todos los casos de golpe, lo que dejaba en manos de los modelizadores la tarea de calcular aproximadamente lo que había ocurrido en realidad.

Tampoco pude evitar reparar en la frecuencia con que las noticias sobre las últimas conclusiones de un modelizador omitían matices y salvedades importantes. En marzo de 2020, Neil Ferguson, un epidemiólogo muy respetado del Imperial College, predijo que podían producirse más de quinientas mil muertes por COVID-19 en el Reino Unido y más de dos millones en Estados Unidos durante la pandemia. Esto causó mucho revuelo en la prensa, pero pocos periodistas mencionaron un punto clave que Ferguson había dejado muy claro: la situación hipotética que había planteado y que había aparecido en todos los titulares partía de la premisa de que la gente no modificaría su comportamiento —de que nadie usaría mascarilla o se quedaría en casa, por ejemplo—, cosa que, por supuesto, no sucedió en realidad. Su intención era poner de manifiesto lo que estaba en juego y subrayar el valor de las mascarillas y otras medidas, no sembrar el pánico generalizado.

La próxima vez que al lector le llegue la noticia de alguna predicción formulada por un modelizador de enfermedades conviene que tenga presentes un par de cosas. En primer lugar, todas las variantes son distintas, por lo que no es fácil predecir la gravedad de cada una sin antes contar con datos correspondientes a varias semanas. En segundo, todos los modelos tienen sus limitaciones, y la noticia omite algunas puntualizaciones importantes. ¿Recuerdas la estimación de Mike Famulare según la cual había 570 casos en el estado de Washington, con una certeza del 90 por ciento de que la cifra se encontraba entre 80 y 1.500? Cualquier información que no mencione el rango de posibilidades nos priva de un contexto importante.

Por último, todos los que intervienen en el desarrollo de modelos de enfermedades deben reflexionar sobre cómo otras personas utilizarán su trabajo e intentar comunicarlo con claridad para reducir las posibilidades de que lo malinterpreten o hagan mal uso de él. La modelización de enfermedades debe llevarse a cabo con una sana dosis de modestia, sobre todo si se hacen pronósticos a más de cuatro semanas vista.

Creo que todo lo expuesto en este capítulo es un claro alegato en favor de una clase de vigilancia de enfermedades que nos ayude a prevenir pandemias.

Un paso en la buena dirección sería invertir en todos los elementos de un sistema sanitario robusto que haga posibles la detección y notificación de enfermedades. Esto es especialmente cierto en los países de rentas bajas y medias, cuyos sistemas de salud suelen estar infrafinanciados. Si los médicos y epidemiólogos carecen de las herramientas y la formación que necesitan, o su agencia de salud nacional es débil o inexistente, seguiremos luchando contra un brote tras otro. Todas las poblaciones de todos los países deben ser capaces de detectar un brote en siete días o menos, notificarlo, iniciar una investigación en un plazo de un día más e implementar medidas de control eficaces en el espacio de otra semana; disposiciones que proporcionarían a todos los profesionales del sistema sanitario metas a las que aspirar y maneras de medir sus progresos.

Otro paso sería redoblar los esfuerzos por comprender las causas de muerte tanto de adultos como de niños. Esta labor resultaría beneficiosa por partida doble, pues nos abriría nuevas perspectivas sobre la salud y la enfermedad además de una ventana más a las amenazas emergentes.

En tercer lugar necesitamos conocer al enemigo al que nos enfrentamos. Por consiguiente, los gobiernos y proveedores de fondos deben apoyar el desarrollo de formas innovadoras de realizar pruebas masivas en poco tiempo. Los nuevos test deben facilitar que los resultados se asocien al paciente, respetando las garantías de privacidad, con el fin de que los datos sirvan tanto para configurar la atención individual como las medidas de salud pública. Hay que expandir la secuenciación genética de manera radical. Además, debemos seguir estudiando cómo evolucionan los virus en los animales e investigar más a fondo cuáles son más susceptibles de pasar a los humanos. Al fin y al cabo, las tres cuartas partes de los treinta brotes inesperados más recientes están relacionadas con animales (distintos de los seres humanos). Por otra parte, durante un brote importante, cuando los test pueden escasear, conviene utilizar mapas de prevalencia de la enfermedad para determinar quién debe tener prioridad, a fin de que las pruebas se realicen a personas con más probabilidades de estar infectadas.

Por último, debemos invertir en la promesa de la modelización informática. Los análisis efectuados durante la pandemia de COVID-19 han resultado sumamente útiles, pero podrían ser mejores. Contar con más datos de mayor precisión y una retroalimentación constante sobre sus modelos nos ayudará a estar más protegidos.

4

Ayudar a la gente a protegerse de inmediato

ANSIEDAD POR SALUDO

Últimamente, cuando saludo a alguien, no sé muy bien qué hacer. ¿Chocar los puños, estrecharle la mano o limitarme a sonreír y agitar la mano? Dependiendo de la naturaleza de nuestra relación, tal vez me apetezca una combinación de apretón de manos y abrazo, sobre todo si hace meses que no nos vemos.

Esta vacilación es solo una de las maneras en que la COVID-19 ha complicado nuestras interacciones sociales, claro está. ¿Debe uno quedarse en casa si ha estado expuesto al virus? ¿Quién debería llevar mascarilla y en qué ocasiones? ¿Es recomendable celebrar una fiesta? ¿Sería mejor hacerlo en interiores o en exteriores, y qué distancia deben guardar entre sí los invitados? ¿Conviene lavarse las manos más a menudo? ¿Y qué pasa con las grandes concentraciones? ¿Y con el transporte público? ¿Debe seguir funcionando? ¿Pueden permanecer abiertas las escuelas, oficinas y comercios?

No todas estas decisiones dependen de los particulares, pero muchas sí. Y durante una pandemia, cuando las opciones parecen más limitadas que nunca, tomar una decisión puede resultar alentador. Incluso si uno no está en posición de ayudar a los científicos a descubrir una cura o vacuna, puede optar por llevar mascarilla, quedarse en casa si se encuentra mal o posponer la gran fiesta que había planeado.

Por desgracia, en algunos lugares, en especial en Estados Unidos, algunas personas se han resistido a tomar decisiones que contribuirían a su seguridad y la de sus familias. Aunque no estoy de acuerdo con estas actitudes, creo que no es útil tacharlas de «anticientíficas», como hace tanta gente.

En su libro *Inmunidad*, Eula Biss ofrece una perspectiva sobre la renuencia a las vacunas que creo que ayuda a explicar también el recelo que vemos hacia otras medidas de salud pública. Sostiene que la desconfianza en la ciencia es solo un factor que se suma a otras cosas que generan miedo y sospechas: las compañías farmacéuticas, el *big government*, las élites, el *establishment* médico, la autoridad masculina. Para algunas personas, la promesa de unos beneficios invisibles que se materializarán en el futuro no basta para desterrar la preocupación de que alguien intenta engañarlas. El problema se agrava aún más en épocas de polarización política extrema, como la que estamos viviendo.

La cosa no empezó con buen pie, pues, cuando estalló la pandemia, no había datos suficientes para sopesar las ventajas e inconvenientes de las distintas medidas. Defender las más dolorosas, como el cierre de comercios y escuelas, resultaba especialmente difícil. Muchas de estas disposiciones no se habían aplicado a gran escala desde la pandemia de 1918 y, mientras que los costes que traerían consigo eran previsibles y evidentes para cualquiera que reflexionara sobre ello, los beneficios concretos —sobre todo teniendo en cuenta que nos enfrentábamos a un nuevo patógeno— no lo eran.

Parte del problema reside en que no resulta nada fácil evaluar el impacto de muchas de estas medidas —agrupadas bajo el nombre genérico de «intervenciones no farmacológicas», o INF— en un entorno controlado. Los ensayos de fármacos y vacunas, aunque costosos en términos tanto de dinero como de tiempo (como explicaré en capítulos posteriores), nos permiten llevar a cabo experimentos que ponen a prueba la efectividad de fármacos y vacunas. En cambio, un experimento que consistiera en cerrar todas las escuelas y comercios de una ciudad solo para medir los costes y beneficios sería de todo punto inviable.

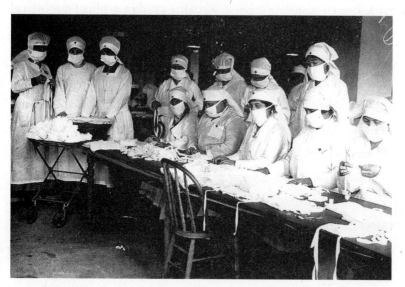

Voluntarias de la Cruz Roja en Boston, Massachusetts, confeccionan mascarillas de gasa para frenar la transmisión de la gripe durante la pandemia de 1918.

Ahora que llevamos dos años estudiando las INF en el mundo real, sabemos mucho sobre su eficacia, al menos en lo que a la

COVID-19 se refiere. La pandemia nos ha brindado conocimientos empíricos que ningún experimento nos habría proporcionado. Funcionarios de casi todos los niveles de la administración —ayuntamientos, condados, estados, provincias y gobierno federal— han examinado los datos para comprobar qué medidas funcionan, y miles de estudios académicos han documentado los efectos de diversas INF. Esta labor ha mejorado de forma espectacular nuestra comprensión en este campo. Las diferencias en las políticas desplegadas en ciudades o países similares han permitido a los investigadores aislar el impacto de cada una de las INF de maneras que no eran posibles antes.

Es una buena noticia, pues las INF constituyen el instrumento más importante durante los primeros días de un brote. No hacen falta horas y horas de laboratorio para dictar normas sobre el uso de mascarillas (siempre y cuando dispongamos de ellas), determinar cuándo cancelar actos públicos o limitar el aforo de los restaurantes (aunque tendremos que asegurarnos de que las INF que apliquemos sean las adecuadas para el patógeno al que nos enfrentamos).

Estas intervenciones son el medio que utilizamos para aplanar la curva —es decir, disminuir la velocidad de transmisión para que los hospitales no se colapsen— sin necesidad de identificar a todos los infectados. Si el brote se detecta a tiempo, es posible localizar a casi todas las personas que han contraído el virus y realizar pruebas a todos aquellos con quienes han tenido contacto. Esto es esencial, sobre todo considerando lo difícil que resulta identificar a los portadores del patógeno que no presentan síntomas; las INF son igual de eficaces para ayudar a evitar que tanto sintomáticos como asintomáticos propaguen la COVID-19.

No pretendo insinuar que las INF sean una solución exenta de inconvenientes. Aunque algunas, como el uso de mascarilla, ocasionan pocas molestias a la mayoría de la gente (aparte de que nos empañan las gafas a quienes las llevamos), otras —como el cierre de establecimientos o la prohibición de grandes concentraciones— tienen un enorme impacto sobre la sociedad y su implementación supone una tarea titánica. Pero podemos ponerlas en marcha de inmediato, y ahora sabemos cómo aplicarlas mejor que antes.

Repasemos algunas de las principales lecciones que hemos aprendido en los últimos dos años.

«Si parece que te estás pasando, seguramente estás haciendo lo correcto»

Es una frase de Tony Fauci con la que estoy de acuerdo. Lo irónico de las INF es que cuanto mejor funcionan, más fácil resulta criticar a quien las ha adoptado. Si una ciudad o estado las promulga en una etapa temprana, el número de casos se mantendrá bajo y los críticos alegarán que no eran necesarias.

Por ejemplo, en marzo de 2020, las autoridades de la ciudad y el condado de San Luis anunciaron varias disposiciones para limitar la transmisión, incluida una orden de confinamiento domiciliario. Como consecuencia, el brote inicial en San Luis no fue tan grave como en muchas otras poblaciones de Estados Unidos, lo que llevó a algunos a insinuar que se trataba de medidas excesivas. Sin embargo, un estudio demostró que si el gobierno hubiera implementado las mismas intervenciones solo dos semanas después, el número de muertes se habría multiplicado por siete. San Luis se habría visto tan afectada como algunas de las zonas del país más golpeadas por la enfermedad.

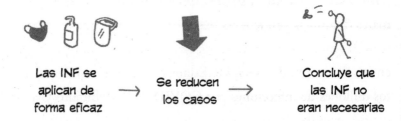

No era la primera vez que San Luis marcaba el camino: se había producido una situación prácticamente idéntica un siglo antes. Poco después de detectar los primeros casos de gripe de la pandemia de 1918, el ayuntamiento cerró las escuelas, prohibió las grandes concentraciones y estableció medidas de distanciamiento social. Filadelfia, por su parte, tardó un tiempo en hacer lo propio. Durante dos semanas después de su primer caso permitió que se celebraran actos multitudinarios, como un desfile por toda la ciudad.

Debido a ello, el pico de mortalidad de Filadelfia fue ocho veces superior al de San Luis. Estudios posteriores indican que la tendencia fue la misma en todo el país: en las ciudades que adoptaron múltiples medidas a tiempo se registró la mitad de muertes que en las ciudades que esperaron a aplicarlas.

Si comparamos países en vez de ciudades, obtenemos resultados parecidos. Durante la primera ola de COVID-19, Dinamarca y Noruega impusieron confinamientos domiciliarios estrictos (cuando había menos de treinta personas hospitalizadas en cada país), mientras que el gobierno de la vecina Suecia se inclinó más por las recomendaciones que por las órdenes, mantuvo abiertos restaurantes, bares y gimnasios, y aconsejó el distanciamiento social pero no lo declaró obligatorio. Según un estudio, si los países adyacentes a Suecia hubieran seguido su ejemplo en vez de optar por un confinamiento riguroso, el número de muertes en Dinamarca durante la primera ola se habría triplicado, y el de Noruega se habría multiplicado por nueve. Otro estudio calculó que las INF en seis países grandes, incluido Estados Unidos, evitaron quinientos millones de infecciones por COVID-19 solo durante los primeros meses de 2020.

No solo conviene dar la impresión de que nos estamos pasando, como decía Tony Fauci, sino también tener cuidado de no relajar todas las INF demasiado pronto. Cuando las medidas públicas más eficaces —como las restricciones a las grandes concentraciones— dejan de aplicarse de forma estricta, las cifras tienden a aumentar de nuevo (en igualdad de otras condiciones). El problema de aliviar estas medidas antes de tiempo radica en que queda un gran número de personas que nunca han estado expuestas al virus y son susceptibles de infectarse. Del mismo modo que es importante no dejar de tomar antibióticos cuando tratamos una enfermedad bacteriana, en ciertos casos necesitamos mantener en vigor algunas INF hasta que desarrollemos herramientas médicas que nos protejan de la infección y eviten que acabemos hospitalizados

si enfermamos, o por lo menos hasta que logremos reducir radical-
mente la transmisión realizando pruebas a mucha gente y aislando
los casos positivos o sospechosos, como hizo Corea del Sur.

Por otro lado, no todas las reacciones exageradas —o las que lo
parecen— son iguales. El cierre de fronteras, por ejemplo, consiguió ralentizar la propagación de la COVID-19 en algunas regiones. Sin embargo, estas disposiciones son como un mazo que debe
manejarse con cautela. Al interrumpir el comercio y el turismo,
pueden perjudicar tanto la economía de un país que el remedio
quizá sea peor que la enfermedad. Esto es así sobre todo cuando,
como suele ocurrir, el control de fronteras se introduce demasiado
tarde. Además, la medida desincentiva la notificación temprana de
brotes; Sudáfrica, por ejemplo, se vio castigada con restricciones de
viaje cuando identificó la variante ómicron, mientras que otros
países donde estaba circulando no recibieron el mismo trato.

Si bien los confinamientos tienen claros efectos beneficiosos
para la salud pública, no siempre está tan claro que en los países
de rentas más bajas el sacrificio valga la pena. Allí, cerrar sectores
enteros de la economía puede ocasionar hambrunas, además de
incrementar la mortalidad por otras causas. A un adulto que se
pasa el día trabajando al aire libre —como muchos en los países
pobres—, la posibilidad de contraer COVID-19 no le asustará
tanto como la de no poder proporcionar alimentos suficientes a su
familia. Como explicaré más adelante en este capítulo, se da un
fenómeno parecido en países más prósperos: las personas de bajos
recursos que viven en ellos tienen más dificultades para cumplir
los confinamientos y más probabilidades de verse afectadas por el
virus.

A posteriori sabemos que en muchos lugares, cuando la COVID-19
estaba en su punto más alto, el precio de no declarar el confina-

miento habría sido aún más alto. La economía se resintió cuando se cerraron los negocios, pero se habría visto todavía más perjudicada si se hubiera permitido que el virus campara a sus anchas y matara a millones de personas más. Al salvar vidas, los confinamientos permiten que la recuperación económica se inicie antes.

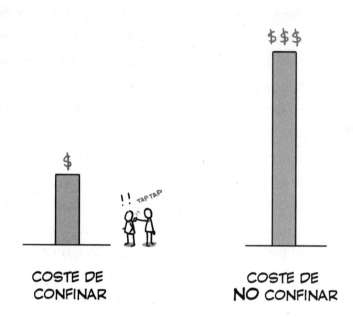

COSTE DE CONFINAR

COSTE DE NO CONFINAR

El cierre de escuelas a largo plazo tal vez no sea necesario en el futuro

En la era de la COVID-19, si hay un tema casi tan polémico como el de las vacunas, es el de la conveniencia o no de cerrar las escuelas.

Entre marzo de 2020 y junio de 2021, prácticamente todos los países del mundo clausuraron los centros educativos en algún momento a causa de la COVID-19. El pico se alcanzó en abril de 2020, cuando casi el 95 por ciento de las escuelas del mundo habían cerrado sus puertas. En junio del mismo año, todas menos el 10 por ciento habían reabierto, al menos de forma parcial.

Hay argumentos muy convincentes en favor del cierre. Ya se sabía que los colegios, con sus constantes interacciones entre niños, eran caldos de cultivo para el resfriado común y la gripe..., ¿por qué no iban a serlo también para otro patógeno? A los maestros y el resto del personal escolar no se les paga para que se jueguen la vida, que es justo lo que hacen los de mayor edad si se les obliga a impartir clases presenciales sin estar vacunados durante una pandemia como la de la COVID-19. Con este virus en particular, el riesgo de enfermar de gravedad o morir aumenta en función de los años que tenga la persona, un factor importante que deberían tener en cuenta los responsables de asignar las vacunas y otras herramientas, cuestión que retomaré más adelante.

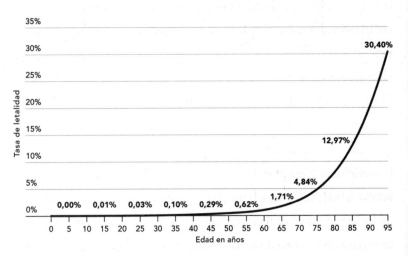

La COVID-19 es mucho peor para las personas mayores. Este gráfico muestra el porcentaje de infectados con COVID-19 que murieron. Nótese cómo la curva se dispara a partir de ciertas edades (IHME).

Por otro lado, cuando los centros educativos cerraron, los alumnos se retrasaron en los estudios, y la brecha de rendimiento entre niños ricos y pobres se amplió aún más. Según cálculos de la ONU, la pandemia los privó de tantas horas lectivas que cien millones de ellos han caído por debajo del umbral mínimo de competencias básicas, y necesitarán años de clases de recuperación para ponerse al día. En Estados Unidos, los estudiantes de tercero negros e hispanos llevan el doble de retraso escolar que los blancos y de origen asiático. Además, el cambio a las clases virtuales ocasionó que los escolares blancos se atrasaran tres meses en matemáticas, mientras que los alumnos de color perdieron de tres a cinco meses.

Por otro lado, la pandemia desmontó uno de los mayores mitos sobre la educación a distancia: que algún día podría reemplazar las clases presenciales para los niños y niñas de los primeros cursos. Aunque soy un entusiasta de la enseñanza en línea, siempre la he considerado un complemento, no un sustituto de la labor que realizan juntos los alumnos pequeños y los maestros (en general, en Estados Unidos, empleamos las expresiones «enseñanza a distancia» y «enseñanza en línea» de forma indistinta, si bien en muchos países se impartieron clases por radio, televisión y mediante libros electrónicos, además de por internet).

Pocos profesores han recibido formación para desarrollar clases virtuales, pero esto cambiará con el tiempo, a medida que mejoren la tecnología y los planes de estudio. Aún hay muchas personas sin acceso a internet —en el Sudeste Asiático, más de una tercera parte de los estudiantes obligados a quedarse en casa carecían de los medios para aprender a distancia—, y a muchos de los que sí lo tienen les ha parecido una experiencia más bien poco estimulante. En resumen, el aprendizaje en línea fue sometido a una prueba para la que no estaba diseñado y que no superó. No obstante, sigo siendo optimista respecto a su futuro, siempre y cuando se utilice de forma apropiada. Tengo mucho que decir al respecto en el epílogo.

Cuando las escuelas cierran, las consecuencias negativas se extienden por efecto dominó mucho más allá del rendimiento académico. De pronto, los padres tienen que espabilarse para conseguir que alguien cuide de sus hijos durante las horas de trabajo. Millones de alumnos de Estados Unidos y el resto del mundo cuentan con las comidas que les sirven gratis o a precio reducido en los centros educativos. En el colegio, los niños aprenden a interactuar con otras personas de su edad, hacen ejercicio y tienen acceso a apoyo en salud mental.

Por desgracia, el debate sobre el cierre de los establecimientos educativos se enmarañó a causa de unos datos iniciales que resultaron engañosos. Al principio de la pandemia se registraron menos casos de COVID-19 entre los niños pues, según descubrió un estudio realizado en Noruega, la transmisión en las escuelas era baja, lo que llevó a muchas personas (entre ellas a mí) a concluir que los niños no parecían tan susceptibles a infectarse como los adultos. A mi juicio, era un buen argumento para mantenerlas abiertas.

Pero no resultó serlo. A lo largo de marzo de 2021, en Estados Unidos la incidencia de infección y enfermedad en menores era comparable a la de los adultos de dieciocho a cuarenta y nueve años, e incluso más elevada que la de los mayores de cincuenta. La percepción inicial sin duda se vio influida por el hecho de que había muchas escuelas cerradas; no es que los pequeños fueran menos propensos a contagiarse, sino que simplemente tenían muchas menos probabilidades de presentar síntomas o de encontrarse lo bastante mal para que los padres los llevaran a hacerse pruebas, un problema que han corregido los test a gran escala.

Incluso teniendo esto en cuenta, creo que de todo lo anterior podemos concluir que el cierre a largo plazo de los centros educativos no debería ser necesario en brotes futuros, en especial si el mundo cumple el objetivo de producir vacunas suficientes para todos en un periodo de seis meses. Una vez que estén disponibles, los docentes deben figurar entre los primeros colectivos en recibirlas (tal como ocurrió cuando aparecieron las primeras vacunas contra el coronavirus). Si la enfermedad tiende a ser mucho más grave en personas mayores, como ocurre con la COVID-19, seguramente convenga hacer una distinción entre los educadores jóvenes y quienes tienen más años (no olvidemos que los riesgos relacionados con la edad experimentan una drástica reducción en los menores de cincuenta). Mientras tanto, muchos centros podrán permanecer abiertos mientras apliquen estrategias de prevención superpuestas, como el uso de mascarillas, la distancia social y una mejor ventilación. Un estudio reveló que la reapertura de colegios en Alemania no ocasionó un aumento de casos, pero en Estados Unidos sí. Los autores conjeturaban que las medidas de mitigación alemanas eran más eficaces que las estadounidenses.

Quisiera introducir una excepción a la idea de que los cierres a largo plazo de las escuelas deberían ser innecesarios. Esto será verdad si el próximo brote tiene un perfil similar al de la COVID-19, concretamente en el hecho de que rara vez causa síntomas graves en los niños. Pero debemos tener cuidado de no librar la nueva batalla con las mismas tácticas que la anterior. Si un futuro patógeno es distinto del que causa la COVID-19, si, por ejemplo, sus efectos en los menores son más graves, tal vez la ratio riesgo-beneficio cambiaría, y cerrar las escuelas sería la opción más prudente. Hay que mantener una actitud flexible y, como siempre, basarnos en los datos.

En cambio, no me cabe la menor duda de que confinar las residencias asistidas para ancianos fue lo correcto. Salvó muchas vidas porque el virus es mucho más letal para los mayores, y lo digo con plena conciencia de lo dolorosos que fueron estos confinamientos para todos los residentes que pasaron mucho tiempo sin salir de su habitación y para sus seres queridos. Son desgarradoras las historias sobre familias que tuvieron que despedirse de un progenitor o abuelo moribundo a través de una ventana cerrada o por teléfono. Mi padre falleció de alzhéimer en septiembre de 2020, y me siento muy afortunado de que pudiera pasar sus últimos días en casa, con su familia.

El sufrimiento humano causado por estas separaciones es, literalmente, incalculable: no se puede contabilizar el dolor de no poder decir adiós en persona. Sin embargo, la medida salvó tantas vidas que valdrá la pena adoptarla de nuevo si las circunstancias así lo aconsejan.

Lo que funciona en un lugar tal vez no funcione en otro

Da igual en qué parte del mundo nos encontremos; la mascarilla nos proporcionará la misma protección. Lamentablemente hay muchas otras INF que no son tan universales. Su eficacia depende en gran medida no solo del momento en que se apliquen, sino también del lugar.

Los confinamientos son un excelente ejemplo. Hay pruebas incontrovertibles de que reducen la transmisión y de que, cuanto más estrictos sean, más la reducen. Sin embargo, no son igual de eficaces en todos lados, pues no todo el mundo puede permitirse el lujo de no salir a la calle.

De hecho, la diferencia es cuantificable. Un ingenioso estudio se valió de datos anónimos de teléfonos móviles de todo Estados

Unidos para evaluar hasta qué punto las personas que vivían en barrios distintos respetaban la norma de quedarse en casa (cada móvil envía de forma periódica una señal a un servicio que determina su ubicación).

Entre enero y marzo de 2020, los vecinos de los barrios más prósperos del país eran los que mostraban una mayor movilidad —es decir, los que pasaban más tiempo fuera de sus hogares—, mientras que la menor movilidad se daba entre quienes vivían en los barrios más humildes.

No obstante, en marzo, cuando se ordenaron confinamientos por todo el país, la situación se invirtió. La movilidad más baja se registró entre los habitantes de las zonas ricas, y la más alta entre los de las más desfavorecidas. El motivo era que estos últimos tenían muchas menos probabilidades de desempeñar trabajos que pudieran realizar desde sus hogares y muchas menos posibilidades de hacer compras con entrega a domicilio.

La densidad de población propició un cambio parecido. Antes de los confinamientos, la tasa de transmisión más elevada se daba en las zonas más densamente pobladas. Después, estas pasaron a tener la transmisión más baja, mientras que en las zonas menos populosas la transmisión había disminuido en mucha menor medida. Tiene lógica, por supuesto, pues cuando las personas no viven ni trabajan muy cerca unas de otras, la obligación de quedarse en casa influye mucho menos en la transmisión.

Los investigadores han extraído otras conclusiones sobre las diferencias entre las regiones y países diferentes. El rastreo de contactos es mucho más efectivo en lugares que cuentan con un buen sistema para notificar y procesar los datos sobre los contactos de cada persona, aunque la tarea se complica bastante en cuanto aumenta el número de casos. El distanciamiento social y los confinamientos funcionan mejor en los países más ricos que en los más pobres, por muchas de las mismas razones por las que dan mejores resultados en las zonas prósperas de Estados Unidos que en las humildes. En algunos países, los confinamientos pueden resultar contraproducentes, pues las personas que se desplazan (para regresar a su población de origen desde la ciudad donde trabajan, por ejemplo) propagan la enfermedad. Los confinamientos pueden no ser necesarios en lugares donde la carga de enfermedad es moderada. Resultan más eficaces en países cuyos ciudadanos tienen menos voz en los asuntos del país y el gobierno posee la autoridad para imponer de forma estricta el confinamiento y otras medidas.

Lo que todo esto significa es que no existe una combinación ideal de INF que funcione igual de bien en todas partes. El contexto importa, y las medidas de protección deben adaptarse a los lugares donde se aplicarán.

La gripe casi desapareció, al menos durante un tiempo

En otoño de 2020, cuando se avecinaba la temporada de gripe, empecé a preocuparme. Cada año, la influenza mata a decenas de miles de estadounidenses y a cientos de miles de personas en todo el mundo, casi todas ellas de la tercera edad.* Muchos más acaban hospitalizados. En una época en que la COVID-19 estaba colap-

---

* Las estimaciones del número de enfermos y muertos que causa la gripe cada año varían enormemente. Las cifras de muertes en particular seguramente están subestimadas, porque no todos los decesos por gripe se notifican a centros como los CDC, y porque los síntomas de la gripe a menudo no constan en las partidas de defunción.

sando o por lo menos llevando al límite prácticamente todos los sistemas sanitarios, una mala temporada de gripe habría sido desastrosa.

Pero no hubo una mala temporada de gripe ese año. De hecho, a duras penas hubo temporada de gripe. Entre la de 2019-2020 y la de 2020-2021, los casos se redujeron en un 99 por ciento. A finales de 2021, un tipo de gripe conocido como B/Yamagata no ha vuelto a detectarse en el mundo desde abril de 2020. Otros virus respiratorios también han disminuido de forma espectacular.

Para cuando este libro llegue a manos del lector, es posible que las cosas hayan cambiado, por supuesto. Las cepas de la gripe tienen la costumbre de desaparecer durante periodos largos para luego resurgir sin motivo aparente. No obstante, el pronunciado descenso de casos que se ha producido a escala global es innegable, con independencia de cuánto dure, y sabemos que las intervenciones no farmacológicas tuvieron un efecto radical en la reducción de la transmisión de la gripe en combinación con la inmunidad previa y las vacunas.

Es una noticia estupenda, y no solo porque nos salvamos de una catastrófica *twindemia* de influenza y COVID-19 en 2020-2021, sino también porque nos permite concebir la esperanza de que, si estalla un brote de gripe agresiva en el futuro, las INF pueden ayudar a evitar que se convierta en una pandemia. Si bien es posible que sobrevenga una influenza tan transmisible que malogre nuestros esfuerzos por contenerla sin una vacuna actualizada, resulta tranquilizador que más indicios parecen confirmar que las INF dan resultado contra las cepas comunes que conocemos en la actualidad. Y ahora contamos con pruebas sólidas de que, en conjunción con las vacunas, las INF quizá nos ayuden algún día a erradicar todas las cepas de la gripe.

Debemos utilizar el rastreo de contactos para localizar a los supercontagiadores

Según el país donde viva, si alguien da positivo de COVID-19, es posible que lo llamen para preguntarle por todas las personas con las que ha mantenido contacto. Seguramente las preguntas se centren en las cuarenta y ocho horas previas a la aparición de los primeros síntomas (en caso de haberlos). Este es el proceso denominado rastreo de contactos.

Aunque muchas personas del mundo supusieron que era una novedad introducida a raíz de la COVID-19, en realidad el rastreo de contactos es un método antiguo. Resultó fundamental para erradicar la viruela en el siglo XX, y es también una pieza clave en las estrategias para combatir el ébola, la tuberculosis y el VIH en el XXI.

El rastreo de contactos funciona mejor en países que destacan en lo que a pruebas y procesamiento de datos se refiere, como Corea del Sur o Vietnam. Sin embargo, ambos países hicieron cosas que serían inviables en Estados Unidos. Amparándose en una ley modificada tras el brote de síndrome respiratorio de Oriente Próximo (MERS, por sus siglas en inglés) de 2014, el gobierno surcoreano utilizó datos de tarjetas de crédito, teléfonos móviles y cámaras de videovigilancia para rastrear los movimientos de los infectados e identificar a las personas con quienes habían tenido contacto. Publicaba esta información en internet, pero tuvo que restringir los datos que se mostraban cuando ciertos gobiernos regionales comenzaron a divulgar demasiados detalles sobre los movimientos de los ciudadanos. Según la revista *Nature*, un hombre «fue acusado injustamente de tener una aventura con su cuñada porque el solapamiento de sus mapas indicaba que habían cenado juntos en un restaurante».

Vietnam se valió además de las publicaciones en Facebook e Instagram, junto con los datos de localización de los teléfonos móviles, para complementar las extensas entrevistas cara a cara. En marzo de 2020, antes de que el país realizara pruebas a todos los pasajeros que llegaban del Reino Unido, un avión procedente de Londres aterrizó en Hanói con 217 pasajeros y tripulantes a bordo. Cuatro días después, un paciente fue hospitalizado con síntomas y dio positivo por COVID-19. Las autoridades vietnamitas localizaron a las 217 personas e identificaron 16 casos más entre ellas. Todas las personas que viajaban en el avión y más de 1.300 contactos fueron obligados a guardar cuarentena. En total se detectaron 32 casos relacionados con el vuelo, una pequeña parte de los que se habrían producido si se hubiera permitido que cada uno de esos pasajeros y tripulantes se fuera por su lado.

Si, después de leer los dos párrafos anteriores, el lector ha pensado: «Como me llamen los del rastreo de contactos, paso de contestar», no está solo. En dos condados de Carolina del Norte, muchos de los contactos mencionados no devolvieron la llamada del rastreador, y entre una tercera parte y la mitad de los infectados por COVID-19 que fueron localizados aseguraron no haber mantenido contacto con nadie durante los días anteriores a su prueba positiva. A pesar de todo, el rastreo de contactos es a menudo una herramienta importante para frenar la propagación de una enfermedad, por lo que debemos buscar la manera de reforzar la confianza entre las agencias sanitarias y el público para que más personas estén dispuestas a compartir sus contactos.

Una de las razones por las que la gente se resiste a responder es el temor a que pongan en cuarentena a sus conocidos, pero, por fortuna, no tiene por qué ser necesario imponer cuarentenas generalizadas a todos y cada uno de los contactos. En Inglaterra, algunos colegios mandaban a sus alumnos a casa durante diez días si habían estado en contacto con un infectado de COVID-19. Otros centros permitían que los niños siguieran yendo a clase, siempre y cuando presentaran test negativos todos los días. Resultó que las pruebas diarias eran igual de eficaces para evitar brotes, con la ventaja de que no obligaban a los alumnos a quedarse en casa.

Por otra parte, el rastreo de contactos puede dar resultado aunque no se practique de forma tan intensiva como en Vietnam o Corea del Sur. En general, si se inicia el programa cuando solo un porcentaje bajo de la población está infectado y se identifica una porción considerable de casos del país, es posible reducir la transmisión a la mitad.

Algunos estados de EE. UU. y otros gobiernos lanzaron aplicaciones de teléfono móvil que ayudaban a rastrear posibles contactos, pero soy escéptico respecto a que lleguen a ser lo bastante efectivas para que valga la pena invertir mucho dinero y tiempo en ellas. Para empezar, su utilidad depende del número de personas que se las instalen, pues solo registran la exposición si ambas partes que entran en contacto las tienen activadas. Sospecho que la mayoría de los usuarios de estas aplicaciones son el tipo de personas que cumplen las normas de confinamiento, lo que significa que sin duda mantienen tan pocos contactos que seguramente los recuerdan todos sin problema. Para quienes de verdad se quedan en casa, recibir un mensaje diciendo «¡Oye, te has visto con tu hermano!» no serviría de mucho.

Durante la epidemia de COVID-19, un inconveniente del rastreo de contactos convencional es que no supone un uso especialmente eficiente de los recursos, ya que no todos los infectados transmiten el virus con la misma facilidad. Si alguien contrae la cepa original, no es demasiado probable que contagie a otra persona (cerca del 70 por ciento de esos casos no contagia a nadie). Sin embargo, si a pesar de todo infectan a alguien más, el virus seguramente acabará por transmitirse a mucha gente. Por razones que aún no entendemos muy bien, el 80 por ciento de las infecciones por las primeras variantes de COVID-19 procedían de solo el 10 por ciento de los casos.

Así pues, con un virus como el de la COVID-19, el método convencional nos lleva a dedicar mucho tiempo a localizar a personas que no han infectado a nadie más; desde el punto de vista epidemiológico, esto nos conduce a unos cuantos callejones sin salida. Lo que nos interesa en realidad es encontrar las grandes autopistas, el número relativamente pequeño de personas que están provocando la mayor parte de las infecciones.

Con esta limitación en mente, algunos países pusieron a prueba un nuevo enfoque para el rastreo de contactos. En vez de intentar identificar a quiénes había contagiado un paciente, seguían el proceso inverso: identificar los contactos que había mantenido durante los catorce días anteriores a la manifestación de los primeros síntomas. El objetivo era tratar de descubrir al responsable de haber infectado al paciente y luego averiguar a quiénes más había transmitido el virus.

Es difícil que el rastreo de contactos retrospectivo funcione sin pruebas diagnósticas generalizadas, resultados rápidos y un sistema ágil para contactar con la gente, y más difícil todavía cuando nos enfrentamos a un patógeno que se propaga con rapidez, porque no transcurre mucho tiempo entre el momento de la infección y el inicio del periodo contagioso. Sin embargo, en los lugares en que el método resultaba práctico, funcionaba muy bien. Se utilizó en poblaciones de Japón, Australia y otros países, y se reveló muy eficaz para localizar a supercontagiadores de las primeras variantes de

COVID-19. Un estudio reveló que podía evitar entre dos y tres veces más casos que el método tradicional.

Es asombroso lo poco que sabemos sobre los supercontagiadores. ¿Qué papel desempeña la biología? ¿Hay personas más proclives a convertirse en supercontagiadores que otras? Es indudable que existe también un factor conductual. Al parecer, los supercontagiadores no suponen un mayor riesgo para los grupos pequeños que otros infectados, pero en espacios interiores abarrotados, como bares y restaurantes, hay más probabilidades de coincidir con uno o más supercontagiadores con el potencial de infectar a mucha gente. Los supercontagiadores constituyen uno de los misterios de la transmisión de enfermedades que necesitamos estudiar mucho más a fondo.

Una buena ventilación es más importante de lo que pensamos

¿Se acuerda el lector de que al principio de la pandemia nos recomendaban lavarnos las manos a menudo y no tocarnos la cara? ¿Y de cómo los cajeros limpiaban el bolígrafo cada vez que alguien lo usaba para firmar un comprobante de pago con tarjeta de crédito? ¿Y de que nos sentíamos seguros cuando nos encontrábamos lo bastante apartados de nuestro interlocutor?

Lavarse las manos, limpiar bolígrafos y guardar la distancia sigue siendo aconsejable: por lo general se trata de buenas prácticas de higiene que ayudan a mantener a raya otros patógenos como la gripe o el resfriado común. Y está comprobado que el jabón y los desinfectantes descomponen el virus de la COVID-19 y lo vuelven inofensivo.

Sin embargo, después de dos años de pandemia, los científicos saben mucho más que a principios de 2020 sobre cómo se transmite este virus en particular. Una conclusión destaca sobre las demás: el virus puede permanecer en el aire durante más tiempo y recorrer una distancia mayor de lo que la mayoría pensábamos a principios de 2020.

Tal vez el lector haya oído algunas de las pruebas anecdóticas. En Sídney, Australia, un joven de dieciocho años que cantaba en la galería del coro de una iglesia contagió el virus a doce personas situadas a quince metros. En un restaurante de Cantón, China, una sola persona infectó a nueve, entre ellas algunas que estaban sentadas a la misma mesa, pero también algunas que se encontraban a varios metros, en torno a otras mesas. En Christchurch, Nueva Zelanda, un huésped en un hotel de cuarentena contrajo el virus a través de una puerta abierta un minuto después de que una persona infectada pasara por delante de la habitación.

No se trata de meras especulaciones. Los investigadores que estudiaron estos casos descartaron de forma rigurosa otras posibles explicaciones de los contagios. Un grupo de científicos que examinaron el incidente en Cantón se valieron de imágenes de vídeo para contar los miles de ocasiones en que camareros y clientes del restaurante tocaban las mismas superficies; el número no era ni por asomo lo bastante alto para explicar todos los casos. El suceso de Nueva Zelanda se esclareció mediante el análisis genético: al estudiar el genoma de los virus de ambos infectados, los científicos determinaron con casi total seguridad que la persona que pasó por delante de la puerta transmitió el virus al segundo paciente.

La buena noticia es que la proclividad de la COVID-19 a aerotransportarse podría ser mucho peor. Al parecer, el virus puede permanecer en el aire varios segundos, quizá minutos. En cambio, el virus que causa el sarampión, puede pasar horas suspendido (la variante ómicron se propaga aún más rápidamente que el sarampión, pero, en el momento en que escribo esto, los científicos aún están intentando averiguar la razón).

Para entender por qué los virus se transmiten por el aire, debemos fijarnos en la respiración.

Cada vez que hablamos, nos reímos, cantamos o simplemente soltamos el aliento, exhalamos. Tendemos a pensar que lo que expulsamos es aire, pero en realidad es mucho más que eso. El aliento contiene gotas diminutas de una mezcla de mucosidad, saliva y otras secreciones del tracto respiratorio.

Estas gotas se dividen en dos categorías según su tamaño: las más grandes se conocen como gotículas, y las más pequeñas, como aerosoles (que no debemos confundir con los ambientadores o la laca en espray). Suele considerarse que el límite entre ellas está en los cinco micrómetros, el tamaño aproximado de una bacteria promedio. Cualquier cosa más grande es una gotícula, y cualquier cosa más pequeña, un aerosol.

Por su tamaño, las gotículas contienen generalmente más virus que los aerosoles, lo que las convierte en mejores mecanismos de transmisión. Por otro lado, como son relativamente pesadas, no recorren más que unos pocos palmos desde la nariz o la boca hasta que caen al suelo.

La superficie sobre la que va a parar la gotícula se convierte en lo que denominamos fómite, y el tiempo durante el que el fómite puede transmitir el virus depende de varios factores, como el tipo de patógeno de que se trata y si la persona lo expulsó a través de un estornudo o una tos (en cuyo caso se encuentra más protegido, porque está recubierto de mucosidad). Los estudios indican que, si bien el virus de la COVID-19 puede sobrevivir durante unas horas, o incluso días, es poco habitual que las personas contraigan la enfermedad por contacto de una superficie contaminada. De hecho, aun en el caso de que alguien toque un fómite, las probabilidades de que se infecte son de una entre diez mil.

En cuanto se descubrió que la COVID-19 se propagaba principalmente por el aire, muchos expertos creyeron que se transmitía a través de gotículas. Esto habría implicado que cualquiera que se encontrara a más de unos pocos metros o que compartiera el mismo espacio solo unos segundos después estaría a salvo. Sin embargo, según investigaciones posteriores, los aerosoles también contribuyen de forma significativa a la transmisión. Pueden contener una carga viral considerable y, debido a que pesan mucho menos que las gotículas, son capaces de recorrer una mayor distancia y permanecer en el aire durante más tiempo. Además, por lo menos al principio, el virus estaba evolucionando para ser aún más transmisible vía aerosoles; los infectados con la variante alfa exhalan unas dieciocho veces más virus en aerosoles que los infectados con el virus original.

Uno de los motivos por los que se subestimaron los aerosoles fue que, al ser tan pequeños, suelen secarse enseguida, lo que desactiva la partícula de virus. Un estudio utilizó una simulación informática para demostrar que los virus de la COVID-19 —en especial los de las variantes delta y ómicron— poseen una carga eléctrica que atrae sustancias de los pulmones que ocasionan que los aerosoles tarden más en secarse. Debemos estudiar en profundidad la dinámica de la transmisión para poder comprender de inmediato cómo se propaga el patógeno la próxima vez.

En función de las condiciones ambientales del recinto —la temperatura, las corrientes de aire, la humedad—, los aerosoles con carga de virus de la COVID-19 pueden recorrer varios metros. Aún no está claro qué porcentaje de casos está causado por la transmisión a través de aerosoles, pero podría ser más de la mitad.

¿Qué podemos concluir de todo esto? Que el flujo de aire y la ventilación importan, seguramente mucho. Todo aquel que pueda debería instalar filtros de aire de alta calidad, y si no es posible, hay una opción más sencilla y económica: abrir las ventanas. Según un estudio realizado en Georgia, las escuelas que abrían las puertas o ventanas y utilizaban ventiladores para diluir las partículas suspendidas en el aire registraron alrededor de un 30 por ciento menos casos de COVID-19 que las que no tomaron estas medidas. Los colegios que además instalaron filtros de aire redujeron los casos en un 50 por ciento.

Lavarse las manos y limpiar las superficies siempre está bien y, en un brote futuro, quizá sea la principal manera de evitar infecciones. Pero por lo que respecta a prevenir la COVID-19, si tenemos que elegir entre dedicar tiempo y dinero a limpiar cosas o a mejorar el flujo de aire, más vale optar por esto último.

El distanciamiento social funciona, pero dos metros no son la panacea

He perdido la cuenta de todos los carteles que he visto que recomiendan guardar una distancia de dos metros respecto a los demás. Mi favorito es uno que está en el club donde juego al tenis, que explica que dos metros equivalen a veintiocho pelotas de tenis colocadas en fila. ¿Cuánta gente hay en el mundo tan aficionada al tenis como para entender mejor una distancia expresada en pelotas de tenis que en metros? Si se acercan demasiado, ¿les dicen: «Oiga,

están a solo diecinueve pelotas de tenis, hagan el favor de apartarse nueve más»? Supongo que si existen personas así, las encontraremos en una pista de tenis. Pero yo juego mucho a este deporte, y no tengo idea de qué distancia representan veintiocho pelotas puestas en fila.

En todo caso, la norma de los dos metros (o las veintiocho pelotas de tenis) no tiene nada de mágica. La OMS y muchos países recomiendan no acercarse a menos de un metro. Otros aconsejan mantener una distancia de entre un metro y medio y dos.

A decir verdad, no hay un límite definido por debajo del cual el riesgo de contraer la COVID-19 es muy alto y por encima del cual el riesgo es cero. El riesgo existe en un continuo y depende de la situación concreta: el tamaño de las gotículas a las que estamos expuestos, si nos encontramos en un espacio interior o exterior, etcétera. Dos metros es mejor que distancias más cortas, pero no sabemos hasta qué punto. Antes de la siguiente pandemia, los científicos deben ahondar en esta cuestión y ayudarnos a entender la importancia de la ventilación y el movimiento del aire para darnos una respuesta más precisa.

Entretanto, no es mala idea observar la regla de los dos metros, salvo en los casos en que sea muy complicado, como en un aula. La gente necesita directrices claras y fáciles de recordar. Decir «Guarden las distancias, pero la distancia exacta dependerá de la situación, así que podría ser un metro, dos, o tal vez más» no sería un mensaje de salud pública muy útil.

Es alucinante lo baratas y eficaces que son las mascarillas

Me cuesta un poco reconocerlo, porque la facultad de inventar cosas ocupa un lugar preeminente en mi visión del mundo, pero es cierto: tal vez nunca concibamos un medio más económico y efectivo de bloquear la transmisión de algunos virus respiratorios que un trozo de un material barato con un par de tiras elásticas cosidas a los lados.

La idea de fomentar el uso generalizado de mascarillas para controlar una enfermedad es tan simple como antigua. Data de 1910, cuando las autoridades chinas encomendaron a un pionero de la medicina llamado Wu Lien-teh que encabezara la respuesta a un brote de peste neumónica en la región entonces conocida como Manchuria, en el noreste del país. La enfermedad había tenido una tasa de letalidad del cien por cien —todos y cada uno de los infectados fallecían, a veces en menos de veinticuatro horas— y se creía que la propagaban las pulgas que portaban las ratas.

Wu, por el contrario, pensaba que se transmitía a través del aire, por lo que insistió en que el personal médico, los pacientes e incluso el público en general se cubrieran el rostro con mascarillas. En parte tenía razón: es posible infectarse a partir de las pulgas que parasitan a las ratas, pero la situación más peligrosa es cuando seres humanos que tienen bacterias de la peste en los pulmones los transmiten por el aire a otros seres humanos. Aunque murieron sesenta mil personas antes de que el brote llegara a su fin, la opinión general era que la estrategia de Wu había evitado que la cifra fuera mucho peor. Lo homenajearon como a un héroe nacional y, gracias en gran parte a su iniciativa, las mascarillas se convirtieron en una prenda bastante común —para protegerse de la enfermedad, la contaminación del aire o ambas cosas— en toda China. Incluso aunque no hubiera surgido la COVID-19, seguirían formando parte del paisaje humano del país.

Del mismo modo que los expertos chinos estaban equivocados en un principio respecto a cómo se transmitía la peste en 1910, gran parte de la comunidad científica occidental tenía inicialmente una idea errónea sobre cómo se propagaba la COVID-19 («el gran error que se comete en Estados Unidos y Europa —dijo el director del Centro Chino para el Control y la Prevención de Enfermedades en marzo de 2020— es que la gente no lleve mascarillas»).

Para muchas personas que estaban pendientes de la investigación —en Estados Unidos, por lo menos—, el debate a favor y en contra de las mascarillas quedó zanjado cuando se produjo un incidente entre dos estilistas de una peluquería de Springfield, Misuri.

En mayo de 2020, ambas presentaban síntomas y se hicieron pruebas en las que se detectó la presencia de COVID-19. Su ficha médica indicaba que 139 clientes habían estado expuestos. Sin embargo, todos llevaban mascarilla durante la sesión, y ni un solo cliente había desarrollado síntomas.

¿La explicación es que las peluqueras no transmitían el virus? No. Una de ellas había tenido contacto estrecho con cuatro personas fuera de la peluquería —en momentos en que no llevaba mascarilla—, y las cuatro mostraron síntomas y dieron positivo. Esto dejó clara la cuestión. Como un buen par de tijeras de peluquero, las mascarillas estaban cortando la transmisión.

El incidente de Springfield demuestra que las mascarillas pueden cumplir dos propósitos: evitar que personas infectadas propaguen la enfermedad y proteger del contagio a personas no infectadas. La primera se denomina control de la fuente, y lo maravilloso es que casi cualquier tipo de mascarilla cumple esta función, al menos en el caso de varios virus. Tanto las de tela como las quirúrgicas bloquean cerca de la mitad de las partículas que expulsa la persona al toser, y, si se usan juntas, más del 85 por ciento.

El segundo propósito de las mascarillas —proteger a las personas de la infección— cuesta un poco de conseguir si no se ajustan adecuadamente. Según un estudio, si una persona lleva una mascarilla quirúrgica muy poco apretada y se encuentra a dos metros de un infectado de COVID-19 sin mascarilla, la exposición al virus se reduce en solo un 8 por ciento. La doble mascarilla mejora mucho esta cifra, pues con ella la exposición disminuye en un 83 por ciento.

El resultado más contundente se consigue con el uso universal de las mascarillas cuando las personas llevan una encima de otra o mejoran el ajuste de las quirúrgicas: el riesgo de exposición se reduce en un 96 por ciento. Se trata de una intervención increíblemente eficaz que puede fabricarse por solo unos céntimos.

(Por cierto, algunos de los experimentos ideados para probar este tipo de cosas son auténticos despliegues de creatividad. Un equipo de investigación acolchó el interior de la cabeza de un maniquí para simular las cavidades nasales de un cráneo humano, la colocaron a una altura de 1,73 metros —cerca de la media global de estatura de los hombres— y la acoplaron a una máquina de humo y una bomba. A continuación midieron la distancia que recorrían las gotículas cuando el maniquí tosía en diversas circunstancias: con la boca descubierta, con la boca tapada con un trozo de camiseta, un pañuelo doblado y, por último, una mascarilla de tela. Otro grupo de investigadores colocó dos maniquíes uno al lado de otro, simularon tos en uno de ellos y luego midieron cuántas partículas del tosedor alcanzaban al tosido).

La razón por la que el sistema de la doble mascarilla funciona tan bien es que las fuerza a ceñirse mejor al rostro. Algunas N95, KN95 o FFP2 de calidad superior, conocidas como respiradores (que no debemos confundir con las máquinas llamadas respiradores artificiales), están diseñadas para conseguir este efecto por sí solas.* Un estudio demostró que los respiradores bien ajustados eran 75 veces más eficaces que las mascarillas quirúrgicas bien colocadas y que incluso los respiradores poco apretados reducían la exposición 2,5 veces más que las mascarillas quirúrgicas ajustadas (el 95 indica que, en el laboratorio, el material bloquea el 95 por ciento de partículas muy pequeñas propulsadas con una fuerza similar a aquella con la que espira una persona que está haciendo un gran esfuerzo. En una mascarilla N, las tiras elásticas se sujetan detrás de la cabeza, mientras que las de las mascarillas KN y FFP2 van detrás de las orejas).

Al principio de la pandemia, cuando las mascarillas y los respiradores empezaban a escasear en hospitales y centros sanitarios, era

---

* En otras partes del mundo, los respiradores equivalentes se llaman KF94 o P2.

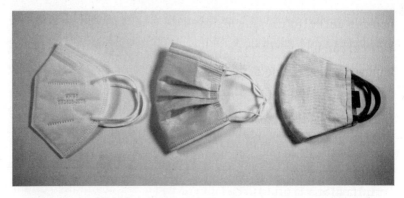

El respirador KN95 (a la izquierda) es el que mejor protege tanto a la persona que lo lleva como a quienes la rodean, sobre todo contra virus de alta transmisibilidad. Las mascarillas quirúrgicas (en medio) y de tela (izquierda) también son muy eficaces, sobre todo cuando todos las llevan.

importante reservar las limitadas existencias para el personal sanitario que estaba poniéndose en riesgo para atender a los pacientes. Sin embargo, en el momento en que escribo esto, dos años después de que se identificaran los primeros casos, contamos con reservas más que suficientes de respiradores, por lo que no existe una buena razón para que aún haya personas en Estados Unidos que no puedan conseguirlas fácilmente (en países como Alemania, es obligatorio su uso en espacios públicos). Esto se convirtió en un problema más grave a medida que la evolución de la COVID-19 la llevó a ser más transmisible: una cadena es tan fuerte como su eslabón más débil, y las mascarillas solo sirven para contener un brote si las usa un número suficiente de personas.

En Estados Unidos, por desgracia, la renuencia a llevar mascarilla es casi tan antigua como las propias mascarillas. Durante la pandemia de gripe de 1918, solo unos pocos años después del descubrimiento de Wu, varias ciudades estadounidenses dictaron normas de uso de mascarillas. En San Francisco, cualquiera que no usara una en público podía ser multado o acabar en la cárcel. En octubre de 1918, un «antimascarillas» golpeó a un inspector de sanidad con un saco lleno de dólares de plata por insistir en que se la pusiera. El agredido desenfundó una pistola y le pegó un tiro.*

Es una lástima que después de un siglo los estadounidenses no estén más dispuestos a aceptar la mascarilla. En 2020 las protestas fueron por lo menos igual de vehementes y ocasionalmente violentas como en 1918.

Infravalorar la utilidad de las mascarillas, como declaró el director del Centro Chino para el Control y la Prevención de Enfermedades, ha sido uno de los mayores errores cometidos durante la pandemia. Si todo el mundo se las hubiera puesto desde el primer momento —y si el mundo hubiera tenido reservas suficientes para satisfacer la demanda—, se habría frenado en gran medida la propagación de la COVID-19. Como me dijo un experto sanitario una noche, durante una cena: «*Cómo prevenir la próxima pandemia* sería un libro muy corto si todo el mundo usara mascarilla».

Los efectos beneficiosos de las mascarillas han quedado patentes en todo el mundo. Al principio de la pandemia, Japón se tomó en serio su uso, lo que, en conjunción con el rastreo de contactos retrospectivo, consiguió mantener el exceso de mortalidad en la reducidísima cifra de setenta personas por millón a finales de 2021 (no olvidemos que por aquel entonces la de Estados Unidos era de cerca de 3.200 personas por millón). En Bangladesh, los investigadores realizaron un estudio en el que participaron casi 350.000 adultos de seiscientas aldeas para analizar el impacto de las campañas públicas para promover el uso de mascarillas. A un grupo inte-

---

* Ambos sobrevivieron. Según *The New York Times*, el «antimascarillas» fue acusado de «perturbar el orden, resistencia a la autoridad y agresión. El inspector fue acusado de agresión con arma de fuego».

grado más o menos por la mitad de los participantes se le proporcionaron mascarillas gratis (unas de tela, otras quirúrgicas), información sobre la importancia de utilizarlas, recordatorios en persona y exhortaciones de líderes políticos y religiosos. El segundo grupo no recibió nada de esto. Al cabo de dos meses, el uso adecuado de mascarillas en el primer grupo había alcanzado el 42 por ciento, mientras que en el segundo solo llegaba al 13 por ciento. Los participantes en el primer grupo presentaban una tasa de infección por COVID-19 más baja e, incluso cinco meses más tarde, seguían mostrando una mayor tendencia a llevar mascarilla.

Todo esto puede parecer un poco complicado, pero lo principal que hay que recordar es que las mascarillas funcionan. Tanto las de tela como las quirúrgicas son muy eficaces, sobre todo si todo el mundo las usa. En entornos de alto riesgo y cuando nos enfrentamos a virus muy transmisibles, los respiradores funcionan aún mejor. En cualquier caso, las mascarillas y respiradores son muy baratos y mucho más efectivos que cualquiera de las vacunas o fármacos con los que contamos en la actualidad.

Será interesante comprobar si las normas sociales sobre las mascarillas cambiarán mucho como consecuencia de la COVID-19. En marzo de 2020, cuando asistí a una reunión presencial, me encontraba un poco destemplado. Como los CDC aún no recomendaban el uso de mascarillas, no me puse una. Más tarde descubrí que, por fortuna, había contraído la gripe y no la COVID-19, pero me sentí culpable por ir con síntomas respiratorios sin tomar una medida que habría podido reducir las probabilidades de transmisión. Si hubiera sabido lo que sé ahora, habría participado en la reunión de forma virtual o bien habría llevado mascarilla.

Pero ¿se generalizará esta costumbre? No es fácil decirlo. Supongo que la mayoría de los estadounidenses acabará por volver a asistir a reuniones y grandes eventos deportivos sin mascarilla. Así que habrá que hacer hincapié en la conveniencia de ponérsela en caso de síntomas respiratorios, y necesitaremos que los sistemas de alerta pública se activen en cuanto se detecte el menor indicio de problema. Esto podría marcar la diferencia entre un brote y una pandemia.

5

Encontrar tratamientos nuevos cuanto antes

Al principio de todo, los rumores y la desinformación sobre la COVID-19 parecían propagarse más deprisa que el virus en sí. En febrero de 2020, un mes antes de declarar la enfermedad como pandemia, la OMS ya estaba saliendo al paso de afirmaciones falsas sobre diversas sustancias que supuestamente la curaban o prevenían. Su director general dijo: «No solo luchamos contra una epidemia, sino también contra una infodemia», y la web de la organización dedicó una sección a desmontar bulos que tenía que actualizarse continuamente.

Solo en la primera mitad de 2020, los médicos tuvieron que salir a atajar los rumores de que la COVID-19 podía curarse con:

- Pimienta negra
- Antibióticos (el causante de la COVID-19 es un virus, y los antibióticos no actúan contra estos organismos)
- Suplementos de vitaminas y minerales
- Hidroxicloroquina
- Vodka
- Ajenjo dulce

Aunque ninguna de estas sustancias produce el menor efecto sobre la COVID-19, entiendo que haya personas que quieran creer lo contrario. Algunas de ellas son tratamientos legítimos: la hidroxicloroquina se utiliza para combatir la malaria y el lupus, entre otras enfermedades, y la ivermectina es un medicamento habitual para tratar infecciones parasitarias en personas y otros animales. Obviamente, el hecho de que un fármaco actúe sobre una enfermedad no significa que también sea eficaz contra la COVID-19, pero no es irracional albergar la esperanza de que quizá lo sea.

Me parece comprensible que algunas personas se sientan atraídas por supuestos remedios que están más cerca del curanderismo que de la medicina moderna. En un momento en que una enfermedad nueva y aterradora se extiende por el mundo y día tras día o incluso hora tras hora recibimos en el teléfono las últimas historias de miedo sobre ella, es lógico buscar ayuda inmediata donde sea, sobre todo cuando no existe una cura científicamente probada que cubra la necesidad de un tratamiento, y cuando la alternativa propuesta está en el botiquín del baño o bajo el fregadero de la cocina.

Que algunos se aferren a la falsa esperanza de un remedio fácil no es nada nuevo, por supuesto. Seguramente los seres humanos llevamos haciéndolo desde que cobramos conciencia de nuestra mortalidad y comenzamos a buscar maneras de eludirla. Sin embargo, hoy en día la desinformación médica es más peligrosa que nunca, pues se difunde con mayor rapidez y llega más lejos, con trágicas consecuencias para quienes se la creen.

No conozco una solución completa a este problema, pero creo que habrían circulado menos ideas equivocadas sobre la COVID-19 si la ciencia hubiera tardado menos tiempo en descubrir un tratamiento real —algo que todos pudieran señalar como un agente terapéutico legítimo— y si se hubiera puesto a disposición del mundo entero.

Durante los primeros meses de la pandemia, esto era lo que yo creía que sucedería. Confiaba en que a la larga se desarrollara una vacuna, pero suponía que aparecería un tratamiento mucho antes de eso. No era el único: la mayoría de mis conocidos de la comunidad sanitaria opinaba lo mismo.

Por desgracia, no fue eso lo que ocurrió. Antes de que transcurriera un año, ya contábamos con vacunas seguras y efectivas contra la COVID-19 —un hito histórico al que dedicaré el protagonismo que merece en el siguiente capítulo—, pero los tratamientos que habrían impedido que muchas personas acabaran hospitalizadas tardaban en ver la luz.

Y no era por falta de ganas. Los médicos empezaron a prescribir hidroxicloroquina para una indicación no aprobada —es decir, para un uso distinto de aquellos para los que el fármaco fue autorizado— casi desde el primer día. Algunos informes iniciales apuntaban a que tal vez era eficaz contra la COVID-19, y la FDA dio su visto bueno provisional para lo que se conoce como una autorización de uso de emergencia.

Los primeros indicios en favor de la hidroxicloroquina procedían de estudios de laboratorio sobre su efecto en células de riñón del cercopiteco verde. Estas células suelen utilizarse para el cribado de posibles fármacos antivíricos porque los virus se reproducen con rapidez en ellas. De hecho, el método hizo aflorar tratamientos prometedores, como el del antiviral remdesivir.

En los primeros estudios, la hidroxicloroquina consiguió bloquear una vía por la que el virus de la COVID-19 entraba en las células de mono, lo que parecía indicar que actuaría de la misma manera en seres humanos. Cientos de estudios clínicos intentaron replicar estos auspiciosos resultados, pero, a principios de junio, un estudio aleatorizado riguroso realizado en el Reino Unido descubrió que el fármaco no aportaba beneficio alguno a los pacientes hospitalizados con COVID-19. Diez días más tarde, la FDA revocó la autorización de uso de emergencia, y, dos días después de eso, la OMS descartó la hidroxicloroquina de un ensayo que estaba llevando a cabo.

Resultó que el problema residía en que las células humanas tienen una vía de entrada distinta de la que el fármaco bloqueaba en las células de mono, por lo que los resultados prometedores en animales no se habían repetido en las personas. Por lo que respectaba al tratamiento de la COVID-19, el medicamento no tenía más recorrido. Mientras tanto, la moda de la hidroxicloroquina desató una demanda febril de este fármaco, por lo que muchas personas que lo necesitaban para tratarse el lupus y otras afecciones crónicas tuvieron dificultades para conseguirlo.

Cuando llegó el verano, la dexametasona se había convertido en el principal tratamiento para la COVID-19 grave, pues se había descubierto que reducía la mortalidad entre pacientes hospitalizados en casi una tercera parte. Este esteroide, que se utiliza desde la década de 1950, actúa sobre la COVID-19 de una manera que en principio parece contraintuitiva: disminuye algunas defensas del sistema inmunitario.

¿Por qué querría alguien hacer una cosa así? Porque, una vez que las primeras fases de la infección quedan atrás, el mayor peligro que entraña la COVID-19 no deriva del virus, sino de la reacción que este desencadena en el sistema inmune.

En la mayoría de las personas, el sistema inmunitario posee la capacidad de reducir la cantidad de virus en el organismo en un periodo de cinco o seis días, pero entonces se activa hasta tal punto que puede provocar un intenso fenómeno inflamatorio conocido como tormenta de citoquinas: un torrente de señales que ocasiona que se filtren grandes cantidades de fluido de los vasos capilares a diversos órganos vitales (en el caso de la COVID-19, esta filtración afecta en especial a los pulmones). La pérdida de fluido intravascular también puede causar un descenso peligroso de la presión arterial, lo que a su vez puede desembocar en insuficiencia orgánica. Lo que hace enfermar a la persona es la reacción excesiva del organismo a la invasión.

La dexametasona supuso un éxito significativo: era eficaz, fácil de administrar, más barata que cualquiera de las alternativas y estaba ampliamente disponible, incluso en muchos países en desarrollo (de hecho, antes de la llegada de la COVID-19, la OMS la consideraba un medicamento esencial de uso frecuente en embarazadas). Menos de un mes después de que se demostrara su eficacia, la Plataforma Africana de Suministros Médicos —la agrupación que había distribuido las máquinas de test LumiraDx a países africanos— había adquirido comprimidos para tratar a casi un millón de personas de toda la Unión Africana, mientras que Unicef realizó una compra anticipada para tratar a 4,5 millones de pacientes. Unos investigadores británicos calcularon que, hasta marzo de 2021, la dexametasona había salvado nada menos que un millón de vidas en todo el mundo.

Aun así, el fármaco tiene sus inconvenientes, en especial que, si se administra demasiado pronto, atenúa la respuesta inmune justo en un momento en que conviene que funcione a pleno rendimiento para impedir que el virus se replique. Cuando esto sucede, el paciente queda más expuesto a complicaciones e infecciones oportunistas. La segunda ola de COVID-19 en la India se vio acompañada por el aumento pronunciado de casos de una enfermedad espantosa y letal llamada mucormicosis, también conocida como «hongo negro». Algunas personas tenían este hongo en los pulmones, pero su organismo lo mantenía controlado hasta que la inhibición de su sistema inmunitario lo liberó y provocó la enfermedad. En la mayor parte de los países, casi nadie está infectado con este hongo, por lo que el problema se circunscribió principalmente a la India.

Con la esperanza de descubrir otro fármaco existente que pudiera ser útil, los investigadores probaron decenas de tratamientos potenciales que ya tenían a mano. Por ejemplo, existen varias maneras de extraer anticuerpos de la sangre de personas que se han recuperado de una enfermedad y transferirlos directamente a alguien que aún la padece, un método conocido como transfusión de plasma de convalecientes. Por desgracia, este tratamiento no era lo bastante eficaz o práctico para justificar su uso generalizado en enfermos de COVID-19. Remdesivir, el antiviral que daba resultados prometedores en células de mono, se desarrolló originalmente para combatir la hepatitis C y el VSR, y los primeros estudios indicaban que no ayudaba a los pacientes hospitalizados lo bastante para que valiera la pena impulsarlo como tratamiento (además no era fácil de administrar: ¡requería cinco infusiones diarias!). Sin embargo, un estudio posterior reveló que podía tener un mayor efecto en pacientes que no estaban aún lo bastante graves para que los ingresaran, lo que demuestra que en ocasiones un producto puede encontrar su nicho de mercado si llega a las personas adecuadas en el momento justo. Aun así, el remdesivir debe aplicarse por vía intravenosa durante tres días durante etapas tempranas de la enfermedad, por lo que es importante encontrar una forma modificada que se administre por inhalación o en pastillas.

Aunque el plasma de convalecientes no funcionó bien contra la

COVID-19, yo esperaba que hubiera más suerte con un sistema distinto para proporcionar anticuerpos a los pacientes. Se basa en el uso de anticuerpos monoclonales, o mAbs, por su acrónimo en inglés, y dio tan buen resultado que se autorizó para usos de emergencia en casos de COVID-19 en noviembre de 2020, solo un mes antes de que estuvieran disponibles las primeras vacunas.

En vez de impedir que un virus invada células sanas o se replique una vez que ha invadido una —que es como actúan casi todos los antivirales—, los mAbs son idénticos a algunos de los anticuerpos que genera nuestro sistema inmunitario para barrer el virus. (Los anticuerpos son proteínas con regiones variables que les permiten asirse a unas formas únicas que se encuentran en la superficie del virus). Para crear mAbs, los científicos aíslan un poderoso anticuerpo procedente de la sangre de una persona o bien se valen de modelos informáticos para diseñar un anticuerpo que atrapa el virus. A continuación lo clonan miles de millones de veces. Esta clonación a partir de un único anticuerpo es el motivo por el que los denominamos monoclonales.

Si una persona se infecta con COVID-19 y se le administran mAbs (adaptados a la variante correspondiente) en el momento adecuado, el riesgo de que acabe hospitalizada se reduce en al menos un 70 por ciento. Durante los primeros días de la pandemia tenía mucha fe depositada en los mAbs; tanta que la Fundación Gates pagó para que se reservaran tres millones de dosis destinadas a pacientes de alto riesgo de países pobres. Sin embargo, no tardamos en comprender que los mAbs no iban a ser la panacea para la COVID-19: la variante beta del virus, que se había extendido especialmente por África, había cambiado de forma, por lo que los anticuerpos que habíamos financiado ya no se agarraban lo suficiente al virus como para servir de algo. Podríamos haber vuelto a empezar de cero para desarrollar otro mAb que resultara eficaz contra la nueva variante, pero su producción nos habría llevado de tres a cuatro meses, por lo que difícilmente habríamos podido seguirle el ritmo a un virus que evoluciona tan deprisa como el de la COVID-19.

En el futuro, tal vez surjan maneras de producir mAbs que reduzcan el tiempo de elaboración y nos permitan sacarlos de forma rápida y barata. Además, deberíamos buscar un tipo de mAb que se aferre a una parte del virus con menos probabilidades de cambiar. Mientras escribo estas líneas, el Sotrovimab, un mAb aislado de un paciente de SARS y posteriormente modificado, ha demostrado una alta efectividad contra todas las variantes conocidas de COVID-19, lo que nos da motivos para confiar en que los científicos conseguirán crear anticuerpos que actúen contra extensas familias de virus.

Otras desventajas se hicieron patentes cuando países más prósperos intentaron lanzar tratamientos basados en mAbs. Los anticuerpos contra la COVID-19 eran caros de producir, tenían que administrarse por vía intravenosa en instalaciones preparadas para ello, y solo ayudaban a los pacientes diagnosticados en una etapa temprana de la enfermedad. La falta de este tipo de instalaciones representaba un problema importante, sobre todo en los países en desarrollo. Debido a ello, dejamos de invertir en mAbs para la COVID-19 —aunque seguimos apoyando muchos proyectos para tratar otras enfermedades con estos anticuerpos— y centramos nuestra atención en los fármacos antivirales, más en los de administración oral que intravenosa.

En cuanto se identificó la COVID-19, muchos investigadores se lanzaron a la búsqueda del santo grial de los tratamientos: un antivírico barato, fácil de administrar, eficaz contra las diversas variantes y capaz de mejorar el estado de los pacientes antes de que enfermen de gravedad. A finales de 2021, algunos de estos esfuerzos dieron fruto, más tarde de lo que habría sido ideal, pero a tiempo para tener un enorme impacto.

Merck y sus colegas desarrollaron un nuevo antiviral llamado Molnupiravir, que podía tomarse por vía oral y, según se había demostrado, era capaz de reducir de forma significativa el riesgo de hospitalización o muerte en pacientes de alto riesgo. De hecho, el medicamento funcionó tan bien que el ensayo clínico no llegó a terminarse. (Es una práctica habitual en los ensayos clínicos; interrumpirlos si se considera poco ético seguir adelante. Esto sucede cuando ya hay indicios concluyentes de que, o bien el fármaco es un éxito, en cuyo caso los participantes a quienes no se les da están recibiendo un tratamiento claramente inferior, o bien es un fracaso, en cuyo caso el tratamiento inferior lo están recibiendo los participantes a quienes sí se les da).

Al cabo de no mucho tiempo, el estudio de un segundo antiviral, Paxlovid (fabricado por Pfizer), también se interrumpió porque el medicamento estaba dando muy buen resultado. Cuando se administraba a pacientes de alto riesgo poco después de la aparición de los primeros síntomas, y en combinación con un fármaco que prolongaba sus efectos, el Paxlovid reducía el riesgo de enfermedad grave o muerte en casi un 90 por ciento.

Cuando se anunciaron estos avances, a finales de 2021, una parte considerable de la población mundial había recibido al menos una dosis de una vacuna. Sin embargo, no hay razón para considerar que la terapéutica no es importante, tanto en el caso de la COVID-19 como en el de cualquier otro brote. Es un error ver a las vacunas como la estrella del espectáculo y a los tratamientos como a unos simples teloneros a los que no nos interesa escuchar.

Fijémonos en la cronología. En la próxima epidemia, incluso si el mundo consigue desarrollar una vacuna para un nuevo patógeno en cien días, se tardará mucho tiempo en hacerla llegar a la mayoría de la población, sobre todo si se necesitan dos o más dosis para proporcionar una protección completa y continua. Si el patógeno es especialmente transmisible y mortífero, decenas de miles de personas o más podrían morir si no contamos con un fármaco terapéutico.

En función del patógeno, tal vez resulte necesario también tratar sus efectos a medio plazo. Por ejemplo, unos meses después de infectarse de COVID-19, algunas personas siguen experimentando síntomas terribles: dificultad para respirar, fatiga, dolores de cabeza, ansiedad, depresión y problemas cognitivos que dificultan la concentración. La COVID-19 no es la primera enfermedad con efectos persistentes; según algunos científicos, síntomas parecidos pueden estar asociados a otras afecciones víricas, traumatismos o una estancia en la UCI. Aun así, los investigadores han documentado que incluso un caso leve de COVID-19 puede causar una inflamación que dure semanas y que sus efectos no se limitan a los pulmones: puede afectar también a los sistemas nervioso y cardiovascular. Nos queda mucho que aprender sobre la COVID-19 persistente para ayudar a quienes la padecen en la actualidad, y si el siguiente gran brote trae tanta cola como este, necesitaremos encontrar tratamientos para esos síntomas también.

Incluso cuando se haya desarrollado una vacuna, seguiremos necesitando un buen tratamiento. Y tal como nos ha demostrado la COVID-19, no todo el mundo que tiene la posibilidad de vacunarse se aviene a hacerlo. Salvo si la inmunización previene por completo las infecciones posvacunación, algunos vacunados seguirán enfermando. Por si surge una variante contra la que no estemos protegidos, conviene contar con tratamientos de los que echar mano mientras se modifica la vacuna. Por otro lado, junto con las intervenciones no farmacológicas, la terapéutica puede mitigar la presión hospitalaria y evitar la saturación que, en definitiva, implica que fallezcan pacientes que en otras circunstancias sobrevivirían.

Los tratamientos eficaces disminuyen el riesgo de enfermedad grave y muerte (a veces de forma espectacular) y permiten a los países aliviar las restricciones en escuelas y comercios, lo que reduce los perjuicios a la educación y la economía.

Más aún: imaginemos cómo cambiaría la vida de las personas si consiguiéramos dar el siguiente paso de vincular las pruebas con los tratamientos. Cualquiera que empezara a presentar posibles síntomas de COVID-19 (o cualquier otro virus pandémico) podría ir a una farmacia o centro sanitario en cualquier lugar del mundo, hacerse una prueba y, si da positivo, volver a casa con un paquete de antivirales. En caso de disponibilidad limitada, aquellos con factores de riesgo importantes tendrían prioridad.

En conclusión: la terapéutica reviste una importancia capital para combatir brotes. Tenemos la suerte de que los científicos consiguieran crear las vacunas contra la COVID-19 en tan poco tiempo; de lo contrario y, considerando la lentitud con que avanzó el desarrollo de tratamientos eficaces durante los dos primeros años de la pandemia, la tasa de mortalidad por esta enfermedad habría sido mucho más alta.

Para entender cómo podemos evitar que ocurra lo mismo que con la COVID-19, debemos explorar el mundo de los tratamientos: qué son, cómo pasan del laboratorio al mercado, por qué no dieron mejores resultados en las primeras etapas de la pandemia y cómo las innovaciones pueden allanar el terreno para responder de manera más eficaz en el futuro.

Tendemos a pensar en los medicamentos como sustancias misteriosas y complejas, pero los más básicos son de una simplicidad notable: se componen de carbono, hidrógeno, oxígeno y otros elementos que pueden explicarse con conceptos de química de instituto. Del mismo modo que el agua es H_2O y la sal es $NaCl$, la fórmula de la aspirina es $C_9H_8O_4$, y la del paracetamol, $C_8H_9NO_2$. Debido a la reducida masa de estas moléculas, a estos medicamentos se los conoce como «fármacos de moléculas pequeñas».

Tienen varias ventajas por las que resultan especialmente atractivos durante un brote. Como su estructura química es bastante sencilla, son fáciles de fabricar y, gracias a su tamaño y composición, el aparato digestivo no los descompone, por lo que pueden ingerirse en forma de pastilla (por eso a nadie le ponen inyecciones de aspirina). Además, casi todos pueden conservarse a temperatura ambiente y tienen un periodo de caducidad largo.

Las moléculas más grandes son más complicadas en casi todos los sentidos. Un anticuerpo monoclonal, por ejemplo, es cien mil veces más grande que una molécula de aspirina. Como el aparato digestivo descompondría las moléculas grandes si nos las tragáramos, tienen que administrarse mediante inyección o por vía intravenosa. Esto significa que se requiere personal y equipo médico para realizar el procedimiento de forma adecuada, y es necesario aislar a los pacientes infectados cuando acudan al centro sanitario para recibir el tratamiento, a fin de que no contagien a otras personas presentes en el lugar. Además, la elaboración de las moléculas grandes es mucho más compleja —se utilizan células vivas para producirlas—, por lo que son más caras, y su producción a gran escala lleva más tiempo.

En resumen, durante un brote, en condiciones iguales, son preferibles los tratamientos con moléculas pequeñas. Sin embargo, es posible que no encontremos un fármaco de moléculas pequeñas que dé resultado contra un patógeno determinado (o que funcione sin producir efectos secundarios de consideración), así que nuestro plan antipandemias debe incluir prepararnos para trabajar a la vez en tratamientos de moléculas pequeñas y en tratamientos de moléculas grandes. A lo largo de la próxima década podemos avanzar en la investigación y el desarrollo para aminorar el número de pasos necesarios y reducir el coste de producción cuando se detecte una potencial pandemia.

Asimismo, tendremos que contar con medios no farmacológicos que también ayuden a los pacientes a permanecer con vida hasta que su organismo se recupera. El oxígeno es un ejemplo fundamental: según la OMS, a principios de 2021 cerca del 15 por ciento de los pacientes de COVID-19 se puso tan grave que hubo que proporcionarles oxígeno suplementario.

El oxígeno forma parte esencial de cualquier sistema sanitario —se usa en casos de neumonía y nacimientos prematuros, entre otras cosas—, y si los países ricos han tenido problemas de abastecimiento durante la crisis de la COVID-19, los de rentas bajas y medias lo han pasado aún peor. Según una encuesta, solo el 15 por ciento de los centros sanitarios en países en vías de desarrollo disponían de equipos de oxigenación, y solo la mitad de ellos funcionaba correctamente. Cientos de miles de personas fallecen cada día por falta de oxígeno para uso médico..., y esto era así antes de la pandemia.

Bernard Olayo, especialista sanitario del Banco Mundial, intenta hacer algo al respecto. Después de licenciarse en medicina a mediados de la década de 2000, se incorporó a un hospital rural de su Kenia natal, muchos de cuyos pacientes eran niños con pulmonía que necesitaban tratamiento con oxígeno. Cuando no había suficiente para todos, Olayo y sus colegas tenían que determinar quién lo recibiría y quién se quedaría sin él, una decisión desgarradora que significaba que un niño sobreviviría y el otro moriría.

Olayo se propuso averiguar por qué algo tan aparentemente básico como el oxígeno era tan difícil de encontrar en Kenia. Descubrió que parte del problema residía en que solo había un proveedor de oxígeno para todo el país y, como no tenía competencia, podía cobrar precios exorbitantes (en aquel entonces, el oxígeno costaba cerca de trece veces más en Kenia que en Estados Unidos). Para colmo, muchos centros sanitarios kenianos se encuentran a cientos de kilómetros de la planta de oxígeno más cercana, lo que acarreaba dos problemas adicionales: el coste de transporte encarecía aún más el precio, y el mal estado de las carreteras retrasaba las entregas. A menudo los suministros llegaban más tarde de lo previsto, y en ocasiones no llegaban nunca.

En 2014 Olayo fundó una organización llamada Hewatele —palabra que en suajili significa «aire abundante»— para probar un enfoque diferente. Con el apoyo económico de inversores locales e internacionales, Hewatele construyó plantas de oxígeno en varios de los hospitales más concurridos del país, donde la demanda es más alta y se dispone de un suministro eléctrico fiable para la producción. Se ideó un sistema parecido al del reparto de leche: las bombonas de oxígeno se entregaban con regularidad en hospitales y consultorios remotos y, una vez vacías, se retornaban para que volvieran a llenarlas. Gracias a este nuevo sistema, Hewatele ha rebajado el precio de mercado del oxígeno en Kenia en un 50 por ciento y ha conseguido que llegue a unos treinta y cinco mil pacientes. En el momento en que escribo, el grupo está estudiando expandirse en el interior del país y a otros lugares de África.

Además de oxígeno, algunos pacientes graves requieren intubación —es decir, que les introduzcan un tubo por la tráquea— y el uso de un ventilador mecánico que los ayude a respirar. En casos extremos, los pulmones pueden quedar tan dañados que pierden la capacidad de oxigenar la sangre, de modo que se necesita que una máquina se encargue de ello. En muchos países de rentas bajas antes del estallido de la COVID-19 no solo era difícil de encontrar el oxígeno médico, sino también los conocimientos médicos y el material necesarios para administrarlo. Debido a la pandemia, ahora el problema es muchas veces peor.

Un tema recurrente en este libro es que no tenemos por qué elegir entre prevenir las pandemias y mejorar la salud mundial en general: ambas cosas se complementan entre sí. Un ejemplo clásico: si encontramos maneras de equipar mejor los sistemas sanitarios del mundo con oxígeno y otras herramientas, como hace Hewatele, más profesionales sanitarios contarán con el material que necesitan para enfrentarse a problemas cotidianos como la neumonía y los nacimientos prematuros. Y si sobreviene una crisis, como un brote que amenaza con convertirse en pandemia, podrán utilizar este equipo y estos conocimientos para salvar vidas e impedir que la enfermedad colapse el sistema sanitario. Una cosa refuerza la otra.

Tratar enfermedades no es algo nuevo para los seres humanos. El uso de raíces, hierbas y otros ingredientes naturales como agentes curativos se remonta a la prehistoria. Hace unos nueve mil años, dentistas de la Edad de Piedra en lo que hoy es Pakistán les perforaban los dientes a sus pacientes con trozos de sílex. El antiguo médico y científico egipcio Imhotep catalogó tratamientos para doscientas enfermedades hace unos cinco mil años, y el médico griego Hipócrates recetaba una sustancia precursora de la aspirina —extraída de la corteza del sauce— hace más de dos mil años.

Sin embargo, no fue sino hasta en el último par de siglos cuando comenzamos a sintetizar medicamentos en el laboratorio en vez de obtenerlos de cosas que encontrábamos en la naturaleza. Uno de los primeros fármacos sintetizados se creó en la década de 1830, cuando varios científicos y facultativos que trabajaban por separado consiguieron producir cloroformo, el potente anestésico y sedante que, entre otras cosas, sirvió para aliviar los dolores de parto de la reina Victoria.

En ocasiones, la invención de un fármaco se debe a la iniciativa de un científico emprendedor, pero a veces es fruto de la pura casualidad, como ocurrió en 1886 cuando dos jóvenes estudiantes de química de la Universidad de Estrasburgo dieron con una solución a un problema que ni siquiera se habían propuesto resolver. Su profesor estaba investigando si una sustancia llamada naftalina —subproducto de la destilación del alquitrán— podía utilizarse para combatir las infecciones por gusanos intestinales en seres humanos. Al administrar la naftalina, los resultados fueron sorprendentes: aunque no eliminó a los gusanos, la fiebre del paciente remitió. Una investigación posterior para averiguar qué había ocurrido reveló que en realidad no habían utilizado naftalina, sino una sustancia bastante desconocida en aquel entonces llamada acetanilida, que el boticario les había entregado por error.

Poco después, la acetanilida salía al mercado como remedio para la fiebre y analgésico, pero los médicos descubrieron que tenía un desafortunado efecto secundario: a algunos pacientes la piel se les ponía azul. Al investigar un poco más, constataron que era posible obtener de la acetanilida una sustancia con las mismas ventajas pero que no producía ese tono azulado en la piel. La bautizaron como paracetamol, conocido en Estados Unidos como acetaminofén, ingrediente activo del Tylenol, el Robitussin, el Excedrin y una docena más de productos que el lector podría tener ahora mismo en su botiquín.

Incluso en la época actual, el descubrimiento de fármacos sigue basándose en una mezcla de buena ciencia y buena suerte. Por desgracia, cuando un brote parezca encaminarse hacia una pandemia, no habrá tiempo para confiar en la suerte. Tendremos que desarrollar y poner a prueba tratamientos lo más rápidamente posible, mucho más deprisa de lo que lo hicimos con la COVID-19.

Supongamos que nos encontramos en esta situación: hay un virus que parece que puede extenderse a todo el mundo y necesitamos un tratamiento. ¿Cómo abordarán los científicos la tarea de crear un antiviral?

El primer paso consiste en secuenciar el código genético del virus y luego, una vez armados con esta información, determinar qué proteínas son más importantes en su ciclo vital. Estas proteínas esenciales se conocen como dianas, y la búsqueda de un tratamiento se reduce en esencia a encontrar sustancias que impidan que las dianas funcionen correctamente para así vencer al virus.

Hasta la década de 1980, los investigadores que intentaban identificar compuestos prometedores tenían que conformarse con una comprensión rudimentaria de las dianas que buscaban. Lanzaban las hipótesis más fundamentadas que podían y llevaban a cabo un experimento para comprobar si eran correctas; en la mayoría de los casos, no lo eran, así que pasaban a la siguiente molécula. Sin embargo, las tecnologías disponibles para identificar el fármaco correcto han mejorado mucho en los últimos cuarenta años, con el advenimiento de un nuevo campo denominado descubrimiento basado en estructuras.

Esta técnica consiste en que, en vez de probar todos los compuestos posibles en un laboratorio, los científicos programan ordenadores para crear modelos tridimensionales de partes del virus que le ayudan a funcionar y crecer, y luego diseñan moléculas que atacan esas dianas. Pasar de buscar compuestos mediante experimentos de laboratorio a utilizar el descubrimiento basado en la estructura es como jugar al ajedrez en un ordenador en vez de en un tablero; la partida se desarrolla de todos modos, pero no en un espacio físico. Y, al igual que el ajedrez, el descubrimiento basado en estructuras se ha vuelto más sofisticado con el aumento de la potencia de procesamiento de los ordenadores y los avances en inteligencia artificial.

Así funcionó con Paxlovid, el antiviral anunciado por Pfizer a finales de 2021: los científicos habían identificado el modo en que el virus de la COVID-19 secuestra partes de las células (secuencias de aminoácidos, los componentes fundamentales de las proteínas) para crear más copias de sí mismo. Valiéndose de esta información, los investigadores diseñaron una molécula que actúa como un poli infiltrado en una operación encubierta. Se mimetiza con gran parte de la secuencia de aminoácidos que busca el coronavirus, pero, como le faltan piezas claves de la secuencia, interfiere en el ciclo vital del virus. Hay varias etapas de este ciclo que pueden inhibirse. En el caso de los fármacos contra el VIH, la categoría más amplia de antivirales con diferencia, algunos atacan una etapa concreta, y combinamos tres de ellos para que resulte muy poco probable que el virus mute de manera que pueda impedir que actúen a la vez.

Aunque hoy en día los científicos pueden ejecutar experimentos virtuales con gran rapidez en un ordenador, a veces tienen que hacer también la prueba en el mundo real: juntar un compuesto con la proteína de un virus en un laboratorio y ver qué ocurre. No obstante, esto también está cambiando debido a la tecnología.

En un proceso conocido como cribado de alto rendimiento, unas máquinas robóticas pueden realizar cientos de experimentos a la vez, mezclando compuestos con proteínas y midiendo la reacción mediante diversos métodos. Gracias a esta técnica, las empresas pueden ensayar millones de compuestos en solo unas semanas, una tarea que un equipo humano normalmente tardaría años en completar. Muchas de las principales compañías farmacéuticas han catalogado millones de compuestos; si cada colección fuera una biblioteca, el cribado de alto rendimiento sería la manera más rápida y metódica de hojear cada uno de los libros de las estanterías en busca de la palabra justa.

Incluso el hecho de no encontrar una combinación adecuada —cuando no parece que ningún compuesto existente pueda constituir un buen tratamiento— proporciona información útil. Cuanto más rápidamente se descarte un compuesto existente, antes podrán los científicos pasar a sintetizar nuevas moléculas.

Al margen de los métodos que se utilicen, una vez que se identifica un compuesto con buenas perspectivas de éxito, los equipos de científicos lo analizan para determinar si vale le pena seguir explorando. En caso afirmativo, un equipo distinto —integrado por químicos farmacéuticos— intenta optimizar el compuesto mediante un proceso análogo al de estrujar un globo. En ocasiones lo retuercen hacia un lado para hacerlo más potente, pero entonces descubren que, con la potencia, aumenta también la toxicidad.

Una vez que descubren un candidato prometedor en la fase exploratoria, pasarán un año o dos en fase preclínica, estudiando si el candidato es seguro en dosis efectivas y si realmente provoca la respuesta esperada en animales. Encontrar la especie adecuada no es tan fácil como parece, pues no todas responden al fármaco de la misma manera que los seres humanos. Como dicen los investigadores: «Las ratas mienten, los monos exageran y los hurones son sabandijas».

Si todo sale bien en la fase preclínica, pasamos a la parte más arriesgada y cara del proceso: los ensayos clínicos en personas.

En mayo de 1747, un galeno llamado James Lind trabajaba como médico de a bordo en el buque de la Marina Real británica *Salisbury*. Estaba horrorizado por la cantidad de marineros que padecía escorbuto, una enfermedad que ocasiona debilidad muscular, agotamiento, hemorragias en la piel y, al cabo de un tiempo, la muerte. En aquel entonces nadie sabía qué causaba el escorbuto, pero Lind quería encontrar una cura, así que decidió probar varias opciones y comparar los resultados.

Eligió a doce tripulantes con síntomas similares. Todos comían lo mismo: gachas endulzadas con azúcar por la mañana, caldo de cordero o cebada con pasas para la cena, pero les aplicó tratamientos distintos. Dos de ellos debían beber cerca de un litro de sidra al día. A otros dos se les dio vinagre. Otros pares de pacientes recibieron agua de mar (pobrecillos), naranjas y un limón, un brebaje elaborado por un cirujano o una mezcla de ácido sulfúrico y alcohol conocida como elixir de vitriolo.

El ganador fue el tratamiento con cítricos. Uno de los dos hombres a quienes se les administró volvía a estar de servicio al cabo de seis días, y el otro se recuperó lo bastante rápido para ponerse a atender al resto de los pacientes. Aunque la armada británica tardó casi cincuenta años en convertir los cítricos en parte obligada del rancho de los marineros, Lind había encontrado el primer indicio de un remedio real para el escorbuto. Además había llevado a cabo lo que se considera el primer ensayo clínico controlado de la era moderna.*

En las décadas que siguieron al experimento de Lind se introdujeron otras innovaciones en los ensayos clínicos: el uso de placebos en 1799, el primer ensayo de doble ciego (en el que ni el paciente ni el médico sabe qué paciente recibe qué tratamiento) en 1943, y las primeras directrices internacionales para el trato ético de participantes en ensayos clínicos en 1947, después de que salieran a la luz los atroces experimentos de los nazis durante la Segunda Guerra Mundial.

En Estados Unidos, una serie de leyes y resoluciones judiciales construyeron a lo largo del siglo xx el sistema de pruebas y aseguramiento de la calidad que existe en la actualidad. Este es el proceso por el que tendrá que pasar nuestro tratamiento hipotético para un nuevo patógeno. Veamos cómo funciona en general, fase a fase.

Ensayos de fase I. Previa autorización de la agencia reguladora del gobierno correspondiente —en Estados Unidos, la Administración de Medicamentos y Alimentos—, se empieza con un pequeño ensayo en el que participan unas decenas de voluntarios adultos sanos. El objetivo es averiguar si el fármaco tiene efectos adversos y poner la mira en una dosis lo bastante alta para producir el resultado deseado, pero no tan alta como para que dañe al paciente (algunos fármacos contra el cáncer solo se prueban en voluntarios que ya padecen la enfermedad, pues son demasiado tóxicos para administrarlos a personas sanas).

---

* Ahora sabemos que la causa del escorbuto es el déficit de vitamina C. El 20 de mayo, fecha en que Lind inició su ensayo, ha sido declarado Día Internacional de los Ensayos Clínicos.

Ensayos de fase II. Si todo sale bien y sabemos que nuestro fármaco es seguro, se nos permite pasar a realizar ensayos más grandes. En este se les administrará a varios centenares de voluntarios de la población objetivo —personas enfermas y que cumplen con el perfil requerido— a fin de comprobar que el fármaco actúe tal como esperamos. Lo ideal sería que al concluir la fase II supiéramos que el fármaco funciona y cuál es la dosis precisa, pues la siguiente fase es tan cara que solo nos interesa encararla si tenemos posibilidades de éxito razonables.

Ensayos de fase III. Si todo marcha bien hasta este punto, llevaremos a cabo ensayos más grandes con la participación de cientos y a veces miles de enfermos voluntarios, la mitad de los cuales recibirá nuestro candidato a fármaco, y la otra mitad el tratamiento estándar para su afección o, en caso de no haberlo, un placebo. Los ensayos de fase III para las vacunas, que explicaré en el próximo capítulo, son mucho más masivos. Como todos los participantes padecen la enfermedad que intentamos tratar, podemos comprobar si el fármaco actúa mucho más rápidamente. (Si ya existe un tratamiento en el mercado, hace falta reclutar más voluntarios, pues debemos demostrar que nuestro producto es por lo menos tan eficaz como el de la competencia).

Otro reto que hay que superar en la fase III es el de reunir un número de voluntarios suficiente para cerciorarnos de que el candidato a fármaco es seguro y efectivo para todo aquel a quien se le administre. Hay que encontrar a personas enfermas —obviamente en esta fase sería inútil darle el remedio potencial a alguien que no tuviera la enfermedad—, pero, por los motivos expuestos en el capítulo 3, resulta bastante complicado identificar a esas personas, y no digamos ya identificar a las que no solo están enfermas sino dispuestas a ofrecerse voluntarias para probar un nuevo fármaco.

Por otro lado, como hay tantos factores que afectan al funcionamiento de un fármaco sobre el organismo de una persona, desde la edad hasta la raza, pasando por el estado de salud en general, es importante estudiar cómo muchas personas reaccionan a él. A veces reclutar a un grupo heterogéneo de pacientes para un ensayo clínico puede llevar más tiempo que realizar el ensayo en sí.

Aprobación regulatoria. Si al término de la fase III creemos que nuestro fármaco es seguro y eficaz, acudimos de nuevo a la agencia reguladora para solicitar que lo apruebe. Normalmente la solicitud consta de cientos de miles de páginas, y, en Estados Unidos, la FDA puede tardar un año en estudiarla o —si hay preocupaciones sobre la solicitud— incluso más. Asimismo, la agencia inspeccionará la fábrica en la que pretendemos producir el medicamento y examinará la etiqueta que queremos colocar en el envase, así como el prospecto que incluiremos en la caja. Incluso una vez concedida la autorización, es posible que se nos exija que llevemos a cabo otra fase de ensayos entre grupos determinados de personas y, en cualquier caso, los reguladores continuarán realizando controles de la cadena de producción para garantizar que las dosis sean seguras, puras y potentes. Por otro lado, a medida que más personas utilicen el medicamento, permaneceremos atentos a la aparición de efectos adversos (un problema especialmente raro podría manifestarse solo cuando hay un número elevado de usuarios) y también a posibles señales de que el patógeno está desarrollando resistencia al fármaco.

Ahora bien, así es como funciona el proceso en ausencia de pandemias. Durante la emergencia que supuso la COVID-19, este tuvo que acelerarse mucho. El gobierno estadounidense, entre otros, aportó fondos para algunos ensayos de fase III —el paso más caro de todos, pues implica la colaboración de mucha gente— incluso antes de que los candidatos a fármacos culminaran la fase I. Por otra parte, los científicos pospusieron el estudio de algunos aspectos de los medicamentos que no resultaban esenciales durante la emergencia, pero siguieron trabajando en los aspectos clave relacionados con la seguridad. Era como intentar confirmar que un coche podía llevarnos a nuestro destino sin explotar a medio camino, pero no tener muy claro el consumo de gasolina o el comportamiento de los neumáticos en la nieve.

Durante los primeros días de los ensayos de fármacos contra la COVID-19, había muy pocos protocolos estándar para las pruebas ni acuerdos sobre qué datos recabar, ni siquiera a escala nacional. Esto se tradujo en grandes pérdidas de tiempo y esfuerzo, pues múltiples ensayos clínicos mal diseñados estudiaron los mismos productos sin arrojar pruebas concluyentes. Con frecuencia, cuando el protocolo para un ensayo en un sitio determinado por fin quedaba redactado y aprobado, el número de casos en el lugar había descendido tanto que el estudio ya no podía conducirse de forma eficaz. Es necesario estandarizar por adelantado la manera de enfocar los ensayos, asegurarnos de que estén bien diseñados, se realicen en varios lugares y estén concebidos para ofrecer pruebas definitivas lo antes posible. Uno de los pocos ensayos que se gestionaron bien fue RECOVERY, en el Reino Unido, que estudió una serie de fármacos, entre ellos la dexametasona: se completó al cabo de seis semanas y contó con cuarenta mil participantes en ciento ochenta y cinco localidades diferentes.

El ensayo RECOVERY es una de muchas iniciativas que han recibido el apoyo de un proyecto nuevo, el Acelerador Terapéutico COVID-19*, diseñado para agilizar el proceso de descubrir trata-

---

* Impulsado originalmente por el Wellcome Trust, Mastercard y la Fundación Gates.

mientos para el coronavirus y luego asegurarse de que millones de dosis se distribuyeran a los habitantes de los países de rentas bajas y medias. El acelerador ayudó a coordinar los ensayos de fármacos y, para facilitar la identificación de posibles participantes, contribuyó también al desarrollo de nuevas herramientas de diagnóstico. A finales de 2021, los donantes habían aportado más de trescientos cincuenta millones de dólares a este proyecto.

Algunas ideas nuevas quizá fuercen los límites de aquello con lo que los reguladores se sienten cómodos. Una de ellas es que, si una persona da positivo, podría recibir un mensaje de texto que le planteara la oportunidad de participar como voluntaria en un ensayo clínico que necesita gente con su perfil. Basta con hacer clic en «Inscripción» para iniciar el trámite; si la persona resulta seleccionada, obtendrá acceso al tratamiento —el que se está estudiando o bien el mejor de los que ya se utilizan— y con ello ayudará a que el ensayo clínico se lleve a cabo con mayor rapidez. Otra innovación que me gustaría ver es que las solicitudes presentadas a las autoridades sanitarias se subieran a la nube y en un formato estándar, de modo que todas las agencias reguladoras del mundo pudieran revisarlas sin necesidad de duplicarlas. Por otra parte, adoptar un formato común para el historial médico de los pacientes tendría muchas ventajas, sobre todo en Estados Unidos, como la de facilitar la tarea de encontrar voluntarios potenciales para ensayos de fármacos.

Hay más maneras de simplificar y acortar el proceso de evaluación de los nuevos tratamientos, entre ellas un polémico método conocido como estudio de infección controlada en humanos. Este método ya se utiliza en los ensayos de medicamentos para la malaria: los voluntarios acceden a dejarse infectar con el parásito para que los investigadores puedan poner a prueba el impacto de los nuevos fármacos, anticuerpos y vacunas. La razón por la que esto se considera ético es que los participantes son adultos sanos que reciben un tratamiento antipalúdico efectivo en cuanto empiezan a encontrarse mal. Los estudios de infección controlada han acelerado en gran medida el desarrollo de tratamientos y vacunas contra la malaria, ya que no hace falta esperar a que nadie contraiga la enfermedad por vía natural para empezar a investigar si un producto nuevo funciona.

Existe una opción parecida para infecciones virales como la de la COVID-19, cuando los riesgos para los adultos jóvenes y sanos son mínimos y se cuenta con tratamientos eficaces que pueden administrarse a los voluntarios en cuanto empiezan a presentar síntomas. Si conseguimos superar los desafíos científicos y resolver las cuestiones éticas, los estudios de infección controlada en humanos cuidadosamente planeados podrían reemplazar muchos de los complicados ensayos que requieren la localización de pacientes de alto riesgo durante las primeras etapas de la enfermedad, lo que permitiría a los investigadores realizar una observación temprana de posibles nuevas terapias que prometen.

Volvamos a nuestro ejemplo hipotético de un patógeno nuevo. Hemos desarrollado un tratamiento, realizado ensayos para confirmar su seguridad y efectividad y obtenido el visto bueno para producirlo y venderlo. Aunque fabricar un fármaco de moléculas pequeñas es más sencillo que crear un anticuerpo, lo que a su vez suele ser más fácil que elaborar una vacuna, por motivos que explicaré en el capítulo siguiente, vale la pena que analicemos el reto de elevar la producción a gran escala.

En primer lugar, un equipo de químicos busca una manera sistemática de producir la parte esencial del fármaco —lo que se conoce como principio activo— por medio de una serie de reacciones en las que intervienen sustancias químicas y enzimas. El mejor camino puede constar de hasta diez pasos: el equipo de químicos empezará con ciertos ingredientes, desencadenará una reacción entre ellos, capturará los subproductos, utilizará algunos de ellos en otra reacción y así sucesivamente, hasta obtener el principio activo que buscan. A continuación le darán la forma en que los pacientes lo consumirán, ya sea en pastillas, espray nasal o inyecciones.

El control de calidad de los medicamentos de moléculas pequeñas es relativamente sencillo, a diferencia del de las vacunas. Como el producto no es un ser vivo, sino solo una cadena de moléculas, podemos confirmar mediante herramientas analíticas que cuenta con todos los átomos necesarios y que estos están en su sitio.

Este hecho por sí solo es una bendición para todas las personas preocupadas por las desigualdades sanitarias en el mundo, pues ha propiciado una de las innovaciones más importantes de las últimas décadas en este terreno: el compromiso de los fabricantes de medicamentos genéricos por producir versiones de alta calidad y bajo coste de los fármacos que salvan vidas.

Tradicionalmente, las compañías que inventan específicos han estado radicadas en países de rentas altas. Debido a lo caro que resulta desarrollar un nuevo producto, intentan recuperar costes lo antes posible vendiendo las dosis al precio más alto que los habitantes de esos países se pueden permitir. No tiene sentido hacer apaños en el proceso de producción para rebajar el coste de fabricación del producto (reduciendo el número de pasos, por ejemplo), pues esto implicaría repetir parte de los trámites regulatorios y, de todos modos, solo se ahorraría una pequeña parte de dichos costes. Debido a esto, el precio sigue siendo demasiado elevado para las regiones en vías de desarrollo. Por eso algunos medicamentos que son muy fáciles de conseguir en los países ricos a veces tardan décadas en llegar a los países pobres.

Aquí es donde entran en escena los fabricantes de genéricos. Parte de su misión consiste en ayudar a los habitantes de países de rentas bajas a acceder a los mismos fármacos e inventos que salvan vidas y que están ampliamente disponibles en los países prósperos.*

Los genéricos dejaron huella en la salud mundial hace cerca de dos décadas. En aquella época, los medicamentos que ayudaban a los infectados con VIH a mantenerse con vida eran demasiado caros para países como Brasil o Sudáfrica, por lo que millones de personas que vivían con el virus no podían adquirirlos. Por consiguiente, los fabricantes de genéricos empezaron a copiar los fármacos, infringiendo los derechos de propiedad intelectual de las compañías que los habían inventado, y los gobiernos de dichos países hicieron poco por proteger las patentes de los medicamentos originales. Al principio, los titulares de estas patentes protestaron, pero acabaron por echarse atrás cuando comprendieron que un sistema de precios escalonados funcionaría mejor. Facilitaron información sobre sus fármacos a los fabricantes de genéricos de bajo precio, a quienes se les permitió vender sus productos a países en desarrollo sin necesidad de pagar derechos de patente. La estrategia de precios escalonados consiste en que los productos se venden más caros en los países ricos, a un precio intermedio en los países de rentas medias y lo más baratos posible —prácticamente a precio de coste— en los países más pobres.

---

* También gracias a las compañías fabricantes de genéricos podemos conseguir versiones significativamente más baratas de los medicamentos que se nos recetan.

Un inconveniente de esto es que, una vez que sale a la venta la versión genérica de un fármaco, hay pocos incentivos para invertir en reducir los costes de fabricación, pues otras compañías copiarían de inmediato estas mejoras. Para resolver este problema, los donantes contratan a expertos y financian las labores de optimización y los costes iniciales de la implementación de un nuevo proceso. En 2017, por ejemplo, la Fundación Gates y varios colaboradores contribuyeron a crear una forma genérica de una versión más eficaz de un cóctel de fármacos contra el VIH, bajo una licencia gratuita concedida por las farmacéuticas que habían desarrollado el medicamento.

Los fabricantes de genéricos consiguieron reducir tanto los costes que, en la actualidad, casi al 80 por ciento de quienes reciben tratamiento para el VIH en los países de renta media o baja se les administra el cóctel mejorado. Para surtir efecto, el nuevo medicamento necesita dosis muy inferiores —y pastillas más pequeñas— que los tratamientos anteriores, por lo que resulta mucho más fácil de tomar. Además, causa menos efectos secundarios y presenta menos probabilidades de generar resistencia.

Por supuesto, el negocio de los genéricos tiene sus desventajas. En sus esfuerzos por bajar los precios y conforme su margen de beneficios disminuye, unos pocos fabricantes de estos medicamentos no han conseguido mantener la calidad de sus productos. Sin embargo, son la excepción, y no se puede exagerar el impacto positivo que ha tenido la fabricación masiva de estos genéricos de alta calidad. Meses antes de que los estudios demostraran que el Molnupiravir es un antiviral eficaz, Merck ya había negociado con varios fabricantes de genéricos en la India acuerdos de licencia que les permitiría producir y vender versiones genéricas allí y en más de cien países de rentas bajas y medias. Los investigadores idearon maneras de reducir el coste de fabricación, y otras organizaciones ayudaron a las compañías genéricas a prepararse para elaborar el fármaco y presentar la solicitud de aprobación a la OMS. En enero de 2022 —apenas dos meses después de que se anunciaran los buenos resultados del Molnupiravir—, los fabricantes de genéricos pusieron once millones de dosis a disposición de países de rentas bajas y medias, un primer paso para producir muchas más.

Las compañías de genéricos fabrican gran parte de los medicamentos que consumen los habitantes de los países de rentas medias y bajas.* Se calcula que el programa contra la malaria que la OMS está desarrollando sobre todo en colaboración con fabricantes genéricos ayudará a la larga a doscientos millones de personas a obtener antipalúdicos que de otra manera no podrían conseguir. Incluso en Estados Unidos, el 90 por ciento de las recetas se despachan con medicamentos genéricos.

Es una lástima que el proceso de producción de anticuerpos no sea tan sencillo como el de los fármacos. Para producir los que necesitamos para contener nuestro patógeno hipotético, tendremos que encontrar pacientes que hayan sobrevivido a la infección, extraerles sangre e identificar los anticuerpos desarrollados por su organismo para combatir esta infección concreta. Puesto que su sangre contendrá anticuerpos para prácticamente todas las enfermedades a las que haya estado expuesto, tendremos que introducir el virus en una muestra de su sangre y observar qué anticuerpos se adhie-

---

* He aquí algunos ejemplos: Dr. Reddy's Laboratories, Aurobindo, Cipla y Sun (todas con sede en la India), Teva (afincada en Israel) y Mylan, que ahora forma parte de Viatris y Sandoz (radicadas en Estados Unidos y Europa).

ren a él. Estos serán los que buscamos. (Una alternativa sería llevar a cabo el mismo procedimiento pero con sangre de ratones humanizados; es decir, roedores en los que se han implantado células o tejidos humanos).

Una vez aislado el anticuerpo adecuado, tendremos que hacer miles de millones de copias de él. Para ello, seguramente las cultivaremos en la plataforma de células CHO, que, como ya habrá adivinado el lector por las siglas en inglés, son células de ovario de hámsteres chinos.

Dichas células resultan muy útiles porque poseen una resistencia excepcional, pueden almacenarse por tiempo indefinido y crecen con rapidez. Casi todas las células que se utilizan en el mundo en la actualidad son clones de una línea celular creada en 1957 por Theodore Puck, un genetista de la facultad de medicina de la Universidad de Colorado. Puck había conseguido hacerse con una hembra de hámster cuyos ascendientes fueron sacados clandestinamente de China en 1948, justo cuando los comunistas estaban derrotando a los nacionalistas en la guerra civil.

Por desgracia, la plataforma CHO no genera anticuerpos con la suficiente rapidez para cubrir una parte significativa de la cantidad que se necesita durante una pandemia. El mundo produce entre cinco y seis mil millones de dosis de vacunas al día, pero solo unos treinta millones de dosis de anticuerpos. Por otra parte, la producción de anticuerpos en células CHO es cara: el coste actual es de entre setenta y ciento veinte dólares por paciente, un precio demasiado alto para muchos países de rentas medias y bajas. No obstante, los científicos están buscando soluciones a estos problemas.

Por ejemplo, algunos investigan distintas células huésped que podrían producir anticuerpos de forma más eficiente. Otros estudian la manera de conseguir anticuerpos más potentes y selectivos que reduzcan la cantidad de medicamento necesaria para cada paciente. Ya hay ideas que se están poniendo a prueba que todavía no se han comercializado y que podrían disminuir el coste a unos treinta o cuarenta dólares por dosis. Sin embargo, lo ideal sería rebajar el precio a una décima parte —de modo que cada paciente pague menos de diez dólares por el medicamento— y a la vez multiplicar por diez las dosis que se produzcan en el mismo intervalo de tiempo. Será necesario introducir varias mejoras para alcanzar este objetivo, pero una vez que dispongamos de estas prometedoras herramientas, servirán para ayudar a más personas de todo el mundo.

Las empresas también están desarrollando soluciones para el problema de las variantes. Una estrategia consiste en crear anticuerpos que actúen sobre partes del virus que no cambian, ni siquiera de una variante a otra, lo que las haría tan eficaces contra las nuevas cepas como contra el virus original. Otro método se basa en preparar un cóctel de anticuerpos que ataque diferentes partes del virus, de manera que le resulte mucho más difícil desarrollar resistencia a ellos.

Volvamos a la enfermedad hipotética para la que estamos buscando tratamientos. Supongamos que conseguimos que nos autoricen uno y fabricamos un gran número de dosis. ¿Cómo nos aseguramos de que realmente llegue a todos aquellos que lo necesitan?

Incluso si el coste es bajo, algunos países necesitarán donaciones a fin de contar con dosis suficientes para toda la población. Durante décadas, las regiones de rentas medias y bajas han recibido la ayuda de diversas organizaciones para comprar y distribuir medicamentos. Sin duda el lector habrá oído hablar de la muy eficiente Unicef; otro organismo, menos conocido, es el Fondo Mundial, que ayuda a los países a comprar fármacos y otros medios para combatir el sida, la tuberculosis y la malaria. El Fondo Mundial se ha convertido en el principal proveedor de fondos del mundo para estas iniciativas, su apoyo abarca más de cien países, y en 2020 amplió su ámbito para incluir también la lucha contra la COVID-19.

Por supuesto, el precio no es el único obstáculo que hay que salvar. Incluso cuando contemos con un tratamiento barato, tal vez no resulte fácil hacerlo llegar a los pacientes que lo necesitan. Además, tendremos que asegurarnos de que lo reciban en el momento adecuado (recordemos, por ejemplo, que los mAbs y antivirales deben administrarse poco después de la aparición de síntomas, mientras que los esteroides como la dexametasona solo resultan indicados en etapas posteriores de la enfermedad, cuando el paciente se encuentra grave).

Incluso entonces, algo en apariencia tan trivial como el empaquetado del medicamento puede ocasionar que determinadas personas se resistan a tomarlo. Algunos fármacos contra el VIH ayudan a impedir directamente que la gente se infecte —una estrategia conocida como profilaxis preexposición—, pero muchos pacientes no se atreven a consumir medicamentos para el sida por temor a que alguien crea que son seropositivos. Este problema puede solucionarse, pero no sin cierto esfuerzo, pues no basta con ponerse a fabricar pastillas con un aspecto distinto sin más. Hay que probar cada característica, como la forma, el tamaño e incluso el color.

Existen otras barreras más para el acceso de los habitantes de países pobres a estos medicamentos. Antes de lanzar un nuevo fármaco en un mercado en el que se espera conseguir grandes beneficios, las compañías dedican años a investigar cómo enfocar el producto hacia los pacientes objetivo y formar a los profesionales sanitarios en el uso de la nueva sustancia.* ¡De hecho, en ocasiones se gasta tanto dinero en este proceso como en el desarrollo y la producción del medicamento en sí! Sin embargo, cuando la mayoría de la gente que necesita un fármaco vive en países de bajos recursos, las empresas tienden a dedicar muy poco tiempo y dinero a realizar este trabajo preliminar. Durante un brote o pandemia, la situación es aún peor, porque apenas hay tiempo para comunicarse con los proveedores y pacientes desde un primer momento, por lo que no es de extrañar que unos y otros tarden en aceptar medicamentos nuevos o estén confundidos respecto a su uso.

No me cabe duda de que en el próximo brote dispondremos de mejores opciones de tratamiento que durante la COVID-19. Una de las claves para conseguirlo serán las grandes bibliotecas de compuestos farmacológicos, que podremos consultar con rapidez para averiguar si hay tratamientos existentes que funcionan contra los nuevos patógenos. Ya contamos con algunas de estas bibliotecas, pero necesitamos más. Esto requerirá una inversión sustancial que aúne las fuerzas del ámbito académico, la industria y las últimas herramientas de software.

Aunque necesitamos bibliotecas que abarquen muchos tipos de fármacos, debemos dar prioridad a algunos de ellos. Los más prometedores, desde mi punto de vista, son las terapias de amplio espectro que actúan contra todas las familias de virus; anticuerpos o fármacos capaces de tratar una extensa gama de infecciones virales,

---

* A veces llevan estas prácticas demasiado lejos, como hicieron algunas compañías con los opioides.

sobre todo aquellas con más probabilidades de ocasionar una pandemia. También podríamos encontrar mejores maneras de activar lo que se conoce como inmunidad innata, la parte del sistema inmunitario que se pone en marcha solo unos minutos u horas después de detectar un invasor externo; la primera línea de defensa de nuestro organismo. (Contrasta con la respuesta inmune adaptativa, el sistema que recuerda los patógenos a los que hemos estado expuestos y sabe cómo lidiar con ellos). Un fármaco que estimulara la respuesta inmune innata podría ayudar al cuerpo a detener la infección antes de que llegue a causar la enfermedad.

Para alcanzar estos objetivos prometedores, el mundo necesita esforzarse en comprender mejor cómo los diversos patógenos peligrosos interactúan con nuestras células. Los científicos buscan maneras de mimetizar estas interacciones para determinar con rapidez qué fármacos podrían resultar efectivos contra un brote. Hace unos años presencié la demostración de un dispositivo experimental que cabía en la palma de la mano y funcionaba como un pulmón, lo que permitía a los investigadores estudiar cómo los distintos fármacos, patógenos y células humanas se afectan unos a otros.

Gracias a los avances en inteligencia artificial y aprendizaje automático, ahora es posible utilizar ordenadores para identificar los puntos débiles de los patógenos que ya conocemos, y podremos hacer lo mismo con los que surjan en el futuro. Estas tecnologías también están acelerando la búsqueda de nuevos compuestos que ataquen esos puntos débiles. Con una financiación adecuada, distintos grupos podrían realizar ensayos de fase I de los compuestos más prometedores incluso antes de que estalle una epidemia, o por lo menos obtener pistas que puedan traducirse rápidamente en un producto una vez que conozcamos las características de la diana.

En resumen, aunque la terapéutica no nos salvó de la COVID-19, encierra un gran potencial para salvar vidas y evitar que futuros brotes colapsen los sistemas sanitarios. Sin embargo, para desarrollar al máximo ese potencial, el mundo debe invertir en la investigación y los sistemas que necesitaremos para descubrir tratamientos en mucho menos tiempo y distribuirlos entre quienes lo necesiten, vivan donde vivan. Si alcanzamos esta meta, lograremos minimizar los daños y salvar millones de vidas la próxima vez que el mundo se enfrente a un brote.

6

Prepararse para fabricar vacunas

hora que miles de millones de personas han recibido al menos una dosis de una vacuna contra la COVID-19, resulta fácil olvidar que el futuro no pintaba bien para la humanidad. De hecho, no pintaba en absoluto nada bien.

El hecho de que los científicos hayan sido capaces de crear múltiples vacunas seguras y eficaces contra la COVID-19 es algo muy poco habitual en la historia de las enfermedades. Y que lo lograran en un año, más o menos, es un milagro.

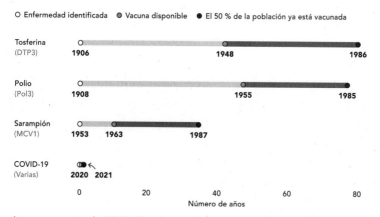

Las vacunas contra la COVID-19 se desarrollaron con una rapidez increíble. Los científicos solo tardaron un año en crear unas vacunas seguras y efectivas para combatir el virus. En el caso de la tosferina tuvieron que pasar ochenta años desde que se identificó la enfermedad para que el 80 por ciento de la población estuviera inmunizada contra ella (Our World in Data).

Las empresas farmacéuticas, que son unos perros de presa en cuanto al manejo de datos se refiere, tienen una manera de medir qué posibilidades tiene un medicamento o vacuna prometedora de superar el arduo proceso que determinará que su uso sea aprobado en humanos. Esta medida, llamada Probabilidad de Éxito Técnico y Regulatorio, depende de varios factores; entre ellos, el de si productos similares han demostrado tener éxito. Si se está probando una vacuna que funciona de un modo más o menos parecido a otra que ya ha sido aprobada, las posibilidades de éxito de la primera aumentan.

Históricamente, la probabilidad media de éxito para una vacuna prometedora es del 6 por ciento.* Esto quiere decir que, de cien candidatas iniciales, solo seis de ellas llegarán a completar el camino que las llevará a ser aprobadas por el regulador. Las demás fracasarán por diversas razones: quizá no otorguen la inmunidad suficiente, las pruebas clínicas no den los resultados concluyentes necesarios o tengan efectos secundarios imprevistos.

Aunque, claro, esta cifra del 6 por ciento es solo una media. Las medicinas y las vacunas creadas usando métodos ya testados tendrán una probabilidad unos cuantos puntos porcentuales más alta de ser aprobadas. Primero ha de demostrarse que el enfoque básico funciona. Luego quizá también deba probarse que la vacuna concreta que se está fabricando según ese enfoque también funciona. Han de llevarse a cabo pruebas masivas, que pueden involucrar a centenares de personas y después habrá que prestar atención a los posibles efectos secundarios que pueden sufrir millones de personas. Es una auténtica carrera de obstáculos.

---

* Una vacuna prometedora es solo lo que cualquiera se imaginaría: algo que podría acabar siendo una vacuna segura y efectiva, pero que sigue en fase de desarrollo. Es como un proyecto de ley que se está abriendo paso por el Congreso o el Parlamento, pero que tal vez llegue a ser una ley o no.

Por suerte, la COVID-19 es relativamente fácil de atacar con una vacuna; eso se debe en parte a que la proteína S de su superficie no está tan camuflada como las proteínas de algunos otros virus. Por este motivo, el ratio de éxito de las vacunas de la COVID-19 ha sido inusualmente alto.

Aun así, el gran milagro (tan poco valorado) de las vacunas de la COVID-19 no es que fueran creadas y aprobadas, sino que fueran creadas y aprobadas más rápido que ninguna otra vacuna anteriormente.

De hecho, esto sucedió más deprisa de lo que mucha gente, entre la que me incluyo, estaba dispuesta a pronosticar en público. En abril de 2020, aunque pensaba que dispondríamos de una vacuna para finales de año, escribí en mi blog que podríamos tardar hasta veinticuatro meses; pensaba que no estaría actuando de una forma responsable si elevaba las expectativas de tener éxito enseguida cuando había bastantes posibilidades de que no fuera así. En junio, después de ver los datos iniciales de algunas vacunas prometedoras, un exinspector de la Administración de Medicamentos y Alimentos comentó a *The New York Times*: «Siendo realistas, el plazo de doce a dieciocho meses que mucha gente ha estado señalando sería una buena estimación, pero sigue siendo optimista».

Lo que acabó sucediendo fue que las previsiones más optimistas se cumplieron. La vacuna fabricada por Pfizer y BioNTech fue aprobada para su uso de emergencia a finales de diciembre, solo un año después de que se identificaran los primeros casos de COVID-19.

Para hacernos una idea de lo rápido que ocurrió esto, hay que tener en cuenta que el proceso de desarrollo de una vacuna (desde que se crea en un primer momento en el laboratorio hasta que se demuestra que funciona y se autoriza) suele durar entre seis y veinte años. Se puede tardar unos nueve años solo en conseguir que un producto esté listo para probarse clínicamente con humanos y, a pesar de todo ese tiempo, no hay ninguna garantía de que tenga éxito. Las primeras pruebas con vacunas para combatir el sida se iniciaron en 1987, y seguimos sin tener una vacuna autorizada.

Antes de la COVID-19, el récord de velocidad en el desarrollo de una vacuna estaba en cuatro años. Esta proeza extraordinaria la logró el científico Maurice Hilleman, que fue uno de los creadores de vacunas más productivos que ha habido nunca, con una vacuna para las paperas. De las catorce vacunas que se recomiendan actualmente para niños en Estados Unidos, él y su equipo de Merck Pharmaceutical desarrollaron ocho, incluidas las que nos protegen del sarampión, la hepatitis A y B y la varicela.

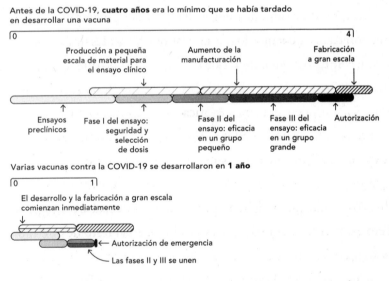

Fabricar una vacuna. Todas las vacunas se someten a un proceso riguroso cuyo fin es asegurarse de que son seguras y efectivas. Se crearon varias vacunas contra la COVID-19 en un año al unir las fases de desarrollo sin sacrificar la seguridad (NEJM).

En 1963 su hija de cinco años, Jeryl Lynn, tuvo una irritación de garganta. Como sospechaba que tenía paperas (para las cuales aún no había una vacuna autorizada), cogió una muestra de su garganta con un hisopo, se fue a su laboratorio y aisló el virus. Acabó usando esa muestra para crear la primera vacuna autorizada de paperas en 1967. Esta cepa de las paperas se sigue utilizando para hacer vacunas hoy en día y recibe el nombre de su hija. Si al lector le han puesto la vacuna SPR (para el sarampión, las paperas y la rubeola), tiene la cepa de Jeryl Lynn.

En la época de Hilleman, crear una vacuna en cuatro años era un logro fantástico. Pero una de las razones por las que pudo avanzar de un modo relativamente rápido fue que entonces no había unos estándares éticos tan estrictos para obtener el consentimiento o asegurar la calidad como los que tenemos hoy en día. En cualquier caso, cuando un brote amenaza con convertirse en una pandemia, cuatro años serían un desastre.

Las implicaciones que tiene esto a la hora de evitar una pandemia son claras: debemos lograr que las posibilidades de éxito de las vacunas se eleven y tenemos que reducir el tiempo que tardan en ir del laboratorio a los seres humanos sin sacrificar su seguridad ni eficacia. También debemos fabricar muchísimas y muy rápidamente para que puedan estar a disposición del mundo entero seis meses después de que el patógeno se haya identificado.

Esa es una meta muy ambiciosa, como ya comenté en la introducción, una que a algunas personas les parecerá extravagante. Pero estoy convencido de que es posible y, en el resto de este capítulo, quiero demostrar que está a nuestro alcance.

Como recorrer el camino que llevará la vacuna del laboratorio al receptor requiere dar cuatro pasos (desarrollar la vacuna, conseguir que se apruebe, fabricarla en grandes cantidades y distribuirla), vamos a echar un vistazo a las posibilidades que hay de acelerar el proceso. Indagaremos en por qué suele costar tanto crear y probar una vacuna y por qué se requiere tanto tiempo. ¿Qué ocurre exactamente en los cinco o diez años previos a que esté lista para ser comercializada? También vamos a averiguar por qué los científicos han podido actuar con mucha más celeridad en esta ocasión; es una historia fascinante sobre planes de previsión y una investigación llevada a cabo por dos héroes científicos muy tercos en la que ha habido algo más que un poco de suerte.

Por desgracia, como hemos visto con la COVID-19, una cosa es conseguir crear una vacuna y que esta se autorice, y otro reto muy distinto lograr que todo el mundo tenga acceso a la vacuna; hay que crear y distribuir las dosis suficientes para que rápidamente puedan disponer de ellas todos los que las necesiten, incluso las personas de países de rentas bajas que tienen un mayor riesgo de enfermar de gravedad.

La distribución de las vacunas contra la COVID-19 en 2020 y 2021 fue, y voy a citar a Hans Rosling de nuevo, mala a pesar de ser mejor que otras veces. Las vacunas llegaron a la gente más rápido que en cualquier otra campaña de vacunación anterior. También llegaron a muchas personas de países pobres antes que nunca, pero no lo bastante rápido. Así que vamos a ver qué formas hay de distribuir las vacunas de una manera más justa.

En Estados Unidos, la gente hacía cola en coche en lugares predeterminados para recibir sus vacunas, mientras que muchas personas de países de rentas bajas y medias tenían que esperar a que unas dosis escasas llegaran a su región a pie.

Por último, concluiremos este capítulo hablando sobre una nueva clase de medicamento que complementaría a las vacunas; uno que pudiera inhalarse para impedir que el virus se adentrara en nuestro organismo desde un principio. De este modo, protegernos a nosotros y a los demás no sería más complicado que tratar la alergia al polen.

Di mis primeros pasos en el mundo de las vacunas a finales de los años noventa, mientras me informaba sobre todo lo relativo a la salud global. Cuando me enteré de que los niños de los países pobres estaban muriendo por culpa de unas enfermedades que ya no mataban a los críos de los países ricos (y que la principal razón de esto era que un grupo podía acceder a ciertas vacunas que no estaban disponibles para el otro), investigué sobre las consecuencias económicas de la inmunización. Era un caso clásico de fallo del mercado: miles de millones de personas necesitaban los grandes inventos de la medicina moderna, pero como carecían de recursos, no tenían manera de expresar que lo necesitaban de un modo que al mercado le importara. Así que se quedaban sin ellos.

Uno de nuestros primeros proyectos importantes en la Fundación Gates fue ayudar a crear y organizar Gavi, la Alianza para las Vacunas,* una organización que recauda donaciones para ayudar a los países pobres a comprar vacunas. Gavi creó un mercado donde no lo había: desde el año 2000, ha ayudado a vacunar a 888 millones de niños y ha evitado 15 millones de muertes. Puedo

---

* Antes era conocida como la Alianza Global para las Vacunas e Inmunización, o GAVI por sus siglas en inglés, pero hace unos años se cambió su nombre por el de Gavi, la Alianza para las Vacunas.

decir sin temor a equivocarme que Gavi es uno de los proyectos en los que participa la fundación del que más orgulloso estoy y, en el capítulo 8, hablaré más sobre cómo funciona y el papel que debería desempeñar para evitar las pandemias.

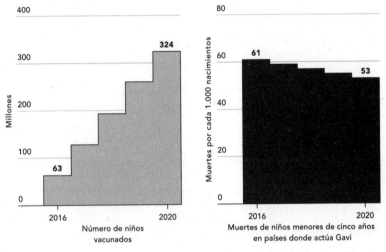

Gavi salva vidas. Gavi ha ayudado a vacunar a 324 millones de niños solo en los últimos cinco años. Este gráfico muestra cómo bajan los índices de mortalidad a medida que sube el índice de vacunación (Gavi, UN IGME 2020).

Cuanto más sabíamos sobre vacunas, más llegué a comprender sobre los aspectos científicos y económicos de este campo. No se trataba únicamente de que los países pobres no pudieran permitirse el lujo de comprar las vacunas ya existentes, sino que tampoco tenían el suficiente peso en el mercado como para exigir la creación de nuevas vacunas para enfermedades que principalmente les afectaban a ellos. Por esa razón, la fundación comenzó a contratar a gente que era experta en fabricar vacunas (y medicamentos). Tuve que aprender mucho más sobre química, biología e inmunología: he pasado infinidad de horas conversando con científicos e investigadores del mundo entero y he visitado muchas fábricas de vacunas.

En resumen, he pasado mucho tiempo informándome sobre cómo funciona la industria de las vacunas en general y a nivel financiero, y puedo afirmar con seguridad que es algo bastante complejo.

Eso se debe en parte a que hemos decidido como sociedad que vamos a tolerar muy pocos riesgos en materia de vacunas. Este enfoque prudente tiene sentido: después de todo, se vacuna a personas sanas, por lo cual ponerles una vacuna que tiene unos efectos secundarios malos sería un sinsentido. (La gente no se vacunará si es probable que la vacuna tenga unos efectos secundarios severos). En consecuencia, la industria está muy regulada, y las vacunas siguen un proceso largo y riguroso de prueba y control. Aunque más adelante explicaré brevemente en qué se diferencia este proceso del que siguen los medicamentos para ser aprobados, voy a poner este ejemplo concreto de lo riguroso que es: para construir una fábrica de vacunas, han de cumplirse unos estándares que abarcan casi todos los aspectos de la edificación, desde la temperatura del aire y el volumen del flujo de aire hasta la curvatura de las esquinas de las paredes.

Otra razón por la que es una industria tan compleja es la naturaleza del producto que fabrica. Las vacunas están compuestas por unas moléculas masivas, del orden de un millón de veces más pesadas que las moléculas que componen una aspirina. Muchas se crean en células vivas (algunas vacunas de la gripe, por ejemplo, se suelen cultivar en huevos de gallina) y, dado que los seres vivos son intrínsecamente imprevisibles, no se obtiene necesariamente el mismo resultado cada vez. Aun así, conseguir casi el mismo resultado en cada ocasión es crucial para fabricar una vacuna que sea segura y efectiva. Se necesita un equipamiento altamente especializado y formar a unos técnicos para que lo manejen y, cada vez que se fabrica una nueva remesa, hay media docena o más de variables que pueden alterar el producto final de maneras sutiles pero importantes.

En cuanto se da con un método para crear y desarrollar una vacuna que es segura para los seres humanos, ha de repetirse el mismo proceso cada vez que esta se fabrica, ya que esa es la única manera de que un regulador pueda confirmar que se ha obtenido el mismo resultado que la vez anterior. Al contrario de lo que sucede al examinar una molécula pequeña (que alguien puede examinar y decir: «No me importa especialmente cómo has hecho esto, ya que puedo ver que tiene los átomos adecuados en los sitios adecuados»), revisar una vacuna requiere que el regulador observe cómo se fabrica y luego que se asegure con regularidad de que no se cambia nada. De hecho, las docenas de experimentos complejos que una empresa debe desarrollar para cerciorarse de esta consistencia tienen un impacto significativo en el coste final de una dosis. Por desgracia, varias vacunas contra la COVID-19 muy prometedoras se han demorado mucho por tales cuestiones, pero este no es un campo donde sea conveniente recortar el presupuesto. En comparación, producir en masa algo como el software es pan comido. En cuanto se eliminan los errores del código, puede copiarse tantas veces como sea necesario sin temor a que surja algo nuevo que lo estropee. Si al copiar los programas hubieran surgido ocasionalmente nuevos problemas, la industria del software no habría tenido tanto éxito ni por asomo.

También cuesta mucho dinero desarrollar una vacuna: se estima que el coste total de desarrollar una que se llegue a autorizar va desde los doscientos a los quinientos millones de dólares. La cifra sube todavía más si tenemos en cuenta el coste de todos los fracasos que se cosecharán por el camino: un estudio ampliamente citado, aunque también cuestionado, sobre los medicamentos (no sobre las vacunas) establece la cifra total en dos mil seiscientos millones; y, como he mencionado antes, los medicamentes suelen ser mucho menos complicados de crear que las vacunas.

Durante un brote, las empresas que fabrican vacunas también tienen que lidiar con las grandes esperanzas que las personas depositan en ellas. La gente quiere una nueva vacuna que sea segura y efectiva, la quiere cuanto antes y quiere que sea barata.

No estoy defendiendo todas las decisiones que la industria farmacéutica ha tomado jamás a la hora de fijar el precio de un producto, y no estoy pidiendo a nadie que sienta lástima por ella. Pero si vamos a aprovecharnos de su experiencia a la hora de desarrollar, probar y fabricar medicamentos y vacunas (y será imposible evitar o incluso detener las pandemias si no lo hacemos), entonces debemos entender a qué retos se enfrenta, el proceso que sigue cuando decide en qué productos va a trabajar y qué incentivos hay para que esas decisiones se tomen en un sentido u otro.

Quizá el lector haya reparado en que continuamente utilizo palabras como negocio, industria y mercados, con lo que estoy insinuando que las empresas privadas son las principales protagonistas de toda esta historia, y es algo intencionado. Aunque las organizaciones sin ánimo de lucro, las instituciones académicas y los gobiernos representan un papel importante (al financiar la investigación básica y al distribuir las vacunas ampliamente), el sector privado es casi siempre el responsable de las etapas finales del desarrollo de las vacunas y de su fabricación en cantidades masivas.

Esto hay que tenerlo muy en cuenta si queremos alcanzar nuestra meta de impedir que los futuros brotes tengan un alcance global. Debemos recordar que nuestro objetivo es que no haya más pandemias, por lo cual, aunque sin lugar a dudas debemos ser capaces de producir vacunas suficientes para todos los habitantes del planeta en caso de que una enfermedad se vuelva global antes de que podamos contenerla, sería preferible que evitásemos que una enfermedad se transformase en una pandemia desde un principio. De este modo, necesitaremos vacunas solo para los brotes regionales, en los cuales el número potencial de receptores será de cientos de miles, en vez de millones o miles de millones. Eso hará que las expectativas de las empresas farmacéuticas cambien de un modo radical. Cuando se dirige una firma farmacéutica y se espera obtener beneficios, ¿por qué invertir el dinero y el esfuerzo que se requieren para desarrollar una vacuna cuando se dispone de un número muy limitado de posibles compradores, sobre todo si se ha de fijar un precio tan bajo que es muy poco probable que alguna vez se gane dinero?

No basta con confiar simplemente en las fuerzas del mercado. El mundo necesita que haya un plan que permita que las fábricas de vacunas estén preparadas por adelantado y se financien nuevas vacunas. Este plan debería incluir dinero para preparar los ensayos y las aprobaciones de las vacunas, como ha hecho el gobierno de Estados Unidos durante la COVID-19, al aportar veinte mil millones de dólares para que diversas vacunas prometedoras se fueran perfeccionando.

También debería contemplar la inversión de importantes cantidades de dinero en la investigación y el desarrollo de vacunas y otras herramientas, algunas de las cuales deberían ir a la CEPI, la organización que mencioné en la introducción que concede becas y subvenciones a centros académicos y empresas privadas para que desarrollen vacunas y tecnologías relacionadas con ellas. En verano de 2021, la CEPI ya había recaudado mil ochocientos millones para combatir la COVID-19, pero los donantes no han mostrado tanto interés en financiar la lucha contra futuras pandemias. Eso es comprensible (cuando una enfermedad está matando a millones de personas por todo el mundo, cuesta mucho que la gente piense en una enfermedad que tal vez pueda surgir en algún momento futuro), pero necesitamos contar con esta financiación, ya que tendremos que invertir miles de millones para poder salvar millones de vidas y evitar perder billones de dólares en el futuro.

Un campo en el cual la CEPI podría aportar mucho es el de la creación de vacunas que serían efectivas contra familias enteras de virus, también conocidas como vacunas universales. Las vacunas actuales contra la COVID-19 enseñan a nuestro sistema inmunitario a atacar una parte de la proteína S que se halla en la superficie de un coronavirus en concreto. Pero los investigadores están trabajando ya en vacunas que atacarán ciertas formas que aparecen en todos los coronavirus, incluidos el de la COVID-19 y sus primos, y que incluso es probable que aparezcan en otros que surgirán en el futuro. Si existiera esa vacuna universal de los coronavirus, nuestro organismo estaría preparado para luchar contra virus que todavía no existen. Los coronavirus y los virus de la gripe deberían ser los objetivos de estas vacunas, ya que han sido los responsables de los peores brotes de los últimos veinte años.

Por último, el plan de vacunación mundial debería establecer una manera de repartir las dosis que permita obtener el máximo beneficio posible en materia de salud pública y que no acaben, simplemente, en manos de los mejores postores. Con COVAX se pretendía resolver este problema durante la pandemia de COVID-19, pero por razones que están en gran medida fuera de su control, se ha quedado muy lejos de alcanzar sus metas. La idea era que el riesgo inherente al desarrollo de toda vacuna se repartiera al obligar a los países más ricos a subvencionar a los más pobres. Pero los ricos básicamente abandonaron ese pacto y negociaron sus propios acuerdos con las empresas farmacéuticas, de tal modo que relegaron a COVAX y socavaron su capacidad de negociar con esas mismas empresas. A pesar de todos esos obstáculos, COVAX ha sido la organización que más vacunas ha suministrado a los países más pobres. No obstante, el mundo necesitará hacerlo mejor la próxima vez, un tema que abordaré de nuevo en el capítulo 9.

Financiar el trabajo de los científicos para que desarrollen nuevas vacunas es solo una parte de la ecuación, por supuesto. En realidad, esas vacunas tendrán que producirse incluso a más velocidad que las de la COVID-19 y la tecnología más prometedora para lograrlo es, de lejos, la de las vacunas ARNm. Mucha gente tiene la impresión de que estas aparecieron de la nada, pero en realidad son el resultado de décadas de un trabajo perseverante realizado por los investigadores y los desarrolladores de producto, entre los que se

encuentran dos que tuvieron que luchar con uñas y dientes por su idea revolucionaria.

Desde que tenía dieciséis años, Katalin Karikó sabía que quería ser científica. Estaba fascinada en particular con el ARN mensajero, o ARNm; unas moléculas que (entre otras cosas) dirigen la creación de proteínas en tu organismo. En la década de los ochenta, cuando realizaba su doctorado en su Hungría natal, llegó al convencimien-

Katalin Karikó es una bioquímica húngara que contribuyó a desarrollar la tecnología que ahora se utiliza para fabricar vacunas ARNm.

to de que unas diminutas hebras llamadas ARN mensajero podrían ser inyectadas en las células para permitir así que el organismo fabricase sus propias medicinas.

El ARN mensajero funciona como una especie de intermediario; lleva las instrucciones para crear las proteínas de nuestro ADN a las fábricas de nuestras células donde las proteínas serán ensambladas. Es un poco como el camarero de un restaurante que anota la comanda y la lleva a la cocina, donde los cocineros prepararán la comida.

Usar ARNm para fabricar vacunas supondría alejarse mucho del modo en que funcionan la mayoría de vacunas. Cuando un virus nos infecta, invade ciertas células de nuestro cuerpo, se vale de la maquinaria de las células para replicarse y luego libera los virus recién creados en la sangre. Estos virus nuevos parten en busca de más células que invadir y el ciclo continúa.

Entretanto, nuestro sistema inmunitario está preparado para buscar cualquier cosa que haya en el organismo que tenga una forma que no haya visto nunca antes. Cuando se encuentra con algo que no reconoce, dice: «Eh, hay algo que tiene una forma nueva flotando por aquí. Seguramente es algo malo. Librémonos de ello».

De un modo ingenioso, el organismo es capaz de atacar tanto a los virus que flotan libremente por la corriente sanguínea como a las células que han invadido. Para derrotar a los que tenemos en la sangre, el sistema inmunitario fabrica anticuerpos que se adhieren a esa forma en concreto. (A las células que producen anticuerpos se les llama células B, y a las que atacan las células infectadas, células T asesinas). En cuanto producimos anticuerpos y células T, el organismo también produce células B de memoria y células T de memoria, las cuales, tal y como su nombre sugieren, ayudan a nuestro sistema inmunitario a recordar qué aspecto tenía la nueva forma por si acaso vuelve a aparecer.*

Este sistema de defensa acaba deteniendo el primer ataque de un virus y permite que nuestro organismo pueda reaccionar mejor la próxima vez que lo vea. Pero en el caso de los virus que nos hacen enfermar (como la COVID-19 y la gripe) es mejor potenciar el sistema inmunitario para que pueda atacar al virus la primera vez que aparece. Eso es lo que hacen las vacunas.

Muchas vacunas convencionales se basan en inyectar una versión debilitada o muerta del virus que se intenta detener. Nuestro sistema inmunitario ve que el virus tiene una forma nueva, entra en acción y potencia la inmunidad. En el caso de usar un virus debilitado, siempre cabe plantearse la cuestión de si está lo bastante debilitado o no, ya que si no lo está, podría mutar y adoptar una forma que pueda causar una enfermedad. Pero si está demasiado debilitado, no activará una respuesta inmunitaria potente en el organismo. Asimismo, algunos virus muertos no provocan una gran respuesta inmunitaria. Se necesitan años de trabajo en laboratorio y estudios clínicos para asegurarse de que una vacuna convencional es segura y generará una buena respuesta inmunitaria.

La idea en la que se basan las vacunas ARNm era muy inteligente. Como el ARNm toma nota de las proteínas que pide el ADN y lleva la comanda a los cocineros que están en la cocina de nuestras células, ¿qué pasaría si pudiéramos cambiar esas comandas de un modo muy concreto? Pues que al enseñar a las células a fabricar unas formas que encajan con las formas del virus real, la vacuna activaría nuestro sistema inmunitario sin que hiciera falta introducir el propio virus.

---

* Estoy simplificando un poco las cosas.

Si se pudieran fabricar, las vacunas ARNm serían un gran avance con respecto a las convencionales. En cuanto se hubieran identificado todas las proteínas que componen el virus que quisiéramos combatir, escogeríamos a cuál deseábamos que se adhirieran los anticuerpos. Después estudiaríamos el código genético del virus para dar con las instrucciones que crean esa proteína y meteríamos ese código en la vacuna usando ARNm. Si, más adelante, se quisiera atacar otra proteína, solo tendríamos que cambiar el ARNm. Este proceso de rediseño llevaría como mucho unas pocas semanas. Sería como pedirle al camarero unas patatas fritas en vez de una ensalada, y nuestro sistema inmunitario haría el resto.

Solo había un problema: no era más que una teoría. Nunca nadie había fabricado realmente una vacuna ARNm. Es más, casi todo el mundo en ese campo pensaba que era una locura intentarlo; en particular, porque el ARNm es inestable por naturaleza y tiende a degradarse rápidamente. No estaba nada claro que se pudiera mantener estable el ARNm el tiempo suficiente como para que cumpliera su función. Además, las células han evolucionado para evitar que un ARNm extraño se adueñe de ellas, por lo cual sería necesario dar con la manera de sortear este sistema defensivo.

En 1993, mientras investigaba en la Universidad de Pennsylvania, Karikó y su jefe lograron una hazaña que les indicó que habían dado con algo importante: consiguieron que una célula humana produjera una cantidad minúscula de proteínas nuevas usando una versión modificada de ARNm que había sido alterada de un modo ingenioso para que pudiera atravesar el sistema defensivo de la célula.

Esto fue un gran logro, porque significaba que si podían aumentar la producción drásticamente, serían capaces de crear un tratamiento para el cáncer usando ARNm. Y aunque su investigación no estaba centrada en las vacunas, otros investigadores vieron que también sería posible utilizar ARNm para crearlas y que combatieran la gripe, los coronavirus e incluso diversos tipos de cáncer.

Por desgracia, el trabajo de Karikó se quedó en el limbo cuando su jefe dejó el ámbito académico para irse a una firma biotecnológica. Ya no contaba ni con un laboratorio ni con apoyo financiero para su investigación; y aunque solicitó una beca tras otra, todas sus solicitudes fueron rechazadas. El año 1995 fue particularmente desalentador: creyó tener un cáncer, no le renovaron su plaza de profesora y su marido se quedó atrapado en Hungría por un problema con su visado.

Pero Karikó no se dio por vencida. En 1997 empezó a trabajar para Drew Weissman, un nuevo colega que llegó a la Universidad de Pennsylvania con un currículo prometedor: había trabajado con una beca de investigación en los Institutos Nacionales de Salud (INS) bajo la supervisión de Tony Fauci y estaba interesado en desarrollar unas vacunas basándose en el trabajo sobre el ARNm que había hecho Karikó.

Juntos, Karikó y Weissman siguieron adelante con la idea de trabajar con ARNm que hubiera sido manipulado en un laboratorio. Pero aún tenían que conseguir que más ARNm atravesara los sistemas defensivos de la célula, un problema que otros científicos ayudaron a resolver.

En 1999 el investigador oncológico Pieter Cullis y sus colegas propusieron que los lípidos (que son, básicamente, unos trocitos diminutos de grasa) podrían ser utilizados para recubrir y proteger una molécula más delicada, como el ARNm. Seis años después, el bioquímico Ian MacLachlan, con la ayuda de Cullis, lo logró por primera vez. Las nanopartículas lípidas que desarrolló abrieron el camino a las primeras vacunas ARNm.

En 2010 casi nadie en el gobierno federal o en la industria privada había mostrado ningún interés por intentar fabricar vacunas usando ARNm. Las empresas farmacéuticas más importantes lo habían intentado y habían fracasado, y algunos científicos tenían la impresión de que el ARNm nunca provocaría una respuesta suficiente en el organismo. Pero un oficial del DARPA, el poco conocido programa de investigación del ejército de Estados Unidos, vio que era una tecnología bastante prometedora y financió la creación de vacunas ARNm para enfermedades infecciosas.*

Sin embargo, esta investigación pionera no llevó de inmediato a la creación de nuevas vacunas. Eso sería tarea de unas empresas cuyo fin era conseguir que ese gran avance científico se transformara en un producto que pudiera ser autorizado y vendido; la empresa Moderna, con sede en Estados Unidos, así como las firmas CureVac y BioNTech, con sede en Alemania, se fundaron precisamente para eso. En 2014 Karikó se unió a BioNTech, donde se estaba trabajando en una vacuna ARNm para el cáncer.

Los primeros intentos fracasaron, aunque una vacuna de la rabia que parecía ser prometedora llegó a la fase de pruebas. Aun así, Karikó y sus colegas de BioNTech perseveraron, así como los científicos de Moderna. Cuando la crisis de la COVID-19 estalló, se pusieron manos a la obra inmediatamente para fabricar una vacuna con la que combatir el nuevo virus.

Apostaron por ello y acertaron. La idea de que cartografiando el genoma de un virus se podría crear una vacuna de ARNm en cuestión de semanas resultó ser totalmente correcta.

En marzo de 2020, solo seis semanas después de que los científicos hubieran secuenciado el genoma del virus de la COVID-19,

---

* DARPA es la Agencia de Proyectos de Investigación Avanzada de Defensa.

Moderna anunció que tenía una vacuna en estudio basada en ARNm y había iniciado los ensayos clínicos. El 31 de diciembre, la vacuna ARNm fabricada por BioNTech en asociación con Pfizer fue autorizada para su uso de emergencia por la Organización Mundial de la Salud. Cuando Karikó recibió la primera dosis de la vacuna para cuya creación tanto había aportado (pocos días antes de que fuera aprobada oficialmente), lloró.

No resulta fácil hacerse una idea del impacto que las vacunas ARNm han tenido en la pandemia de COVID-19. En muchos lugares, prácticamente todas las vacunas que se han administrado son de este tipo. En 2021 más del 83 por ciento de las personas vacunadas en la Unión Europea habían recibido una vacuna ARNm fabricada por Pfizer o Moderna. En Estados Unidos, era el 96 por ciento. Japón solo había administrado vacunas ARNm.

VACUNAS DE ARN MENSAJERO

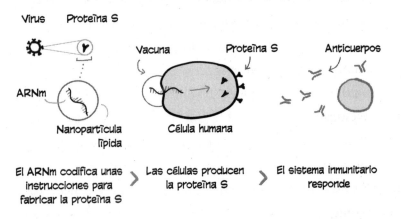

El ARNm codifica unas instrucciones para fabricar la proteína S > Las células producen la proteína S > El sistema inmunitario responde

Desde mi punto vista, la moraleja de la historia del ARNm es esta: si las ideas científicas son sólidas, hay que estar dispuesto a apostar por ellas, por muy disparatadas que parezcan, porque quizá nos lleven justo a realizar el descubrimiento que precisemos. Se necesitaron años de trabajo para llegar a comprender el ARNm lo suficiente como para poder usarlo para desarrollar vacunas. Tuvimos suerte de que la COVID-19 no llegara cinco años antes.

El plan actual de los investigadores del ARNm es conseguir que esa tecnología mejore y pueda tener más aplicaciones; por ejemplo, desarrollando vacunas para el VIH y creando nuevas maneras de tratar enfermedades. Tal vez sea posible crear una sola vacuna ARNm que proteja contra varios patógenos y no uno solo. Y si logramos dar con más fuentes que nos suministren las materias primas necesarias para fabricar vacunas ARNm, los precios bajarán.

En futuros brotes mediremos el tiempo que transcurrirá entre el primer caso y la primera vacuna no en años ni en meses, sino en semanas. Y la tecnología del ARNm será con casi toda seguridad la que nos permita hacer esto posible.

Si las vacunas ARNm son la nueva chica guay que acaba de llegar al barrio, las vacunas de vectores virales son también igual de estupendas, pero no llaman tanto la atención porque su familia se mudó unos cuanto años antes.

Al igual que sucedió con el ARNm, los vectores virales se llevaban investigando desde hacía años, pero con esta técnica solo recientemente se han producido vacunas que se pueden administrar a personas. Funciona introduciendo en nuestro organismo la proteína S u otra proteína diana que el sistema inmunitario debe reconocer como algo extraño. El mecanismo para introducirla es una versión de otro virus (como el que causa el resfriado común) que ha sido modificado para que sea inofensivo para los seres humanos; este virus, el portador de la proteína superficial para la cual el sistema inmunitario aprenderá a fabricar anticuerpos, es lo que se conoce como vector.

A quien le hayan administrado una vacuna fabricada por Johnson & Johnson o por Oxford y AstraZeneca, o la de Covishield fabricada por el Instituto del Suero de la India, habrá recibido una dosis de vector viral. Aunque es más complicado fabricar la proteí-

Varios tipos de vacunas contra la COVID-19

Fabricantes	Vacuna	Tipo de vacuna	Fecha de autorización de uso de emergencia de la OMS	Dosis estimadas distribuidas a finales de 2021
Pfizer, BioNTech	COMIRNATY	ARNm	31 dic 2020	**2.600 millones**
Universidad de Oxford, AstraZeneca	VAXZEVRIA	Vector viral	15 feb 2021	**940 millones**
Instituto del Suero de la India (Acuerdo de licencia de tecnología con Oxford/AstraZeneca)	Covishield	Vector viral	15 feb 2021	**1.500 millones**
Johnson & Johnson, Janssen Pharmaceutical	J&J	Vector viral	12 mar 2021	**260 millones**
ModernaTX Inc., Instituto Nacional de Alergias y Enfermedades Infecciosas (NIAID)	SPIKEVAX	ARNm	30 abr 2021	**800 millones**
Sinopharm, Instituto de Productos Biológicos de Beijing	Covilo	Virus inactivado	07 may 2021	**2.200 millones**
Sinovac Biotech Ltd.	CoronaVac	Virus inactivado	01 jun 2021	**2.500 millones**
Bharat Biotech	COVAXIN	Virus inactivado	03 nov 2021	**200 millones**
Instituto del Suero de la India (Acuerdo de licencia de tecnología con Novavax)	COVOVAX	Subunidades proteicas	17 dic 2021	**20 millones**
Novavax	Nuvaxovid	Subunidades proteicas	20 dic 2021	**0**
Sanofi	Sanofi	ARNm	Desarrollo paralizado	**0**
Universidad de Queensland, Commonwealth Serum Laboratories (CSL)	UQ/CSL (V451)	Subunidades proteicas	Desarrollo paralizado	**0**
Merck, Institut Pasteur, Themis Bioscience, Universidad de Pittsburgh	Merck (V591)	Vector viral	Desarrollo paralizado	**0**

Fuente: WHO EUL a partir de enero de 2022. Linksbridge Media Monitoring y UNICEF Market Dashboard

na superficial que la de ARNm, estas vacunas se desarrollaron muy rápidamente; las dos primeras vacunas contra la COVID-19 que empleaban vectores virales llegaron al mercado en solo catorce meses, destrozando el anterior récord de esta clase de vacunas. Antes de la pandemia de COVID-19, las únicas vacunas de vectores virales que habían sido autorizadas se utilizaban para combatir el ébola y se tardó cinco años en aprobarlas.

Hay otro tipo de vacunas que son aún más antiguas que las de vectores virales y las ARNm. Se las conoce como vacunas de subunidades proteicas, y quizá el lector haya recibido una para combatir la gripe, la hepatitis B o la infección del virus del papiloma humano (más conocido como VPH). En vez de utilizar el virus entero para activar nuestro sistema inmunitario, estas vacunas introducen solo unas pocas partes clave; por eso en su nombre aparece la palabra «subunidades». Como no usan el virus entero, son más fáciles de producir que las vacunas que usan versiones debilitadas o muertas del virus. No obstante, al igual que estas, las subunidades proteicas no siempre despiertan una respuesta inmunitaria lo bastante potente, así que pueden requerir lo que se llama un adyuvante; una sustancia que dispara las alarmas en tu sistema inmunitario y grita: «¡Eh, ven a echar a un vistazo a esta nueva forma de aquí! Más te vale aprender a atacarla».

Para la COVID-19, la empresa Novavax creó una vacuna de subunidades proteicas con adyuvantes mediante un proceso bastante complejo: modificaron parte de un gen que crea la proteína S de la COVID-19, lo insertaron en otro tipo de virus y luego usaron ese virus para infectar las células de unas polillas (!). En esas células infectadas de polillas crecieron unas proteínas S como las del coronavirus; una vez recogieron estas proteínas S, las mezclaron con un adyuvante derivado del interior de la corteza del quillay, un árbol de Chile (el cual, por increíble que parezca, es uno de los adyuvantes más efectivos del mundo), y eso se introdujo en una vacuna. A quien le hayan administrado Nuvaxovid o COVOVAX, ha recibido una vacuna de subunidades proteicas.

A pesar de que soy optimista con respecto a estas tecnologías, debo hacer una advertencia: «Lo hemos hecho bien, pero también hemos tenido suerte». Como ya se habían producido dos brotes previos de coronavirus (el SARS y el MERS), los científicos ya sabían mucho sobre la forma del virus. Fue fundamental que se hubieran percatado de que su característica proteína S (esa cosa con forma de corona que has visto en docenas de fotografías) podría ser una diana para las vacunas. Cuando llegó el momento de modificar el ARNm para una vacuna contra la COVID-19, ya tenían una idea de cuál debería ser la diana.

La lección que debemos extraer de todo esto es que hay que seguir investigando una gama aún más amplia de virus u otros patógenos conocidos, para que podamos saber lo máximo posible sobre ellos antes de que se produzca el siguiente brote. También deberíamos redoblar los esfuerzos en investigar la amplia gama de terapias que mencioné en el capítulo anterior.

En cualquier caso, por rápido que fabriquemos una nueva vacuna durante un brote, esto no servirá de nada si se tardan años en tramitar su aprobación. Así que echemos un vistazo en detalle a cómo funciona ese proceso de aprobación y cómo podríamos acelerarlo sin sacrificar ni su seguridad ni su efectividad.

Los seres humanos inventaron las vacunas mucho antes de inventar el modo de asegurarse de que estas funcionaban. Se considera que el médico británico Edward Jenner fue el creador de las vacunas modernas, pues demostró a finales del siglo XVIII que si se le inoculaba a un muchacho la viruela bovina (una enfermedad relacionada con la viruela humana que es menos dañina para la salud) también acababa siendo inmune a la viruela humana.* La palabra vacuna procede del nombre del virus de la viruela bovina, *vaccinia,* que a su vez deriva de *vacca,* que en latín significa vaca.

Hacia finales del siglo XIX, alguien podía inmunizarse contra la viruela, la rabia, la peste, el cólera y la fiebre tifoidea. Pero no podía estar seguro de si la vacuna serviría para algo, ni siquiera de si era segura.

El hecho de que este mercado no estuviera regulado tuvo unas consecuencias trágicas. En 1901 una vacuna de la viruela contaminada causó un brote de tétanos en Camden, Nueva Jersey. Ese mismo año un suero contaminado, que supuestamente ofrecía protección ante la infección bacteriana de la difteria, mató a trece niños en San Luis.

Espoleado por la indignación que provocaron estos incidentes, el Congreso de los Estados Unidos se dispuso a regular la calidad de las vacunas y los medicamentos, fundando el Laboratorio Higiénico del Servicio de Salud Pública de los Estados Unidos en 1902. Con el tiempo, la labor de regulación pasó a manos de la Administración de Medicamentos y Alimentos, aunque la responsabilidad de investigar a nivel federal siguió en manos del Laboratorio Higiénico, al cual hoy en día conocemos como los Institutos Nacionales de Salud (INS).

En el capítulo anterior expliqué el proceso mediante el cual se

---

* Como muchos científicos de su época, Jenner mostraba interés por temas muy diversos. Era ornitólogo y también estudió la hibernación de los erizos.

autorizaba un medicamento. Las vacunas siguen un proceso muy similar, así que haré un rápido resumen aquí y destacaré cuáles son las diferencias.

La fase de exploración. De dos a cuatro años de investigación básica en laboratorio diseñada para identificar vacunas prometedoras.

Estudios preclínicos. Un año o dos para evaluar la seguridad de la vacuna prometedora y comprobar si en realidad provoca una respuesta inmunitaria en animales.

Fase I de los ensayos. Una vez logrado el permiso del regulador del gobierno para llevar a cabo ensayos clínicos en seres humanos, se comienza con uno pequeño donde participarán voluntarios adultos; en este sentido, es muy similar a los ensayos con medicamentos. Aunque hay algunas diferencias: normalmente, los ensayos de vacunas contarán con de veinte a cuarenta voluntarios por cada grupo de población, pues es un hecho innegable que cada persona es distinta y su sistema inmunitario responde de un modo diferente. Llegados a este punto, lo único que se desea comprobar es si la vacuna provoca algún efecto adverso, pero para acelerar las cosas, las empresas también pueden intentar combinar las fases I y II del estudio en un solo protocolo (J&J hizo esto con su vacuna contra la COVID-19). Los ensayos de la fase I con moléculas más pequeñas pueden ser mucho más reducidos.

Fase II de los ensayos. Se administra la vacuna prometedora a varios cientos de personas que son representativas de la población a la que se desea llegar y se medirá si es segura, se comprobará si potencia el sistema inmunitario como es debido y se calculará cuál es la dosis adecuada.

Fase III de los ensayos. Se realizarán ensayos aún más amplios, en los que participarán miles o decenas de miles de personas; a una mitad se le dará un placebo, y a la otra, la vacuna más efectiva que esté disponible en ese momento. En la fase III se pretenden hacer dos cosas, y ambas requieren muchos voluntarios procedentes de diversas comunidades donde tiene prevalencia la enfermedad que se intenta detener. Uno de los objetivos es demostrar que la vacuna reduce significativamente la enfermedad cuando se compara con un placebo. En cuanto el ensayo está en marcha, se ha de esperar a tener bastantes casos de gente enferma como para saber si la mayoría de las infecciones se producen entre las personas que recibieron el placebo en vez de entre aquellas que recibieron la vacuna. El otro objetivo de esta fase es identificar los efectos adversos que se den con relativa poca frecuencia, los cuales pueden aparecer en, por ejemplo, una de cada mil personas vacunadas. De esta manera, para tener la posibilidad de detectar diez casos que sufran ese efecto secundario, se necesitarán veinte mil voluntarios: diez mil que recibirán la vacuna y diez mil que recibirán el placebo.

Para estar seguro de que la vacuna funcionará con todas las personas que la necesiten, también se precisará un grupo variopinto de voluntarios de ambos sexos, de comunidades, razas, etnicidades y edades distintas. Stephaun Wallace, epidemiólogo del Fred Hutch de Seattle, es una de las muchas personas en el mundo que están intentando que haya más diversidad entre los posibles voluntarios.

Como hombre de raza negra nacido en Los Ángeles, sabe por experiencia propia que la raza determina en todos los sentidos cómo la sociedad trata a la gente, y el sistema sanitario no es una excepción. Después de mudarse a Atlanta cuando era un veinteañero, creó una organización que prestaba ayuda a los jóvenes negros que vivían con VIH: esa experiencia despertó su interés en las desigualdades en el campo de la salud y lo empujó a hacer algo al respecto.

El trabajo de Wallace en el Fred Hutch se centra, en particular, en mejorar el modo en que se realizan los ensayos clínicos. Sus colegas y él hacen hincapié en que se debe llegar a grupos más diversos de personas; para ello, hay que aprender a comunicarse con esas comunidades y colaborar con sus líderes, establecer unos horarios más flexibles y redactar los documentos en los que se presta el consentimiento con un lenguaje accesible que rehúya la jerga científica.

Wallace estaba trabajando en unos ensayos con unas prometedoras vacunas contra el VIH cuando estalló la pandemia y pasó rápidamente a ocuparse de los ensayos de la mayoría de vacunas prometedoras contra la COVID-19 (así como de los de algunos tratamientos). Incluso participó él mismo en uno de los ensayos clínicos, con la esperanza de que eso convenciera a más gente de su misma raza de que las vacunas eran seguras. En consecuencia, más gente de color participó en esos ensayos que en ningún otro en el que Wallace había estado involucrado previamente.

A pesar de que los ensayos con las vacunas tuvieron que acelerarse durante la pandemia de COVID-19 (como sucedió con los ensayos con los medicamentos), los criterios de seguridad y efectividad estándar no cambiaron. Todas las vacunas que la OMS aprobó de urgencia fueron probadas con miles de personas en todo el mundo para ver si eran seguras. De hecho, como las vacunas contra la COVID-19 se han administrado a tantísima gente y se ha vigilado tan estrechamente su seguridad, los científicos cuentan ahora con muchos datos exhaustivos sobre lo seguras que son las diversas vacunas que están en el mercado; incluso para grupos de población como el de las embarazadas, que no suelen tener prioridad en los ensayos clínicos de vacunas porque los bebés pueden sufrir los posibles efectos secundarios.

Otra razón por la que las vacunas contra la COVID-19 se aprobaron tan rápidamente es que las personas responsables de su aprobación trabajaron hasta la extenuación, logrando así que un proceso que puede llevar años solo durara unos meses. Los funcionarios de Washington, D. C., Ginebra, Londres y otras ciudades trabajaron día y noche para examinar los datos de los ensayos de las vacunas y revisar esos centenares de miles de páginas de documentos. Deberíamos tener esto en mente la próxima vez que alguien eche pestes de los burócratas del gobierno. Aquel a quien le administraran una vacuna contra la COVID-19 con rapidez y estuviera seguro de que no iba a hacerle ningún daño grave, debería agradecérselo a muchos héroes olvidados de la FDA que trabajaron largas jornadas alejados de sus familias.

Necesitaremos acelerar los ensayos y las aprobaciones aún más para la próxima vez, los puntos que mencioné en el capítulo 5 para poder preparar los ensayos con antelación (alcanzar un acuerdo sobre los protocolos y preparar la infraestructura para implementarlos, por ejemplo) nos ayudarán tanto con las vacunas como los medicamentos. Además, durante la pandemia de COVID-19, los investigadores y reguladores han aprendido mucho sobre lo seguras que son las vacunas ARNm y de vectores virales, así que serán capaces de usar estos conocimientos para evaluar los productos prometedores incluso con más celeridad en el futuro.

Continuemos con el ejemplo hipotético de brote del capítulo 5. Supongamos que el mundo no ha sido capaz de contenerlo a tiempo y se está expandiendo por el globo, por lo cual tendremos que vacunar a miles de millones de personas. Varias vacunas han logrado superar el proceso de aprobación y revisión y su uso ha sido autorizado en humanos. Ahora debemos resolver toda otra serie de problemas: ¿cómo las fabricamos en cantidades suficientes y distribuimos las dosis para que cumplan su cometido de la mejor forma posible?

Para que podamos hacernos una idea de cuántas dosis más tendremos que hacer: el mundo suele producir entre cinco y seis mil millones de dosis de vacunas cada año; aquí incluimos todas las vacunas infantiles, las de la gripe, las de la polio y demás. Si se produce un brote enorme, tendremos que fabricar casi ocho mil millones de dosis de una nueva vacuna (una por cada persona del mundo), y quizá incluso dieciséis mil millones (si se trata de una vacuna de dos dosis). Y tenemos que hacerlo sin dejar de producir las otras vacunas que siguen salvando vidas. Nuestro objetivo debería ser fabricarlas en seis meses.

Además, el fabricante de vacunas va a enfrentarte a una serie de obstáculos en cada paso del proceso de manufactura:

- En el primer paso (al producir los ingredientes activos que hacen que la vacuna funcione), quizá necesite cultivar células o bacterias, infectarlas con el patógeno que quiere detener y recoger las sustancias que producen para la vacuna. Para hacer esto, necesitará un contenedor llamado biorreactor (que puede ser un tanque de acero reutilizable o una bolsa de plástico de un solo uso), pero tendrá acceso a un número limitado de estos contenedores. En los primeros momentos de la pandemia, varias empresas compraron biorreactores en masa, con la esperanza de que se diera un gran avance a la hora de crear una vacuna cuanto antes. Si no podíamos encontrar papel higiénico en el súper, es fácil saber cómo se sintieron.

- Luego mezclará la vacuna con otras cosas para volverla más efectiva o estable. Si se trata de una vacuna ARNm, necesitará un lípido para proteger el ARNm. Si es de otro tipo, quizá precise lo que se conoce como un adyuvante. Por desgracia, el quillay de Chile es un árbol que escasea, así que si se quiere usar su corteza como adyuvante, tal vez tenga que parar la producción mientras espera pacientemente a que le llegue la cuota que le corresponde. En el futuro tendremos que ser capaces de crear más versiones sintéticas de los adyuvantes para poder incrementar con rapidez la fabricación.

- Por último tendrá que verter las dosis en viales. Para ello, necesitará un equipamiento esterilizado y muy preciso, y los viales deberán cumplir con unas especificaciones muy exigentes, que abarcarán incluso el tipo de cristal y tapón a utilizar. (En cierto momento, durante la pandemia de COVID-19, se temió que se agotara en el mundo la arena de alta calidad que se utilizaba para fabricar este cristal). Habrá que etiquetar los viales según unas normas fijadas por el país en el cual se vaya a vender la vacuna, teniendo en cuenta hasta qué idiomas se podrán usar, y esas normas pueden variar de un sitio a otro.

Durante años se ha debatido en el ámbito de la salud global si obligar a las empresas a renunciar a los derechos de propiedad intelectual es una manera eficaz de lograr que estas produzcan más vacunas o medicamentos. En algunos casos, ello ha contribuido a que estén disponibles medicamentos a bajo precio, como sucede con los tratamientos del VIH que mencioné en el capítulo 5. Esta historia volvió a captar mucha atención en 2021, ya que hubo gente que pidió a la Organización Mundial del Comercio que liberara la propiedad intelectual de las vacunas contra la COVID-19.

El mundo necesitaba, por supuesto, fabricar más vacunas, y hay maneras de lograrlo, las cuales abordaré más adelante en este capítulo. Por desgracia, estas peticiones de liberar la propiedad intelectual llegaron muy tarde para poder solucionar el problema de la falta de suministros. Hay un número limitado de instalaciones y personas en el mundo que pueden producir unas vacunas que cumplan todos los requerimientos nacionales e internacionales de calidad y seguridad. Y como la mayoría de las vacunas se fabrican mediante unos procesos muy específicos, no puedes hacer que en unas instalaciones se pase de producir, por ejemplo, vacunas de vectores virales a vacunas ARNm. Hará falta un nuevo equipamiento y formar a los trabajadores, e incluso entonces se seguirá necesitando la autorización para fabricar el nuevo producto en esas instalaciones.

Supongamos que se ha requerido a las empresas que liberen las fórmulas de las vacunas aprobadas, y que la empresa B quiere producir la vacuna ya aprobada de la empresa A, cumpliendo con todos los estándares debidos. No bastará con que A le dé la fórmula, sino que también necesitará que A le dé información sobre ciertos puntos concretos del proceso de fabricación, sobre los datos de los ensayos clínicos y sobre algunos detalles que ha comentado con los reguladores. Como parte de esta información también afecta a otros productos de A (quizá deseen usar el mismo proceso para crear una vacuna para el cáncer) titubearán a la hora de proporcionarla.

Si de todas formas B sigue adelante y se desvía, aunque solo sea mínimamente, del proceso de manufacturación de A, tendrá que superar unos nuevos ensayos clínicos, con lo cual no se cumplirá el propósito por el cual A le facilitó la fórmula en un primer momento. Al final, las dos empresas lanzarán dos productos en apariencia similares que pueden tener unos grados de seguridad y efectividad distintos, lo cual provocará que reine la confusión sobre las vacunas en un momento en que lo que todo el mundo necesita es claridad. La empresa B tiene la ventaja de que no puede ser demandada por la A, pero aparte de eso, poco más se ha sacado en claro.

Es más, fabricar una vacuna suele ser más complicado que producir un medicamento. Recordemos que muchos medicamentos se fabrican mediante unos procesos químicos que están bien definidos y son mensurables. Pero muchas vacunas no funcionan de ese modo. Producirlas a menudo requiere usar organismos vivos; cualquier cosa, desde bacterias hasta huevos de gallina.

Los seres vivos no actúan exactamente de la misma manera cada vez, lo cual quiere decir que, aunque se siga el mismo proceso dos veces, quizá no se obtenga el mismo producto en ambas ocasiones y, por tanto, cuesta mucho más saber si la versión genérica es igual que la original en todo lo importante. ¡El proceso que hay que seguir para producir una vacuna suele tener miles de pasos! Incluso a un fabricante de vacunas muy experimentado le cuesta mucho replicar el proceso que sigue otra empresa y tendrá más probabilidades de éxito si obtiene ayuda técnica por parte de los productores originales.

Por eso tenemos medicamentos genéricos y no vacunas genéricas. Aunque la situación podría cambiar en el futuro, sobre todo cuando la tecnología de las vacunas ARNm alcance la mayoría de edad, ahora mismo no es una posibilidad realista. Haber liberado la propiedad intelectual de las vacunas en 2021 no habría incrementado la producción de vacunas contra la COVID-19 de un modo significativo cuando tanto las necesitábamos.

Las decisiones claves que determinaron la rapidez con la que habría un suministro suficiente de vacunas para el mundo entero se tomaron en 2020. En la primera mitad de ese año, varias organizaciones (incluida la CEPI, Gavi, los gobiernos nacionales y la Fundación Gates) colaboraron con muchas de las empresas del ecosistema de las vacunas para tomar una serie de medidas que maximizarían el número de vacunas producidas. La decisión que se tomó no consistía simplemente en liberar la propiedad intelectual y pedir a los fabricantes que se ocuparan de diseñar sus propias fábricas y ensayos, sino que cooperaran y compartieran toda la información (incluidos los diseños de las fábricas y los métodos para verificar la calidad de las vacunas) y aunaran esfuerzos con los reguladores. Hasta 2020, tales acuerdos eran raros de ver, pero dado que necesitábamos producir muchas vacunas rápida y urgentemente, era el mejor camino para conseguir que más fábricas las produjeran sin correr el riesgo de que luego hubiera problemas en cuanto a su aprobación por el regulador o su calidad.

A esto se llama acuerdo de licencia de tecnología. En esta clase de acuerdos, una empresa con una vacuna viable accede a colaborar con otra para que esta última fabrique esa vacuna en sus propias instalaciones. No solo comparten la fórmula, sino también los conocimientos sobre cómo usarla, así como personal, datos y muestras biológicas. Sería como comprar un libro de cocina de David Chang y que luego este se presentara en nuestra casa, con los ingredientes, para explicarnos su receta de cómo hacer ramen mientras seguimos sus instrucciones.

Son acuerdos muy complejos, pues hay que decidir cómo se dividen los costes y el tiempo que se va a necesitar para la transferencia de recursos y conocimientos, negociar las licencias necesarias y fijar unas condiciones que sean aceptables por ambas partes. Hay muchos obstáculos que desincentivan la colaboración entre ambas empresas: sería como si Ford invitase a Honda a usar sus fábricas para producir Accords.

Pero cuando funcionan, estos acuerdos son extraordinarios: fueron estos acuerdos de licencia de tecnología (y no un decreto del gobierno para liberar la propiedad intelectual) los que permitieron que el Instituto del Suero de la India produjera mil millones de dosis de vacunas contra la COVID-19 a muy bajo coste en un tiempo récord.

Antes de la pandemia de COVID-19, casi todas las vacunas destinadas a países de rentas bajas y medias habían sido creadas no mediante acuerdos de licencia de tecnología, sino por fábricas de bajo coste que recibieron fondos donados de un modo altruista para que llevaran a cabo parte del desarrollo ellas mismas. Pero durante la pandemia se sellaron más acuerdos de este tipo que nunca. En menos de dos años, un solo fabricante, AstraZeneca, firmó acuerdos de licencia de tecnología con veinticinco fábricas de quince países. (Recordemos que AZ también aceptó renunciar a los beneficios que obtendría de su vacuna contra la COVID-19). Novavax también firmó uno con el Instituto del Suero de la India, o ISI (lo cual llevó a la creación de una vacuna que ahora se utiliza en muchos países), y Johnson & Johnson firmó otro con la empresa india Biological E. Limited y la firma sudafricana Aspen Pharmacare. En total, gracias a estos acuerdos de licencia de tecnología, se produjeron cientos de millones de dosis adicionales de vacunas contra la COVID-19. Y en el futuro, tales acuerdos se podrán sellar incluso con más rapidez si las empresas siguen manteniendo estas relaciones empresariales, de tal modo que no tengan que empezar de cero durante el próximo brote.

También tengo la esperanza de que ese sea otro problema que las vacunas ARNm ayuden a resolver. Muchos de los métodos convencionales de fabricar vacunas son bastante inescrutables, lo cual quiere decir que hay muchos flecos que cerrar a la hora de sellar un acuerdo de licencia de tecnología. Pero como el método que se sigue en las de ARNm es básicamente el mismo (se cambia el ARNm antiguo por otro nuevo para asegurarse de que el lípido está hecho de un modo correcto), debería ser mucho más fácil transferir esos conocimientos de una empresa a otra. También hay nuevas tecnologías modulares en desarrollo que, si llegan a buen puerto, harán que sea más barato y fácil construir y gestionar las fábricas. Esto las haría más flexibles y capaces de adaptarse, en la medida de lo necesario, para producir diferentes tipos de vacunas.

Por último, hay un par de pasos más que ciertos organismos internacionales como la OMS y la CEPI pueden dar. La OMS debería estandarizar el etiquetado de los viales, para que las empresas no tengan que fabricar un montón de etiquetas distintas para la misma vacuna. La CEPI y otros organismos deberían comprar por adelantado la materia prima para producir vacunas y viales, y distribuirla después a los fabricantes con las vacunas más prometedoras. La CEPI hizo esto con los viales de cristal durante la pandemia de COVID-19, por si acaso las empresas no habían adquirido los necesarios por sí mismas, asegurándose así que habría suficientes en reserva.

Las vacunas contra la COVID-19 reducen significativamente el riesgo de muerte y de padecer la enfermedad de un modo severo, pero la rapidez con la que podamos vacunarnos depende en gran parte de que vivamos en un país rico, en uno de rentas medias o en uno pobre. En 2021, más de la mitad de la población mundial recibió al menos una dosis de una vacuna contra la COVID-19. En los países de rentas bajas, solo lo recibió el 7 por ciento; y lo que es aún peor, en los países ricos, gente joven y sana, que tiene pocas probabilidades de enfermar o morir de COVID-19, fue vacunada antes que los ancianos y los trabajadores esenciales de los países más pobres, que corrían un riesgo mucho mayor.

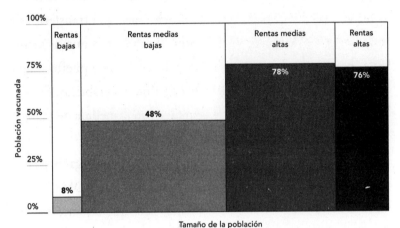

Desigualdad vacunal. En octubre de 2021, las personas que vivían en los países más ricos tenían tasas de vacunación contra la COVID-19 mucho más altas que las personas que vivían en los países de rentas bajas (Our World In Data).

En teoría podríamos reducir esas desigualdades repartiendo de una manera más justa las dosis que tenemos a mano. Es cierto que los países ricos se comprometieron a compartir más de mil millones de dosis con los países más pobres durante la pandemia de COVID-19 y no han cumplido ni de lejos; no obstante, aunque lo hubieran hecho, no habría habido bastantes para cubrir la demanda. Además compartir dosis no es una solución a largo plazo; hay pocas razones para pensar que los países ricos se vayan a mostrar más dispuestos a compartirlas en el futuro. ¿Cuántos políticos les dirán a los jóvenes votantes que no se les puede vacunar porque las dosis se van a otro país, en un momento en que los colegios siguen cerrados y la gente sigue muriendo?

Por eso pienso que, en vez de centrarnos principalmente en el reparto de las vacunas, lo más realista sería centrarnos en fabricar más dosis; tantas que ya no tendríamos que afrontar el grave problema de quién debería quedarse las dosis cuando hay un suministro limitado. En 2021 la Casa Blanca publicó un plan muy inteligente con unos objetivos muy ambiciosos: desarrollar, probar, manufacturar y distribuir una vacuna segura y efectiva entre todos los habitantes del mundo en un plazo de seis meses desde que una amenaza sea detectada. Si se tratara de una vacuna de dos dosis, esto supondría producir unos dieciséis mil millones de dosis en los seis meses posteriores, aproximadamente, a haber sido identificado el patógeno.

Así que vamos a repasar qué se necesita para fabricar suficientes dosis para el mundo, empezando por echar un vistazo a los precios de las vacunas y los métodos para abaratarlas. Como cuesta tanto desarrollar un nuevo producto, las empresas que inventan nuevas vacunas intentan recuperar su inversión lo más rápido posible vendiendo las dosis al precio más alto que los países ricos se pueden permitir pagar. Aunque su proceso de producción inicial dé como resultado una vacuna que es bastante cara, tienen pocos incentivos para rediseñarla, ya que entonces tendrían que superar otra nueva revisión del regulador.

Para una serie de vacunas, la solución a la que se ha llegado ha sido colaborar con fabricantes de los países en desarrollo para que conciban una nueva vacuna para la misma enfermedad, al mismo tiempo que se asegura así que el coste de fabricación va a ser muy bajo. Esto es mucho más fácil que tener que inventar la vacuna partiendo de cero, puesto que ya se sabe que es posible crearla y se entiende cuál es la respuesta inmunitaria que ha de provocarse.

La vacuna pentavalente (que protege contra cinco enfermedades) es un gran ejemplo. La más usada fue inventada a principios de los 2000, pero solo había un fabricante y, como cada dosis costaba más de 3,50 dólares, era bastante cara para los países de rentas bajas y medias. La Fundación Gates y sus socios colaboraron con dos empresas de vacunas de la India (Bio E. y el ISI, las mismas que hace poco comenzaron a producir vacunas contra la COVID-19) para desarrollar una vacuna pentavalente que fuera asequible en todas partes. Gracias a este esfuerzo, el precio bajó a menos de un dólar por dosis, lo cual hizo subir el nivel de cobertura vacunal de tal modo que ahora más de ochenta millones de niños reciben las tres dosis de la vacuna cada año. Eso supone que se ha multiplicado por dieciséis la cobertura vacunal desde 2005.

Gracias a unos acuerdos similares, se han creado nuevas vacunas para combatir a dos grandes asesinos de niños: los rotavirus y la enfermedad neumocócica (una dolencia respiratoria grave). Tanto el Instituto del Suero como Bharat Biotech, que también está radicada en la India, crearon unas vacunas de rotavirus asequibles que ahora están disponibles para cualquier niño en ese país. También se utilizan en varios países africanos, y ambas empresas están trabajando para lograr que sean incluso más fáciles de administrar en las naciones más pobres del mundo. Y mientras estaba escribiendo este libro, la India anunció que iba a conseguir que la vacuna neumocócica, que hasta entonces solo se distribuía en menos de la mitad del país, llegara al país entero; una decisión que salvará la vida a decenas de miles de niños cada año.

Durante los últimos veinte años, la Fundación Gates ha sido el principal proveedor de fondos para la fabricación de vacunas en los países en desarrollo. Lo que hemos aprendido de esa experiencia es que, para estos países, crear un ecosistema entero de producción de vacunas es un camino largo y duro. Pero se pueden superar los obstáculos.

En primer lugar está el problema de las aprobaciones por parte del regulador. La OMS tiene que aprobar todas las vacunas, como la COVAX, que compran las agencias de la ONU. Si Estados Unidos, la Unión Europea o uno de los otros gobiernos del mundo aprueban primero la vacuna, entonces la revisión por parte de la OMS será relativamente rápida. Si no es así, la revisión de la OMS será mucho más exhaustiva y podría tardar hasta un año (aunque la organización está intentando acelerar el proceso para todas las aprobaciones).

La India y China, que cuentan con sendas industrias robustas de fabricación de vacunas, están trabajando para obtener un sello de calidad que haría que las revisiones de la OMS fueran incluso más rápidas. En cuanto lo tengan, las vacunas y otras innovaciones que se desarrollen en esos países podrán ser utilizadas en el resto del mundo incluso antes que ahora. En África hay grupos regionales trabajando con la OMS y otros socios para mejorar la calidad de la regulación en el continente, y los gobiernos han comenzado a adoptar los estándares internacionales que rigen las vacunas, con el fin de que los fabricantes no tengan que satisfacer diferentes requerimientos en cada país.

Además del proceso de aprobación, hay otro escollo: los fabricantes de vacunas necesitan tener otros productos que fabricar entre un brote y otro, ya que de lo contrario quebrarán. A medida que estén disponibles nuevas vacunas para enfermedades como la malaria, la tuberculosis y el VIH, se incrementará el tamaño general del mercado de las vacunas, por lo cual es posible que haya hueco para productores nuevos. Mientras tanto, los países pueden asumir la parte final del proceso, que consiste en introducir en viales las vacunas hechas en otros lugares y distribuirlas.

A mediados de los 2000, durante un viaje a Vietnam, visité un consultorio médico rural, con la esperanza de comprobar en primera persona cuáles eran los desafíos a los que se debían enfrentar los sanitarios. Como gran defensor y promotor de las vacunas que soy, estaba especialmente interesado en saber con qué dificultades se topaba uno para distribuir una vacuna en lo que la gente a pie de campo llamaba «el último kilómetro»; el viaje desde un almacén hasta un centro médico remoto y, por último, al paciente.

La consulta acababa de recibir un envío de la nueva vacuna contra el rotavirus que mencioné en el capítulo 3, pero había un problema. Para explicar algo, uno de los sanitarios cogió unos cuantos viales e intentó meterlos en una nevera portátil. (Los sanitarios llevan las vacunas en estas neveras cuando salen a ponerlas fuera).

Los nuevos viales no entraban en la nevera.

Puede parecer un detalle insignificante, pero es un gran problema. La mayoría de las vacunas se vuelven ineficaces si no se conservan en frío (normalmente, entre 2 y 8 grados Celsius o, entre 35 y 46 grados Fahrenheit) durante el viaje de la fábrica a su destino final. Si un centro médico no puede mantener fríos los viales, las dosis dejarán de ser eficaces y habrá que tirarlas. (A mantenerlas a la temperatura adecuada durante todo el proceso se le llama «conservar la cadena de frío»).

El fabricante de la vacuna de rotavirus solucionó el problema enseguida al cambiar el tamaño de los viales, pero es un ejemplo muy gráfico de un inconveniente muy importante que presentan las vacunas: llevarlas a todas las partes del mundo donde son necesarias representa un desafío logístico enorme y decisiones aparentemente insignificantes, como qué tamaño debe tener el contenedor, pueden hacer que todo se vaya al traste.

La buena noticia es que tanto el problema de la conservación de la cadena de frío como otros obstáculos que conlleva la distribución de vacunas han sido resueltos en casi todas partes del mundo. Hoy, el 85 por ciento de los niños reciben al menos tres dosis de la vacuna pentavalente que he mencionado antes. Pero llegar hasta el 15 por ciento restante es un reto enorme.

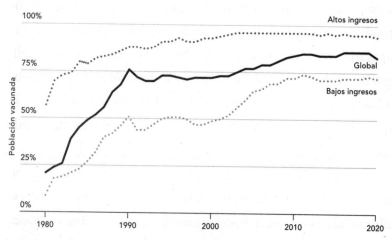

Los índices de vacunación global son más altos que nunca. El porcentaje de niños que han recibido las tres dosis de las vacunas (DTP3) para combatir la difteria, el tétanos y la tosferina ha aumentado sustancialmente desde 1980 (OMS).

Para cerciorarnos de que todo niño recibe las vacunas básicas de las que disfruta gran parte del mundo y para prepararnos para detener los brotes antes de que tengan un alcance global, tenemos que ser capaces de llevar las vacunas a cualquier parte, incluso a los lugares más remotos. Veamos qué se necesita para transportar una vacuna de la fábrica hasta el paciente.

Dependiendo de adónde se dirija el contenedor de las vacunas, puede haber hasta siete estaciones de paso a lo largo de la ruta. El contenedor llega a un país en barco o avión y luego lo trasladan hasta un centro de almacenamiento nacional. De ahí será enviado a un centro de almacenamiento regional; luego, a otro de distrito;

después, a uno de un subdistrito; y, por último, a uno comunitario. A continuación, un sanitario cogerá un paquete de vacunas e irá a zonas remotas, donde vacunará a la gente en sus casas o cerca de ellas.

En cada paso del camino, el contenedor tiene que mantener la temperatura adecuada, no solo en cada centro de almacenamiento, sino también durante el trayecto de una instalación a otra. Puede producirse un corte de luz en cualquiera de las instalaciones, lo que apagaría los congeladores y haría que las vacunas corrieran el peligro de perder su efectividad. La vacuna de ARNm de Pfizer debe almacenarse a menos 70 grados Celsius, o menos 94 Fahrenheit, lo que supone una gran dificultad para los países en desarrollo, donde mantener las vacunas frías ya era un desafío.

Por último, las vacunas llegan a la gente que las necesita únicamente gracias a los sanitarios que recorren con determinación ese último kilómetro. Su trabajo requiere precisión y resistencia física (a menudo tienen que andar muchos kilómetros todos los días cuando hacen sus rondas) y puede ser muy arriesgado. Según cuáles sean las vacunas que estén administrando, quizá tengan que diluir unos polvos en un líquido para preparar cada dosis y además ajustar las proporciones con sumo cuidado. Pueden pincharse con una aguja durante el proceso. Tienen que estar atentos por si aparecen vacunas falsas. Deben llevar un registro donde conste fehacientemente quién ha sido vacunado.

Se está realizando un trabajo fenomenal para resolver estos problemas. Las jeringuillas autodesechables tienen un mecanismo interno de seguridad para evitar que alguien pueda clavárselas por accidente o se usen más de una vez. Estas jeringuillas han salvado literalmente la vida a muchos niños cuando se les ha vacunado contra la tosferina y otras enfermedades, pero durante la pandemia

Una sanitaria en Nepal viaja varios kilómetros al día, a menudo por terrenos muy duros, para vacunar a las personas que viven en lugares remotos.

había tanta demanda de esta clase de jeringuillas para poder administrar las vacunas contra la COVID-19 que incluso llegaron a correr peligro algunos programas de vacunación infantil habituales. Unicef y otras organizaciones intervinieron para conseguir que se fabricaran y distribuyeran más jeringuillas autodesechables.

Los vacunadores en la India están usando unas nuevas neveras portátiles que evitan que las vacunas se congelen si el hielo de la nevera está demasiado frío. Los investigadores también están trabajando en nuevas formulaciones de vacunas que no necesitarían ser conservadas en frío en cada paso del camino. Están reduciendo los costes de envío y aprovechando mejor el espacio de las neveras al hacer que los paquetes sean más pequeños, y están simplificando el proceso para que los sanitarios no tengan que mezclar polvos con líquido *in situ*.

Los códigos de barras impresos en los viales permitirán a los vacunadores usar sus móviles para confirmar que las vacunas son auténticas, al igual que se puede escanear el código QR para ver el menú de un restaurante. Cuando cada vial se escanea, las autoridades sanitarias conocerán exactamente cuántos se han utilizado, por lo cual podrán saber cuándo la clínica se está quedando sin existencias y necesita recibir una nueva remesa. Los métodos avanzados para administrar vacunas, como reemplazar la aguja y la jeringuilla por un parchecito que contiene microagujas (algo que se parezca de forma superficial a un parche de nicotina de esos que se pone la gente para dejar de fumar), podrían lograr que este proceso fuera más seguro para todos y quizá también conseguir que las vacunas resultaran más fáciles de administrar y distribuir.

Seguramente todos hemos leído ya (si no en este libro, en algún otro sitio) que el principal objetivo de las vacunas es evitar la enfermedad severa y la muerte, no la infección en sí misma. Por supuesto, eso no es lo ideal; de hecho, una vacuna perfecta impediría que nos infectáramos, lo cual marcaría la diferencia a la hora de cortar la transmisión del virus, ya que nadie que estuviera vacunado podría contagiar el patógeno a los demás. La vacuna del sarampión es un buen ejemplo: después de dos dosis, nos da un 97 por ciento de protección contra la infección.

Conseguir que otras vacunas lleguen a ese nivel es un objetivo a largo plazo, y una solución especialmente prometedora es la de administrarlas de formas distintas, en diferentes partes del cuerpo. Pensemos en cómo se contrae la COVID-19: el virus entra en el organismo a través de las fosas nasales y las vías respiratorias, donde se pega a las mucosas. Pero si nos inyectan una vacuna en el hombro, no se genera mucha inmunidad en las células de las mucosas. Para lograr eso, será mejor contar con unas vacunas que se inhalen como un espray nasal o que se puedan beber.

Los seres humanos contamos con anticuerpos especializados para las superficies húmedas de la nariz, la garganta, los pulmones y el tracto gastrointestinal. Estos anticuerpos también pueden pegarse a más formas de virus que los que tenemos en la sangre, lo cual quiere decir que son unos cazadores de virus más eficientes. (En un artículo académico que he leído, pero que aún no ha sido publicado, se sugiere la idea de que, en ratones al menos, estas células podrían conferir una protección diez veces más potente).

En el futuro, tal vez podamos inhalar o beber una vacuna que dote de inmunidad al interior de nuestro organismo e impida que muramos o desarrollemos una enfermedad grave y, a la vez, otorgue inmunidad también a las superficies mucosas, lo cual nos protegería y reduciría las posibilidades de que transmitamos un virus al respirar, toser o estornudar. Cuando a Larry Brilliant y otros científicos se les pidió que concibieran una vacuna imaginaria para el virus hipotético descrito en la película *Contagio,* escogieron el espray nasal porque, tal y como escribieron después: «Sería más fácil de producir en todo el mundo, así como de distribuir y administrar».

Además de estos nuevos métodos de administrar vacunas, también deberíamos plantearnos otra posibilidad: la de los medicamentos que bloquean la infección y se pueden combinar con las vacunas. El medicamento proporcionaría una protección a corto plazo frente a cualquier infección y la vacuna actuaría como apoyo, dotándonos de una protección a largo plazo ante la enfermedad severa. El medicamento se usaría cuando la enfermedad se estuviera propagando especialmente rápido, pero si no funcionase o no lo tomáramos lo bastante a menudo, la vacuna aún seguiría protegiéndonos para evitar que acabásemos en el hospital.

La tecnología detrás de estos medicamentos todavía está dando sus primeros pasos, pero si perfeccionásemos el proceso hasta tal punto que pudieran ser desarrollados con celeridad (tal y como se hace ahora con las vacunas ARNm) y ser administrados mediante un espray nasal o una pastilla, serían una herramienta estupenda para mantener un brote en un nivel bajo.

Y si fueran lo suficientemente baratos y duraderos (si cada dosis solo costara unos pocos céntimos y durase treinta días o más), sería lógico usarlos para bloquear el avance de las infecciones respiratorias estacionales. Todo niño en edad escolar podría recibir una dosis al principio de cada mes. Incluso se podrían crear puestos de vacunación por donde la gente pasaría cada pocas semanas para inhalar otra dosis.

Se están haciendo unos avances fascinantes en este campo con los inhibidores. La empresa Vaxart, por ejemplo, ha presentado datos muy prometedores sobre un inhibidor oral para la gripe y está trabajando en otro para la COVID-19. Aun así, y a pesar de que sería un avance descomunal para combatir tanto enfermedades nuevas como ya existentes, en líneas generales esta vía no está recibiendo la atención suficiente. Los gobiernos y las empresas tienen que invertir más en este campo, centrándose en particular en lograr que los inhibidores sean asequibles y prácticos tanto en los países de rentas bajas como en los ricos.

De todas formas, ninguna de estas herramientas servirá de nada si la gente se niega a usarlas. Siempre que hablo con alguien sobre inhibidores o vacunas, ya sea un científico, un político o un periodista, hay algo que ronda por la cabeza de todos: el rechazo a las vacunas. Me imagino que algún día también nos tendremos que enfrentar al rechazo a los inhibidores.

Los investigadores que estudian el rechazo a las vacunas tienen algunas ideas al respecto. La primera es que no hay una sola razón que lo explique. El miedo y las sospechas que despiertan son factores que deben tenerse en cuenta, sin duda, pero también hay otros: como hasta qué punto la gente confía en el gobierno y en qué medida puede recabar información precisa y a tiempo. Muchos estadounidenses de raza negra, por ejemplo, no se fían en general del gobierno en cuestiones de salud, y es comprensible. Durante cuarenta años el Servicio de Salud Pública llevó a cabo el infame Estudio Tuskegee; un experimento espantoso en el cual se investigaron las secuelas de la sífilis en cientos de hombres de raza negra, sin decirles cuál era el verdadero diagnóstico e incluso sin tratarles la enfermedad, a pesar de que once años después de iniciarse el estudio ya había un tratamiento disponible.

También hay factores socioeconómicos que no tienen nada que ver con el miedo, la desconfianza o la desinformación; por ejemplo, si se es capaz de acudir o no a un centro de vacunación. Muchas personas no pueden ir a un centro médico que está a kilómetros de distancia porque no cuentan con un medio de transporte. O quizá no se pueden permitir el lujo de no ir a trabajar o no tienen a nadie con quien dejar a sus hijos. También hay que tener en cuenta que si una mujer tiene que recorrer una larga distancia sola para ponerse la vacuna, puede correr peligro.

Con el paso de los años he aprendido que no se persuade a los indecisos simplemente dándoles más datos. No los podemos traer a nuestro terreno, sino que tenemos que ir al suyo (tanto figurada como literalmente).

Eso significa que las vacunas tienen que ser asequibles o gratuitas, y estar disponibles en un sitio cercano en un momento en que las personas puedan acudir a vacunarse. Quizá ayude que vean a políticos y famosos vacunarse. Y, por encima de todo, tienen que

escuchar la verdad de boca de fuentes fiables, como líderes religiosos y sanitarios de su zona a los que ya conozcan.

En Zambia, cualquiera que busque una información fiable puede sintonizar el dial 99.1 de la FM. Una vez a la semana la hermana
Astridah Banda, monja católica y trabajadora social, presenta el
«Programa de Concienciación de la COVID-19», una tertulia
donde sus invitados y ella hablan de temas de salud (centrándose
principalmente en todo lo relativo a evitar los contagios por
COVID-19) y responden a las llamadas de los oyentes. La hermana Astridah no es médica, pero sí defiende con pasión la sanidad
pública. Cuando la pandemia de COVID-19 llegó a Zambia, se
dio cuenta de que la mayoría de los boletines de salud pública estaban escritos en inglés. Y aunque este es un idioma oficial en
Zambia, como mucha gente solo habla uno de los idiomas locales
del país, esta información no les llegaba. Así que contactó con la
Radio Comunitaria Yatsani y les pidió que emitieran un programa
en el que ella pudiera traducir los boletines a los idiomas locales y

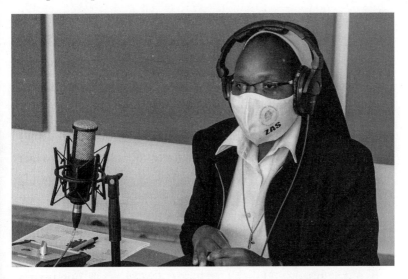

La hermana Astridah Banda, monja y trabajadora social que informa
sobre la COVID-19 en la Radio Comunitaria Yatsani en Lusaka, Zambia.

compartir otra información sobre el virus. Su programa ahora tiene más de un millón y medio de oyentes.

En cualquier brote, el mundo necesitas muchas hermanas Astridah, así como muchas otras cosas. Para que aumente el índice de vacunación se precisa que aumenten la oferta y la demanda; se necesita tener las vacunas suficientes y que la gente quiera vacunarse. Como ya he planteado en este capítulo, las innovaciones políticas y tecnológicas nos ayudarán a fabricar las vacunas suficientes para todo el mundo, así como a suministrarlas. Cerciorarnos de que la demanda también esté ahí será igual de importante.

Este capítulo se puede resumir en dos puntos claves. Primero: por muy horrible que sea la pandemia de COVID-19, el mundo tiene la suerte de haber podido crear unas vacunas a la velocidad que se ha hecho. Segundo: solo hemos arañado la superficie de lo buenas que pueden ser las vacunas. Como no podemos dar por hecho que vayamos a tener tanta suerte la próxima vez (y como también nos brindan la gran oportunidad de salvar vidas incluso cuando no hay una amenaza de pandemia), el mundo debería establecer un plan ambicioso para lograr que las vacunas sean incluso mejores.

Considero que hay seis puntos en los que deberíamos concentrar prioritariamente nuestros esfuerzos de financiación e investigación:

- **Las vacunas deberían ser universales.** Gracias a la llegada de las vacunas ARNm, debería ser posible crear inyecciones que tengan como diana diversas variantes del mismo patógeno, o incluso múltiples patógenos. De este modo podríamos tener vacunas que nos protegieran de los coronavirus, la gripe y del virus respiratorio conocido como VSR; y, con algo de suerte, incluso podríamos erradicar las tres familias de virus.

- **Y de una sola dosis.** Uno de los grandes problemas que ha planteado la vacunación contra la COVID-19 ha sido la necesidad de administrar múltiples dosis. Si bien solo es una molestia para la gente que puede acceder a un centro médico o una farmacia con facilidad, que no tiene que preocuparse de quién va a cuidar a sus hijos y que puede ausentarse del trabajo unas horas, para otros es un obstáculo insalvable. Las nuevas formulaciones de las vacunas nos darían la misma protección con una sola dosis que ahora con dos; teniendo en cuenta el trabajo que ya se está desarrollando en ese aspecto, creo que es un objetivo alcanzable a medio plazo. Una vacuna ideal nos protegería toda la vida en vez de requerir una dosis de recuerdo anual; las investigaciones sobre el sistema inmunitario deberían permitirnos averiguar cómo se puede proporcionar una protección tan duradera.

- **Deberían ofrecer una protección total.** Las mejores vacunas contra la COVID-19 disponibles (en el momento en que escribo estas líneas) rebajan el riesgo de infección pero no lo eliminan. Si pudiéramos fabricar vacunas que ofrecieran una protección total, conseguiríamos impedir la propagación de la enfermedad de una manera sustancial; las infecciones posvacunación serían cosa del pasado. Debemos generar más protección en las mucosas, incluso en la nariz y en la boca.

- **Las neveras ya no deberían hacer falta.** Sería mucho más fácil distribuir las vacunas, sobre todo en los países en desarrollo, si no hubiera que mantenerlas frías todo el tiempo. Los investigadores llevan trabajando para solucionar este problema desde 2003, al menos, y seguimos sin haber dado con una solución definitiva. Si lo consiguiéramos, sería un avance revolucionario en el campo de la distribución de las vacunas en los países pobres.

- **Cualquiera debería poder administrarlas.** Las vacunas y los medicamentos inhibidores se podrían tomar en formato pastilla o inhalar con un espray nasal, por lo cual serían mucho más fáciles de administrar que los que tienen que ser inyectados. Y los parches de microagujas sobre los que he escrito antes dejarían obsoletas las agujas y jeringuillas. Podríamos coger uno en el supermercado y vacunarnos solos, sin la ayuda de un sanitario que tuviera que pincharnos en el brazo, e incluso tal vez no necesitaran ser conservados en frío. Los investigadores ya están haciendo pruebas con prototipos que permiten administrar la vacuna del sarampión y, aunque se está avanzando rápido en este campo, necesitamos invertir más tiempo y esfuerzo para que puedan estar listos para su comercialización, que sea posible producirlos en grandes cantidades y que la tecnología de los parches sea una base que nos permita combatir otras enfermedades.

- **Habría que aumentar el volumen de producción.** Para que todos estos avances tengan algún impacto, no bastará con desarrollarlos y aprobarlos. También necesitamos fabricarlos de un modo masivo (el suficiente para abastecer el mundo entero) en un plazo de seis meses. Para hacer eso, necesitaremos tener la capacidad de producirlos por todo el mundo, incluso en las regiones más castigadas por la enfermedad. Y tendremos que ser muy imaginativos para lograr que toda esta infraestructura nueva sea rentable incluso cuando no nos aceche la amenaza de una pandemia.

7

Practicar, practicar y practicar

En julio de 2015 *The New Yorker* publicó un artículo del que se habló mucho por toda la Costa Oeste de Estados Unidos. Vivo justo a las afueras de Seattle y recuerdo que estaba enviando el artículo por email a unos amigos cuando llegó a mi bandeja de entrada reenviado por otros amigos. Ese verano fue un tema recurrente durante las cenas.

El titular del artículo era: «El Grande de verdad: un terremoto destruirá una parte importante del noroeste de la costa. La cuestión es saber cuándo». La autora, la periodista Kathryn Schulz, que ganó el premio Pulitzer por este trabajo, explicaba que una enorme extensión de la costa (desde Canadá, pasando por los estados de Washington y Oregón, hasta llegar al norte de California) reposa cerca de lo que se conoce como la zona de subducción de Cascadia. Cascadia es una falla de cientos de kilómetros de longitud situada bajo el Pacífico, donde dos placas tectónicas se unen, deslizándose una de ellas por debajo de la otra.

Las zonas de subducción son inestables por naturaleza y tienden a provocar terremotos. Los sismólogos calculan que los terremotos masivos ocurren a lo largo de la zona de Cascadia cada 243 años de media, y que el último tuvo lugar alrededor de 1700.

Aunque lo de los 243 años de media es objeto de debate, y tal vez transcurra más tiempo entre un terremoto de Cascadia y otro, lo cierto es que cuando los que vivimos aquí leímos el artículo, ninguno pudimos ignorar el hecho de que el último seísmo de Cascadia sucedió hace más de 315 años.

El artículo citaba unas predicciones horrendas: un terremoto de Cascadia y su tsunami subsiguiente podrían matar a cerca de trece mil personas, herir a veintisiete mil más y obligar a un millón a abandonar sus hogares. Y las cifras podrían ser mucho peores si el terremoto ocurría durante el verano, cuando los turistas abarrotan las playas de la Costa Oeste.

Para comprobar hasta qué punto el noroeste del Pacífico está preparado para el Grande de verdad, el gobierno federal supervisa periódicamente una serie de ejercicios a gran escala conocidos como «Cascadia se alza». En el ejercicio de 2016 participaron miles de personas de docenas de agencias gubernamentales, del ejército, de entidades sin ánimo de lucro y empresas. *A posteriori* se publicó un informe muy extenso donde se detallaban los resultados y se hacía referencia a una serie de lecciones que se habían aprendido durante estos ejercicios realizados en el mundo real. Entre otras cosas, el informe señalaba: «Para responder a una catástrofe de esta índole se requiere actuar de un modo básicamente distinto al que hemos actuado antes... Se requerirá implementar unas acciones de un nivel colosal...». Está previsto que se lleve a cabo otro ejercicio de «Cascadia se alza» en verano de 2022.

Ojalá pudiera afirmar que «Cascadia se alza» ha logrado que se realicen unos grandes cambios y que el noroeste del Pacífico está ahora lo más preparado posible para un seísmo catastrófico. Desgraciadamente, ese no es el caso. En primer lugar, porque remodelar todos o casi todos los edificios de la región para que pasen a

ser unas construcciones a prueba de seísmos sería prohibitiva-
mente caro.

No obstante, merece la pena seguir haciendo estos ejercicios. Al
menos, el gobierno intenta que la gente se centre en el problema.

Tendemos a usar las palabras «simulacro» y «ejercicio» como si
fueran sinónimas, pero en el campo de la preparación para desastres no significan lo mismo.

Un simulacro consiste en poner a prueba una parte de un sistema; por ejemplo, para saber si la alarma de incendios de nuestro
edificio funciona y si todo el mundo sabe o no cómo salir de ahí
con rapidez.

Si subimos un peldaño en la escala de complejidad, nos encontramos con el ejercicio de simulación teórico, donde se debate alrededor de una mesa para identificar y solucionar problemas. Más
complejo aún es el ejercicio funcional, donde se simula un desastre
para comprobar lo bien que funciona el sistema entero, pero sin
desplazar gente ni equipamiento.

Por último, están los ejercicios a gran escala, como el de «Cascadia se alza». Estos se diseñan para que sean lo más parecido a la
realidad; incluso participan actores que fingen estar enfermos o
heridos y se usan vehículos para trasladar de aquí para allá tanto
a personas como equipamiento.

Durante todo el tiempo que llevo informándome sobre cómo
hay que prevenir las pandemias y prepararse para ellas, me ha sorprendido que no se realicen regularmente una serie de ejercicios
a gran escala diseñados para comprobar si el mundo es capaz de
detectar y responder a un brote. Tal y como señalaba el programa de preparación para la gripe de la OMS en una guía de 2018

para llevar a cabo ejercicios sobre brotes: «Países del mundo entero han realizado un considerable esfuerzo e invertido muchos recursos para desarrollar planes nacionales con el fin de prepararse ante posibles pandemias de gripe y tener la capacidad de reaccionar ante ellas. Sin embargo, para ser efectivos, los planes deben ser puestos a prueba, validados y actualizados periódicamente mediante ejercicios de simulación».

TIPOS DE SIMULACIONES

SIMULACRO	EJERCICIO DE SIMULACIÓN TEÓRICO	EJERCICIO FUNCIONAL	EJERCICIO A GRAN ESCALA
Una parte de un sistema	Discusión sin estrés	Desastre simulado	Lo más parecido posible a la realidad

ALCANCE, COMPLEJIDAD, REALIDAD

A pesar de que se han realizado muchos ejercicios de simulación teóricos y funcionales para afrontar brotes de enfermedades, solo se han llevado a cabo unos pocos a escala nacional que están diseñados para simular un brote de gripe o coronavirus.* El mérito de haber realizado el primero parece que hay que concedérselo a Indonesia, que en 2008 llevó a cabo un ejercicio a gran escala simulando combatir un brote en Bali. Nunca se ha realizado algún ejercicio que abarcara regiones enteras en todo el mundo.

* Los ejercicios para afrontar enfermedades transmitidas por animales no son algo insólito. Por ejemplo, cuatro años después del desastroso brote de fiebre aftosa de 2001, el Reino Unido y cinco países nórdicos llevaron a cabo algunas simulaciones para comprobar si estarían preparados para uno nuevo.

Aunque los detalles a veces son confusos porque los gobiernos clasifican algunos de los resultados como alto secreto (sobre todo en los ejercicios a gran escala), da la sensación de que estas simulaciones históricamente han tenido resultados desiguales. En el lado de los resultados positivos está Vietnam, que ha realizado frecuentes simulaciones con diversos grados de complejidad, ha tomado medidas para resolver los problemas que estas revelaron y se preparó para responder de una manera especialmente buena ante la pandemia de COVID-19.

Pero con frecuencia, en otros países, estos ejercicios acaban siendo una oportunidad perdida.

Por ejemplo, el Reino Unido llevó a cabo un ejercicio llamado Sauce de Invierno en 2007 y otro, Cygnus, en 2016, ambos centrados en los brotes de gripe. Como Cygnus, en particular, puso de relieve los problemas que tenía el gobierno a la hora de prepararse para un brote, se hicieron una serie de recomendaciones que fueron clasificadas como alto secreto y se acabaron ignorando, lo cual provocó un escándalo cuando *The Guardian* reveló todo esto durante el primer año de la pandemia de COVID-19.

Estados Unidos tuvo una experiencia similar en 2019, cuando el gobierno llevó a cabo Contagio Carmesí, una serie de ejercicios diseñados para responder una pregunta: ¿estaba el país listo para hacer frente a un brote de un virus nuevo de la gripe?

Contagio Carmesí fue supervisado por el Departamento de Salud y Servicios Humanos y se implementó en dos fases. La primera consistía en una serie de seminarios y ejercicios de simulación teóricos que se realizaron entre enero y mayo, en los cuales personas de todos los niveles del gobierno, además del sector privado y de organizaciones no gubernamentales, se reunieron para debatir sobre los planes existentes diseñados para responder a un brote.

En la segunda fase pusieron estos planes a prueba en un ejercicio funcional. A lo largo de cuatro días de agosto de 2019, los participantes se enfrentaron a un escenario en el cual unos turistas que estaban de visita en China habían enfermado de una afección respiratoria causada por un virus. Tras haber estado en el aeropuerto de Lhasa y viajar a otras ciudades de China, habían vuelto en avión a sus respectivos países.

El virus era tan contagioso como la cepa de gripe de 1918, y solo ligeramente menos letal. Se extendía rápidamente de un humano a otro y hacía su aparición por primera vez en Estados Unidos en Chicago, desde donde se propagó velozmente a otras ciudades importantes.

Al principio del ejercicio habían pasado cuarenta y siete días desde el primer caso en Estados Unidos. Había una cifra de casos entre moderada y alta a lo largo del sudoeste, el medio oeste y el nordeste. Los modelos predecían que el virus haría enfermar a 110 millones de personas en Estados Unidos, enviaría a más de 7 millones al hospital y mataría a 586.000 estadounidenses.

A lo largo de los cuatro días siguientes, los participantes debatirían sobre ciertos temas que, por aquel entonces, habrían resultado muy extraños a cualquiera que no fuera un experto en cómo se responde a un brote: cuarentenas, equipos de protección personal, medidas de distanciamiento social, cierres de colegios, estrategias de comunicación pública, compra y distribución de vacunas. Hoy, por supuesto, estos términos forman parte de nuestro lenguaje cotidiano.

El ejercicio funcional de Contagio Carmesí tuvo unas dimensiones colosales. Participaron en él 19 departamentos y agencias federales, 12 estados, 15 naciones y pueblos tribales, 74 departamentos de salud locales, 87 hospitales y más de 100 grupos del sector privado. Cuando todo terminó, los participantes se reunieron para hablar sobre cómo había ido el ejercicio. Aunque se dieron cuenta de que unas cuantas cosas habían ido bien, se percataron de que muchas más habían funcionado mal. Voy a mencionar unas pocas, que nos resultarán siniestramente familiares.

En el ejercicio nadie sabía de qué era responsable el gobierno federal ni qué harían las demás autoridades. El Departamento de Salud y Servicios Humanos no tenía una autoridad clara para liderar la respuesta federal. No había dinero suficiente para comprar vacunas (en este escenario, ya había una vacuna disponible para la cepa en cuestión, pero no había sido administrada). Los líderes de los estados no sabían a quién dirigirse para obtener información precisa. Había grandes discrepancias sobre cómo algunos estados planeaban aprovechar unos recursos escasos, como los respiradores, y otros no tenían ningún plan en absoluto.

Algunos de los problemas eran casi cómicamente banales, como algo sacado de la serie de televisión *Veep*. Las agencias federales confundían a los participantes al cambiar de forma impredecible los nombres de las teleconferencias. A veces se usaba un acrónimo ininteligible para dar nombre a la reunión, por lo cual la gente no aparecía. Los gobiernos de los estados, que ya iban cortos de personal, tenían problemas para atender todas las llamadas mientras se ocupaban de la gestión de la respuesta a la pandemia.

Es muy revelador que en un informe oficial del gobierno sobre los resultados de Contagio Carmesí (con fecha de enero de 2020, justo cuando los casos de COVID-19 iban en aumento) solo se refirieran tres veces a las «pruebas de diagnóstico» en cincuenta y nueve páginas. El informe simplemente señala que las pruebas de diagnóstico serán uno más de los muchos suministros que costará obtener en una pandemia. Solo unas semanas después, por supuesto, la incapacidad de Estados Unidos para aumentar de un modo serio la cifra de pruebas realizadas quedaría trágicamente patente. Hay que hacer hincapié en ello: el número de pruebas diagnósticas realizadas en Estados Unidos se ha quedado muy por debajo del de otras naciones, eso ha sido un fracaso y uno de sus mayores errores durante la pandemia.

Contagio Carmesí no fue la primera simulación diseñada para poner a prueba si Estados Unidos estaba preparado para enfrentarse a un brote. Ese honor quizá haya que dárselo al ejercicio de simulación teórico que tenía el siniestro nombre de Invierno Oscuro, el cual se llevó a cabo a lo largo de dos días en junio de 2001 en la base de las Fuerzas Aéreas de Andrews en Washington, D. C.

Sorprendentemente, Invierno Oscuro no lo gestionó el gobierno federal, sino unas organizaciones independientes cuyos líderes estaban cada vez más preocupados por la posibilidad de que tuviera lugar un ataque bioterrorista en Estados Unidos y que querían llamar la atención sobre este problema.

Invierno Oscuro planteaba la posibilidad de que un grupo terrorista liberara el virus de la viruela en Filadelfia, la ciudad de Oklahoma y Atlanta, infectando así a un total de tres mil personas. Menos de dos meses después, la enfermedad se había propagado entre tres millones de personas y había matado a un millón, sin que su fin pareciera estar cerca. Un observador, que estuvo ahí y al que conozco, me comentó que el resultado fue Viruela 1, Humanidad 0.

Más adelante, se realizaron otros ejercicios: Tormenta Atlántica en 2005 (otro ataque con viruela), Clado X en 2018 (un brote de un nuevo virus de la gripe), Evento 201 en 2019 (un brote de un nuevo coronavirus) y una simulación en la Conferencia de Seguridad de Múnich de 2020 (un ataque biológico con un virus de la gripe creado en laboratorio).*

A pesar de que en cada uno de esos ejercicios realizados en Estados Unidos se partía de un escenario distinto, que se gestionó de un modo diferente aplicando un método propio, tenían tres cosas en común. Una es que sus conclusiones son fundamentalmente las mismas (hay muchísimo que mejorar en la capacidad que tienen tanto Estados Unidos como gran parte del mundo de contener los brotes y evitar una pandemia) y proponen diversas formas de realizar esas mejoras.

Lo segundo que tienen en común estos ejercicios es que ninguno de ellos provocó un cambio significativo que hiciera que Estados Unidos estuviera mejor preparado para afrontar un brote. Aunque se realizaron algunos ajustes a nivel federal y estatal, solo tenemos que mirar lo que ha pasado desde diciembre de 2019 para ver que lo que se modificó, fuera lo que fuese, no fue suficiente.

El tercer punto en común es que, con excepción de Contagio Carmesí, todas las simulaciones estadounidenses se realizaron exclusivamente en salas de reuniones y en ninguna de ellas se desplazó gente o equipamiento de verdad de un lugar a otro.

Los ejercicios a gran escala no se llevan a cabo tan a menudo como los de simulación teórica o funcionales por la obvia razón de que son caros, invasivos y requieren mucho tiempo. Además, algunos líderes en materia de salud pública han defendido que la mejor manera de prepararse para una pandemia es hacer simulaciones

---

* La Fundación Gates fue uno de los patrocinadores del ejercicio Evento 201. Algunos teóricos de la conspiración sugirieron que en él se predijo la aparición de la COVID-19. Tal y como dejaron claro los organizadores, no trataban de predecir nada, y así lo dijeron en su momento. Puede leerse una declaración al respecto en centerforhealthsecurity.org.

con brotes más pequeños, pero si hacemos eso, no estaremos preparados para afrontar ciertos problemas que únicamente surgen en una epidemia o pandemia; como que las cadenas de suministro se rompan, las economías se paren y los jefes de Estado se entrometan por razones políticas. También es probable que, hasta 2020, casi todo el mundo pensase que las posibilidades de que se produjera una pandemia mundial eran muy remotas; por tanto, no merecía la pena tomarse la molestia de realizar un ejercicio a gran escala en el mundo real.

Tras dos años sumidos en la pandemia de COVID-19, es más fácil defender que se lleven cabo. El mundo necesita realizar más ejercicios a gran escala que demuestren en qué medida está preparado para el próximo gran brote.

En la mayoría de los países, estos ejercicios pueden ser dirigidos por las instituciones de salud pública, los centros de operaciones de emergencia y los líderes militares, con el equipo GERM que describí en el capítulo 2 actuando como consejero y criticando su labor. En el caso de los países de rentas bajas, el mundo tendrá que aportar recursos para ayudarlos.

Así es como podría funcionar un ejercicio de brote a gran escala. Los organizadores escogerían una ciudad y actuarían como si estuviera sufriendo un brote severo que pudiera propagarse por toda la nación o todo el globo. ¿A qué velocidad se puede desarrollar, fabricar en grandes cantidades y distribuir allá donde se necesite una prueba diagnóstica para detectar el patógeno? ¿Con qué rapidez puede el gobierno facilitar información precisa a los ciudadanos? ¿Cómo implementarán las cuarentenas las autoridades locales sanitarias? ¿Y qué pasará (ahora sabemos que esto puede pasar) si las cadenas de suministro se rompen, los organismos sanitarios locales toman malas decisiones y los líderes políticos se entrometen?

Se establecería un sistema para informar del número de casos y obtener la secuencia genética del patógeno. Se reclutaría a voluntarios con los que probar las intervenciones no farmacológicas, que se irían modificando según cómo se fuera propagando la enfermedad, y así se sabría qué impacto tendrían sobre la economía en una emergencia real.

Y si el patógeno se propagase inicialmente al entrar los seres humanos en contacto con animales, el ejercicio evaluaría la capacidad del gobierno para deshacerse de esos animales.* Supongamos que se trata de una gripe aviar que propagan los pollos: como muchas personas se ganan la vida con ellos, se mostrarían reticentes a matarlos solo porque existiera una pequeña posibilidad de que propagasen una gripe. ¿Acaso el gobierno tendría el dinero necesario para compensarles las pérdidas y un sistema implementado para ello?**

Para que el ejercicio fuera más realista, un software generaría unos eventos inesperados de vez en cuando, que pondrían palos en la rueda del plan para ver cómo reacciona todo el mundo. El software también se usaría para monitorizar la simulación en general y para grabar las actuaciones que se realicen con el fin de poder revisarlas posteriormente.

Además de aconsejar a los países en sus planes de simulación, el equipo GERM mediría el grado de preparación de otros modos; por ejemplo, examinando cómo el sistema sanitario de un país

---

* En noviembre de 2020, el gobierno danés ordenó el sacrificio de 15 millones de visones, pues le preocupaba que una mutación de la COVID-19 pudiera saltar de ellos a los seres humanos.

** Para conocer con más detalle lo que, según los expertos, debería incluir un ejercicio, puede verse el documento de la OMS «Una guía práctica para desarrollar y realizar simulaciones con el fin de poner a prueba y validar los planes para afrontar la pandemia de gripe», disponible en who.int.

detecta las enfermedades no pandémicas y responde ante ellas. Si se trata de un lugar donde la malaria es un problema, ¿cuánto tarda su sistema de salud en detectar los grandes brotes? O cuando se trata de tuberculosis y enfermedades de transmisión sexual, ¿en qué medida es capaz de rastrear los contactos recientes de las personas que han dado positivo? Por sí solos, estos datos no les dirán a los investigadores todo lo que necesitan saber, pero los pondrán sobre la pista de cuáles son las debilidades del sistema que requieren una mayor atención. Los países que hacen una buena labor a la hora de vigilar y gestionar las enfermedades endémicas, así como de informar sobre ellas, están más preparados para responder ante una amenaza pandémica.

El papel más importante que desempeñará el equipo GERM será el de cribar los hallazgos obtenidos tanto en los ejercicios como en otras medidas que se tomen para evaluar si están preparados para un brote o no; tras ver los resultados, dejará constancia por escrito de las recomendaciones (sobre cómo se pueden reforzar las cadenas de suministros, mejorar los métodos para coordinar a los diversos gobiernos y alcanzar acuerdos que mejoren la distribución de las vacunas y otros suministros); por último, intentará presionar a los líderes mundiales para que se adopten medidas en virtud de estos hallazgos. Ya hemos visto lo poco que cambiaron las cosas después de Invierno Oscuro, Contagio Carmesí y las demás simulaciones de brotes. Por desgracia no podemos inventar nada que pueda asegurarnos que los informes realizados tras el ejercicio no vayan a acabar guardados, simplemente, en algún sitio web para ser olvidados. Los líderes políticos y los legisladores tienen que cambiar esto.

Para hacernos una idea de las diferentes partes que pueden tener los ejercicios a gran escala, vamos a echar un vistazo a dos ejemplos de preparación para desastres, empezando con uno relativamente pequeño.

Durante el verano de 2013, el Aeropuerto Internacional de Orlando, Florida, llevó a cabo una simulación en la que sucedía un desastre aéreo horrible. Era un ejercicio diseñado para cumplir con las exigencias del gobierno federal, por las cuales todos los aeropuertos estadounidenses deben efectuar una simulación a gran escala cada tres años. El escenario, según un artículo de la revista *Airport Improvement,* consistía en que un avión que transportaba a noventa y ocho pasajeros y a su tripulación sufría problemas hidráulicos y se estrellaba contra un hotel a kilómetro y medio del aeropuerto.

El ejercicio, en el que participaron seiscientos voluntarios que se hicieron pasar por víctimas, cuatrocientos miembros de los servicios de emergencia y la plantilla de dieciséis hospitales, se desarrolló en unas instalaciones de entrenamiento donde había tres aeronaves y un edificio de cuatro plantas diseñado para que los bomberos hicieran prácticas con fuego real. Las autoridades debían establecer quién estaba al mando. Los miembros de los servicios de emergencia tenían que atender a los pacientes según el protocolo de intervención; tratar a los que pudieran y trasladar a los demás al hospital. La seguridad tenía que mantener a raya a la multitud que se acercaba a curiosear. Había que avisar a los amigos y familiares de las víctimas e informar a los reporteros. Tras el ejercicio, se llegó la conclusión de que era necesario implementar algunas mejoras cuyo coste se aproximaba a los cien mil dólares.

En el otro extremo de la amplia gama de la complejidad podemos hablar de un ejercicio a gran escala que llevaron a cabo las fuerzas militares estadounidenses en agosto de 2021, en el cual, a lo largo de dos semanas, multitud de miembros de la Armada y del Cuerpo de Marines participaron en el ejercicio de entrenamiento naval más colosal de toda una generación. El nombre de este ejercicio, Ejercicio a Gran Escala 2021, se queda muy corto a la hora de definir su colosal alcance. El EGE 2021 no solo simuló que se libraban dos guerras simultáneas con dos potencias mundiales, sino que abarcó diecisiete husos horarios y contó con la participación de más de veinticinco mil militares; además se empleó la realidad virtual para permitir que los participantes se sumaran al ejercicio en remoto y para poner en contacto a unidades de todo el mundo con el fin de que pudieran compartir información en tiempo real.

Los juegos de guerra no se pueden comparar del todo con los «juegos de gérmenes». Al fin y al cabo detener un brote no es lo mismo que librar una guerra. En este caso, los países deberían colaborar y no combatir unos contra otros. Y al contrario de lo que sucede en los ejercicios militares, las simulaciones de brotes también pueden hacer participar a civiles y realizarse a la vista de todo el mundo, por lo cual son algo tan normal como un simulacro de incendio.

Aun así es impresionante lo ambicioso que fue el EGE. Este ejercicio dio la oportunidad de compartir datos y tomar conjunta y rápidamente decisiones informadas a unas organizaciones que estaban desperdigadas por el mundo. Resulta difícil leer sobre esto y no pensar: «Necesitamos algo así para prevenir las pandemias».

Un buen modelo de simulación es el ejercicio a gran escala desarrollado por Vietnam en agosto de 2018, diseñado para ver hasta qué punto el sistema era capaz de identificar un patógeno potencialmente preocupante. A mí me impresionó lo meticuloso que fue.

Cuatro actores fueron contratados para desempeñar el papel de pacientes, familiares y sus contactos, y se les dieron unos guiones con información clave para los miembros del plantel médico (quienes sí sabían que estaban participando en un ejercicio). El Día 1, el actor que interpretaba a un hombre de negocios de cincuenta y cuatro años llegó a urgencias de un hospital del nordeste de la provincia de Quang Ninh, quejándose de tener tos seca, fatiga, dolor muscular y dificultad para respirar. Tras interrogarlo a fondo, el doctor descubrió que había viajado recientemente a Oriente Próximo, donde podía haber contraído el virus MERS; por esta razón, y a la vista de sus síntomas, se decidió su ingreso y aislamiento en el hospital.

En unos minutos, la noticia de que había un caso preocupante ascendió por la cadena de mando; enseguida los miembros de un equipo de respuesta rápida llegaron al hospital y al domicilio de aquel hombre. A los actores se les tomaron muestras faríngeas, que fueron luego sustituidas por unas muestras a las que habían añadido el virus que provoca el MERS. Aunque las muestras no se llevaron realmente a un laboratorio, los organizadores esperaron un tiempo, el que se habría tardado en transportarlas, y a continuación se las dieron a un equipo de laboratorio para que llevara a cabo las pruebas de verdad e identificara de manera correcta los casos positivos de MERS.

El ejercicio tuvo también sus fallos (los organizadores se percataron de unas cuantas deficiencias), pero lo sorprendente habría sido que no tuviera ninguno. Lo que hay destacar es que se identificaron las deficiencias y, lo que es aún más importante, se corrigieron.

Este ejercicio a gran escala fue pequeño, comparado con los que el mundo necesita que se realicen a nivel nacional y regional, pero contaba con muchos de los componentes necesarios. Si ejercicios como este fueran realizados por más países y en más regiones, lograríamos evitar un error clásico: el de prepararnos para la última guerra.

Sería tentador dar por sentado que el próximo gran patógeno será tan transmisible y letal como la COVID-19 y tan susceptible a los ataques de inventos como las vacunas ARNm. Pero ¿y si no lo es? No hay ninguna razón biológica por la que el próximo patógeno no pudiera ser mucho más letal. Podría infectar sigilosamente a millones de personas antes de que una sola empiece a sentirse enferma. Nuestros organismos podrían ser incapaces de vencerlo con anticuerpos neutralizantes. Con los juegos de gérmenes seremos capaces de examinar una amplia gama de escenarios y patógenos que podrían surgir en el próximo brote.

Como el riesgo de que estalle una pandemia es mayor que el de que lo haga una guerra sin cuartel, deberíamos llevar a cabo ejercicios globales del tamaño del EGE que el equipo GERM organizaría al menos una vez por década. Cada región debería realizar otro ejercicio importante en la misma década, aconsejadas por el GERM, y los países tendrían que hacer simulaciones más pequeñas con sus vecinos.

Hay una razón que nos permite albergar la esperanza de que los informes que se realizarán a partir de los ejercicios futuros no serán ignorados: que la experiencia es la madre de la ciencia. En los primeros días de esta pandemia, muchos expertos pensaron que los países que habían sufrido el brote de SARS en 2003 estaban mejor preparados para esta pandemia. En teoría, como habían sufrido en sus propias carnes aquel brote, estaban preparados (política, social y psicológicamente) para hacer lo necesario para protegerse. Y la teoría se confirmó. Entre los lugares que fueron golpeados más duramente en 2003 se encontraban la China continental, Hong Kong, Taiwán, Canadá, Singapur, Vietnam y Tailandia. Cuando la COVID-19 emergió, la mayoría de estos lugares reaccionaron de una manera veloz y contundente, logrando limitar la cifra de casos de COVID-19 durante más de un año.

Tal vez Contagio Carmesí, Invierno Oscuro y el resto no tuvieron un mayor impacto porque los escenarios que planteaban parecían ser muy improbables en esa época; al menos para la mayoría de la gente y la mayoría de los políticos. Pero ahora la idea de que un virus se extienda por el mundo, matando a millones de personas y causando billones de dólares en daños, es una posibilidad muy real para todos nosotros. Deberíamos tomarnos el brote de una enfermedad tan en serio, al menos, como nos tomamos los terremotos y los tsunamis. Para evitar que una pandemia como la COVID-19 vuelva a suceder, necesitamos practicar para poder detener antes a los patógenos, saber qué partes del sistema debemos mejorar y, además, estar dispuestos a cambiarlas por muy difícil que resulte.

Hasta ahora en este libro me he limitado a escribir sobre patógenos naturales. Pero hay otro escenario aún más inquietante que deben tener en cuenta los ejercicios sobre enfermedades: que un patógeno sea utilizado voluntariamente con el fin de matar o lisiar a un número enorme de personas. Sí, estoy hablando de un ataque bioterrorista.

Hace siglos que se utilizan los virus y bacterias como armas. En 1155, Federico I, emperador del Sacro Imperio Germánico, asedió la ciudad de Tortona (que actualmente pertenece a Italia) y, según se cuenta, envenenó los pozos de agua del lugar al arrojar en ellos unos cadáveres. Más recientemente, en el siglo XVIII, los soldados británicos repartieron mantas, que habían sido usadas por pacientes afectados de viruela, entre los nativos americanos. En la década de 1990, los miembros de la secta Aum Shinrikyo soltaron gas sarín en el metro de Tokio, matando a trece personas, y, supuestamente, lanzaron toxinas botulínicas y ántrax en cuatro ocasiones sin provocar ninguna muerte. Y en 2001 se realizaron una serie de ataques con ántrax a través del servicio de correos de Estados Unidos que causaron cinco muertos.

Hoy en día, el patógeno natural que sería el arma más temible es, sin lugar a dudas, la viruela. Es la única enfermedad humana que ha sido erradicada, aunque aún se guardan algunas muestras en laboratorios gubernamentales de Estados Unidos y Rusia (y quizá también de otros países).

Lo que hace que la viruela sea especialmente aterradora es que se propaga con rapidez por el aire y tiene un índice de mortalidad muy alto, ya que mata a alrededor de una tercera parte de las personas infectadas. Y como gran parte de los programas de vacunación de esta enfermedad se cancelaron tras su erradicación en 1980, casi nadie es inmune ya a ella. Estados Unidos sí cuenta con unas reservas de vacunas de la viruela lo bastante importantes como para proteger a todos los habitantes del país, pero como ya hemos visto con las vacunas contra la COVID-19, distribuir las dosis no sería un asunto sencillo (sobre todo cuando la gente entra en pánico por culpa del ataque) y no está nada claro cómo se podría proteger al resto del mundo.

El riesgo de que esto se produzca se debe en parte a la caída de la Unión Soviética. Como mi amigo Nathan Myhrvold señala en su artículo académico «Terrorismo estratégico», a pesar de que la guerra biológica se prohibió en 1975 por medio de un tratado internacional, la Unión Soviética siguió adelante con su programa hasta los años noventa: «Produciendo así miles de toneladas de ántrax, viruela y otras armas biológicas mucho más exóticas basadas en virus modificados genéticamente».

Al problema de que es posible que unos terroristas se hagan con estas armas ya existentes hay que añadir el de que la ciencia que hay detrás de la modificación de patógenos ya no es un campo exclusivo de científicos muy formados que trabajan en programas secretos del gobierno. Gracias a los avances en biología molecular de las últimas décadas, los estudiantes de cientos de universidades del mundo entero pueden aprender todo lo que necesitan saber para crear un arma biológica. Además, en algunas revistas científicas se ha publicado información que un terrorista podría utilizar para crear un nuevo patógeno, lo cual ha generado mucho debate sobre cómo habría que compartir algunos conocimientos obtenidos en ciertas investigaciones de un modo que no fuera peligroso.

Aunque aún no hemos presenciado ningún ataque en masa en el que se haya usado un arma biológica, no es algo impensable, desde luego. De hecho, durante la Guerra Fría hubo laboratorios soviéticos y estadounidenses que produjeron un ántrax alterado genéticamente que era resistente a los antibióticos y esquivaba todas las vacunas. Una nación Estado o incluso un pequeño grupo terrorista que desarrollase una viruela resistente a los tratamientos y las vacunas sería capaz de matar a más de mil millones de personas.

Se podría diseñar un nuevo patógeno que fuera altamente transmisible y letal, pero que no causara síntomas en un primer momento. Tal patógeno se propagaría sigilosamente alrededor del mundo, tal vez durante años, sin despertar ninguna sospecha. El VIH, que evolucionó de forma natural, funciona de este modo; aunque las personas pueden infectar a otras con mucha rapidez después de contraerlo, su salud quizá no se resienta durante casi una década, lo que permite que el virus permanezca indetectable mientras el infectado lo contagia a otros durante años. Un patógeno que actuara de esta manera pero no necesitara de un contacto tan íntimo para propagarse, como hace el VIH, sería mucho peor que la pandemia del sida.

«Para ponerlo en perspectiva», escribe Nathan, «un solo ataque que provocase cien mil víctimas mataría a más gente de la que se ha asesinado en conjunto en todos los actos violentos cometidos por todos los grupos terroristas a lo largo de la historia. Para igualarlo, se necesitaría que entre mil y diez mil terroristas suicidas volaran por los aires». Son estas catástrofes tan enormes (esta clase de eventos que pueden matar a cientos de miles, millones o incluso miles de millones de personas) las que deberían recibir mucha más atención de la que reciben.

Aunque soy una persona optimista con tendencia natural a centrarse en las soluciones, incluso yo debo admitir que resulta difícil redactar una lista de medidas que parezcan adecuadas ante la amenaza del bioterrorismo. Al contrario de lo que sucede con un patógeno natural, una enfermedad creada intencionalmente puede ser diseñada para sortear las herramientas con las que nos protegemos.

Todo lo que tenemos que hacer para prepararnos para un ataque deliberado es lo mismo que debemos hacer para prepararnos para uno natural, pero corregido y aumentado. Los ejercicios de brotes pueden centrarse en los escenarios de ataque y poner a prueba en qué medida estamos listos o no. Mejorar los tratamientos y las vacunas es importante, con independencia de cuál sea el origen del patógeno. Unas mejores pruebas de diagnóstico que nos den un resultado en treinta segundos serían mucho más prácticas a la hora de saber si alguien está contagiado o no en un aeropuerto o un evento público, donde sería más probable que viéramos cómo se propaga un patógeno diseñado en el laboratorio y, por supuesto, también serían extremadamente útiles para el día a día. La secuenciación masiva del genoma de los patógenos nos ayudará tanto en un brote de gripe normal como durante un ataque. Y si nunca se produjera dicho ataque, nos alegraríamos de tener todas estas herramientas a nuestra disposición.

También debemos tomar ciertas medidas que están diseñadas específicamente para lidiar con los ataques deliberados. Tengo la esperanza de que en los aeropuertos y en otros grandes lugares donde se concentre mucha gente contaremos con artilugios que detectarán patógenos en el aire y las aguas residuales, pero esa tecnología no estará disponible hasta dentro de unos años. El gobierno de Estados Unidos intentó llevar a cabo esto mismo a una escala mucho más grande en 2003, con un programa llamado BioWatch, en virtud del cual se instalaron unos artilugios diseñados para detectar en el aire el ántrax, la viruela y otros patógenos en diversas ciudades a lo largo y ancho del país.

Aunque BioWatch todavía funciona en veintidós estados, se considera en gran medida que fue un fracaso. Entre otros fallos, depende de que el viento sople exactamente en la dirección correcta y tarda hasta treinta y seis horas en confirmar un patógeno. A veces, los detectores fallan por la razón más simple: porque se desconectan.

Con independencia de si esas máquinas que huelen el aire tienen futuro o no, la posibilidad de que se produzca un ataque bioterrorista es otra de las razones por las que el mundo debería invertir mucho más dinero y esfuerzo en investigación para detectar, tratar y prevenir enfermedades que puedan tener un alcance global. Como un ataque tendría serias consecuencias para la seguridad nacional y es posible que las víctimas pudieran contarse por millones, esa investigación debería estar financiada aún más por los presupuestos de defensa. El presupuesto del Pentágono es, aproximadamente, de setecientos mil mil millones de dólares al año, mientras que el de los Institutos Nacionales de Salud es de cuarenta y tres mil millones al año. En cuestión de recursos, el Departamento de Defensa opera a otro nivel totalmente distinto.

Aunque soy optimista, pues pienso que la ciencia nos facilitará herramientas mejores para detener los brotes sea cual sea su origen, los gobiernos también deberían tener en cuenta un método de defensa que no puede ser más rudimentario tecnológicamente hablando: ofrecer recompensas. Hay precedentes al respecto: los gobiernos suelen prometer dinero a la gente a cambio de información que lleve al arresto de criminales y terroristas. Si tenemos en cuenta el enorme daño que se puede hacer hoy en día con un bioataque, los gobiernos deberían estar dispuestos a pagar bastante a los confidentes que contribuyan a frustrarlos.

Con independencia de cuál sea el plan definitivo para combatir el bioterrorismo, tendremos que sobrevivir a los vientos cambiantes de la política. A principios de los años ochenta, mientras dirigía el CDC, Bill Foege colaboró con el FBI en un programa para detectar y actuar contra el bioterrorismo. El programa incluía simulaciones de ataques con diferentes enfermedades, para ver cómo se desarrollarían esos ataques, así como para concebir un plan de defensa ante cada enfermedad. Como el sucesor de Foege estaba convencido de que un ataque de esa índole nunca sucedería, cerró el programa. Si Estados Unidos y el resto del mundo realizan una gran inversión en los juegos de gérmenes y consiguen llamar la atención de la gente, será mucho más difícil que un solo cargo político pueda poner trabas a estas medidas que protegen a la ciudadanía.

8

Cerrar la brecha sanitaria que separa a países ricos y pobres

En general, la respuesta que ha dado el mundo a la COVID-19 ha sido excepcional. En diciembre de 2019, nadie había oído hablar de la enfermedad. En dieciocho meses se habían desarrollado múltiples vacunas, se había demostrado que eran seguras y efectivas, se habían distribuido y se habían administrado a más de tres mil millones de personas; es decir, casi el 40 por ciento de la población de la Tierra. Los seres humanos nunca habían reaccionado de un modo tan veloz o tan efectivo ante una enfermedad global. En un año y medio hemos conseguido algo que normalmente se tarda en lograr media década o más.

A pesar de estas cifras tan fenomenales, ha habido y sigue habiendo unas desigualdades alarmantes.

Para empezar, la pandemia no ha afectado a todo el mundo de la misma manera. Como el lector quizá recuerde, en el capítulo 4 hablé de que, en Estados Unidos, los niños negros y latinos de tercero de primaria van el doble de atrasados en clase que los estudiantes blancos y asiáticos. En Estados Unidos, en todos los grupos de edad, las personas negras y latinas, así como los nativos americanos, tienen el doble de probabilidades de morir de COVID-19 que las personas blancas.

El impacto general de la pandemia ha sido más duro en los países de rentas bajas y medias. En 2020 empujó a la pobreza extrema a casi cien millones de personas en todo el mundo, lo que supuso un incremento de alrededor de un 15 por ciento; era la primera vez que esta cifra se había incrementado en décadas. Y se espera que en 2022 solo un tercio de las economías de países de rentas bajas y medias recuperen el nivel de ingresos anterior a la pandemia, mientras que prácticamente todas las economías avanzadas lo hagan.

Como suele suceder, las personas que más sufren en este mundo han sido las que menos ayuda han recibido. Los habitantes de los países pobres han tenido menos posibilidades de ser sometidos a pruebas diagnósticas o tratamientos contra la COVID-19 que los de los países ricos. Y con las vacunas las diferencias son aún más exageradas.

En enero de 2021, cuando las vacunas contra la COVID-19 ya se estaban distribuyendo, el director general de la OMS inició una reunión del consejo evaluando la situación con pesimismo. «Ya se han administrado más de 39 millones de dosis de vacunas en al menos 49 países de rentas altas», dijo el doctor Tedros Adhanom Ghebreyesus. «Solo 25 dosis se han administrado en un país de rentas bajas. Ni 25 millones ni 25.000, solo 25».

Para mayo de ese año, esta desigualdad sobre la que había advertido Tedros ocupó las primeras planas de la prensa. «La pandemia se ha dividido en dos», rezaba un titular de *The New York Times*. «En algunas ciudades, no se produce ninguna muerte. En otras, miles. La brecha que separa a unos países de otros sigue ampliándose mientras las vacunas van para los más ricos». Un funcionario de la OMS denunció que la desigualdad era «moralmente indignante».

Hubo infinidad de ejemplos al respecto. Hacia finales de marzo de 2021, el 18 por ciento de los estadounidenses ya estaban totalmente vacunados, mientras que solo se podía decir lo mismo del 0,67 por ciento de los indios y del 0,44 por ciento de los sudafricanos. Para finales de julio, las cifras se habían elevado hasta el 50 por ciento en Estados Unidos, pero solo habían aumentado hasta el 7 por ciento en la India y no habían llegado al 6 por ciento en Sudáfrica. Lo peor de todo es que se estaba vacunando a gente de los países ricos que tenía muy bajo riesgo de enfermar gravemente antes que a personas de países más pobres que corrían un riesgo mucho más alto.

Para muchos observadores, estos datos eran exasperantes y escandalosos. ¿Cómo era posible que el mundo contara con miles de millones de dosis de unas vacunas que salvaban vidas y las distribuyera de un modo tan desigual? Hubo manifestaciones, y los políticos dieron discursos emotivos y prometieron donar dosis.

Sin embargo, en el mundo de la salud global, entre las personas que trabajaban en este ámbito, la reacción fue muy distinta. Estaban furiosas por las injusticias que había generado la COVID-19, por supuesto. Pero sabían que esta pandemia no era algo que sucediera en un vacío. Estaba lejos de ser la única desigualdad en materia de salud global; de hecho, la COVID-19 ni siquiera es una enfermedad en la que se manifestara de forma peor la desigualdad en este campo.

Tengamos en cuenta que, para finales de 2021, la COVID-19 había causado un exceso de muertes de más de diecisiete millones.

Es imposible no sentirse horrorizado por esta cifra. Pero comparémosla con las muertes que se han producido en los países en desarrollo a lo largo de la última década:* veinticuatro millones de

---

* De 2010 a 2019, el año más reciente del que hay datos disponibles cuando este libro va a ir a imprenta.

mujeres y bebés murieron antes, durante o poco después del alumbramiento. Las enfermedades intestinales mataron a diecinueve millones de personas. El VIH mató a casi once millones de personas, y la malaria, a más de siete millones, casi todos ellos niños y embarazadas. Y esto solo en los últimos diez años; estas enfermedades llevan matando gente desde mucho antes y no desaparecerán cuando lo haga la pandemia. Atacan año tras año y, al contrario que la COVID-19, no son una prioridad para el mundo.

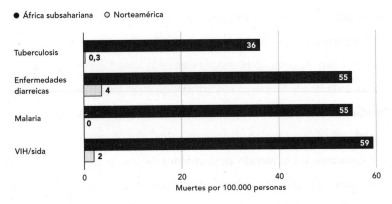

● África subsahariana　O Norteamérica

La brecha sanitaria. Muchas personas mueren en el África subsahariana por enfermedades que rara vez matan a personas en Norteamérica. (Instituto para la Medición y Evaluación de la Salud).

La gran mayoría de las personas que mueren por culpa de estas dolencias viven en países de rentas medias y bajas. Dónde vives y cuánto dinero tienes determina (en gran medida) tus posibilidades de morir joven o de crecer hasta llegar a ser un adulto hecho y derecho.

Algunas de estas afecciones existen principalmente en países tropicales de rentas bajas, y esa es la razón por la que suelen ser ignoradas por gran parte del mundo. Durante la pasada década, la malaria mató a cuatro millones de niños en el África subsahariana, pero a menos de cien personas en Estados Unidos.

Una niña nacida en Nigeria tiene veintiocho veces más posibilidades de morir antes de cumplir cinco años que una niña nacida en Estados Unidos.

Hoy en día, un niño nacido en Estados Unidos puede tener una esperanza de vida de setenta y nueve años, pero uno nacido en Sierra Leona tiene una esperanza de vida de solo sesenta años.*

Dicho de otro modo, las desigualdades en materia de salud no son algo excepcional. Creo que muchas personas de los países ricos se escandalizaron ante la desigual respuesta que dio el mundo a la pandemia de COVID-19, pero no porque se tratara de algo fuera de lo normal, sino porque las desigualdades en el campo de la salud no son tan visibles el resto del tiempo. Gracias a la COVID-19 (una enfermedad que el mundo entero estaba sufriendo), todos pudieron ver que los recursos se reparten de una forma muy desigual.

Con esto no pretendo deprimirnos ni señalar con el dedo a las personas que no han dedicado sus vidas a luchar por la salud global, sino resaltar que todos estos problemas requieren que se les preste más atención. El hecho de que la mayoría de la gente que sufre estas enfermedades viva en países de rentas bajas y medias no hace que estas sean menos horribles.

Mi padre tenía una manera muy hermosa de destacar la dimensión moral de este fenómeno. Hace años, en un discurso para la Conferencia Metodista Unida, lo expresó de esta forma: «Las personas que padecen malaria son seres humanos. No son peones con los que defender nuestra seguridad nacional. No son mercados

---

* Las desigualdades en materia de salud no solo se dan entre países, sino también dentro de los mismos. En Estados Unidos, las mujeres de raza negra tienen tres veces más posibilidades de morir en el parto que las mujeres blancas.

para nuestras exportaciones. No son aliados en la guerra contra el terrorismo. Son seres humanos que tienen una valía infinita de por sí, con independencia de nosotros y nuestras circunstancias. Tienen madres que los quieren e hijos que los necesitan y amigos que los aprecian; y debemos ayudarlos».

No podría estar más de acuerdo. Cuando Melinda y yo creamos la Fundación Gates hace dos décadas, decidimos que nos íbamos a centrar principalmente en conseguir recursos para reducir esta desigualdad hasta que, al fin, pudiéramos librarnos de ella.

Los argumentos morales no sirven para convencer del todo a los gobiernos de los países más ricos de que deben invertir el dinero suficiente para reducir o eliminar enfermedades que no matan a sus propios ciudadanos. Afortunadamente, también hay argumentos prácticos que defienden eso mismo con más fuerza si cabe; entre ellos, la idea de que una mejor salud global hace que el mundo sea más estable y mejora las relaciones internacionales. Yo llevo años defendiendo eso, y ahora, en la era de la COVID-19, contamos con la ventaja de que las inversiones en medicinas nuevas y en los sistemas de salud nos ayudarán a detener las pandemias antes de que engullan el mundo.

Casi todo lo que deberíamos hacer para combatir las enfermedades infecciosas como la malaria es también tremendamente útil para luchar contra futuras pandemias y viceversa. No se trata de una elección excluyente, en la cual debamos decidir si invertir dinero en la prevención de las pandemias o en programas de enfermedades infecciosas. No solo podemos hacer ambas cosas, sino que deberíamos hacer las dos, porque una refuerza a la otra.

Revisemos los avances que ha hecho el mundo en el campo de la salud global, y lo que ha hecho ese avance posible. Por malas que sean las desigualdades que he mencionado antes, hoy son más pequeñas que en cualquier otro momento de la historia; en lo que a medidas básicas de salud se refiere, progresamos en la dirección adecuada. La historia de cómo se ha avanzado tanto es muy emocionante y tiene mucho que ver con la capacidad del mundo de prevenir las pandemias.

Podría citar docenas de estadísticas para demostrar en qué medida las desigualdades en materia de salud se han reducido con el paso de los años. Pero voy a centrarme en una sola: la mortalidad infantil.

Desde un punto de vista clínico, hay una buena razón para usar la mortalidad infantil como baremo de la salud mundial. Mejorar las probabilidades de supervivencia de los niños requiere tomar algunas medidas como dar una mejor atención obstétrica a las embarazadas, facilitar el acceso a las vacunas infantiles, ofrecer una educación de mejor calidad a las mujeres y fomentar el acceso a una dieta mejor. Cuando el número de niños que sobreviven aumenta, es una señal de que un país está haciendo estas cosas mejor.

Pero hay otra razón para usar esta estadística: cuando se evalúa el tema de la salud desde el punto de vista de la mortalidad infantil, es imposible no darse cuenta del enorme desafío que representa. Pensar en la muerte de un niño resulta devastador. Como padre, no me puedo imaginar nada peor y daría mi vida por proteger a mis hijos. Por cada niño salvado, hay una familia que no tiene que sufrir la peor tragedia imaginable.

Así que echemos un vistazo a cómo lo está haciendo el mundo con respecto a este baremo tan fundamental que nos permite evaluar el estado de la humanidad.

En 1960, casi el 19 por ciento de los niños morían antes de cumplir cinco años. Pensemos en ello un momento: *en el mundo, prácticamente, uno de cada cinco niños no llegaba a celebrar su quinto cumpleaños.* Y las desigualdades eran enormes: en Norteamérica la cifra era del 3 por ciento, mientras que en Asia era del 21 por ciento, y en África, del 27 por ciento. Alguien que viviera en África y tuviera cuatro hijos, seguramente tendría que enterrar a uno de ellos.

Treinta años después, en 1990, la mortalidad infantil mundial había bajado a la mitad, justo por debajo del 10 por ciento. En Asia estaba por debajo del 9 por ciento. África tuvo una mejora similar, aunque no tan espectacular.

Ahora saltemos otras tres décadas, a 2019, el último año del que hay datos disponibles. Ese año menos del 4 por ciento de los niños del mundo murieron antes de alcanzar los cinco años. No obstante, en África fueron casi el doble.

Sé que son muchas cifras. Para recordarlo más fácilmente, quedémonos con estos números: 20, 10 y 5. En 1960, el 20 por ciento de los niños del mundo morían. En 1990 era el 10 por ciento. Hoy es menos del 5 por ciento. El mundo sigue reduciendo a la mitad la mortalidad infantil cada treinta años y vamos camino de conseguirlo de nuevo mucho antes de 2050.

Este es uno de los grandes logros de la historia de la humanidad, una historia que todo estudiante de instituto debería saberse de memoria. Si solo podemos acordarnos de un dato que ilustre la evolución de la salud del ser humano a lo largo de, más o menos, el último medio siglo pasado, recordemos estos números: 20, 10 y 5.

Aun así, un 5 por ciento sigue siendo una cifra intolerablemente alta. Supone la muerte de más de cinco millones de niños al año. Si se toma el dato aislado, evitar cinco millones de muertes parece una tarea imposible, pero al contemplar la cifra en su contexto, al comprender lo mucho que ha avanzado el mundo, eso se convierte en un reto y una inspiración que nos anima a hacerlo todavía mejor. Al menos a mí me animó. Es la meta en la que concentro principalmente mis esfuerzos desde que pasé a trabajar a tiempo completo en la Fundación Gates.

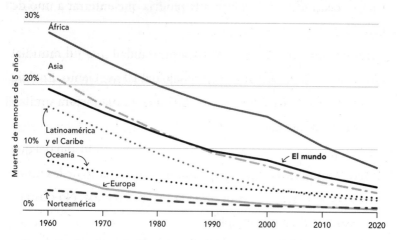

Hoy en día sobreviven más niños que en ningún otro momento de la historia. En 1960 casi el 20 por ciento de los niños que nacían no llegaban a cumplir cinco años. Hoy ese número está por debajo del 5 por ciento (ONU).

A lo largo de los años he dado bastantes discursos sobre la historia del 20, 10 y 5 y he visto bastantes comentarios en Twitter y Facebook como para saber cuál es la pregunta que inevitablemente hay que hacerse a continuación: ¿salvar a esos niños no fomentará la superpoblación?

Es una preocupación lógica. Parece de sentido común que si sobreviven más niños, la población mundial se incrementará con más rapidez. De hecho, este problema también me solía preocupar.

Pero me equivocaba. La respuesta es, rotundamente y sin lugar a dudas, no; un menor índice de mortalidad infantil no fomenta la superpoblación.

La mejor explicación de por qué esto es cierto me la dio mi amigo Hans Rosling. A Hans lo conocí cuando dio su inolvidable charla TED en 2006 titulada «Las mejores estadísticas que jamás has visto».* Hans había pasado décadas trabajando en el ámbito de la sanidad pública, centrándose sobre todo en los países pobres, y en su charla habló sobre algunos datos sorprendentes que demostraban cómo los índices de salud estaban mejorando en todo el mundo.

En su momento conocí a Hans en persona y pasé mucho tiempo con él. Admiré el modo tan inteligente y creativo en que mostraba a la gente cómo países con el índice de mortalidad infantil más elevado (lugares como Somalia, el Chad, la República Centroafricana, Sierra Leona, Nigeria y Mali) eran también los países donde las mujeres tenían más hijos.

Cuando el índice de mortalidad infantil baja, también lo hace el tamaño de la familia media. Sucedió en Francia en el siglo XVI, en Alemania a finales del XVII y en el sudeste de Asia y Latinoamérica en la segunda mitad del siglo XX.

Hay varias razones que explican por qué ocurre esto; un factor es que los padres creen que deben tener un número suficiente de hijos para que alguien cuide de ellos cuando sean ancianos. Si hay una probabilidad alta de que algunos de sus hijos no sobrevivan y no lleguen a ser adultos, tomarán la decisión perfectamente racional de tener más niños.

La reducción del tamaño de la familia ha provocado un fenómeno extraordinario: el mundo ha superado recientemente lo que Hans llamaba «el pico infantil»; es decir, que el número de niños menores de cinco años alcanzó su máximo y ha empezado

---

* Puede verse en www.ted.com. Merece mucho la pena.

a descender.* ¿Cuáles son las ventajas de esto? Tal y como explica en su sitio web el Fondo de Población de las Naciones Unidas: «Si hay menos niños por cada hogar, normalmente se invertirá más dinero en cada niño, las mujeres tendrán más libertad para poder trabajar y los progenitores podrán ahorrar más para la vejez. Cuando esto sucede, la mejora en la economía nacional puede ser sustancial».

En conclusión: en materia de salud estamos mejorando en casi todas partes, lo que hace que aumente el bienestar de la humanidad. A pesar de que la desigualdad global en el campo de la salud sigue siendo enorme, empieza a reducirse.

Por muy espectacular que sea esto, solo es el telón de fondo de lo que necesitamos saber ahora. ¿Qué causó esos cambios? ¿Y cómo podemos acelerarlos para que nos ayuden también a prevenir las pandemias?

Intentar explicar un fenómeno global que lleva décadas produciéndose y en el que intervienen miles de millones de personas es una empresa muy arriesgada. Yo estoy tratando este tema en un solo capítulo cuando se han escrito libros enteros sobre aspectos concretos de la reducción de la mortalidad infantil y de los avances que se han realizado para lograr la igualdad mundial en materia de salud. Voy a centrarme en los factores que están más directamente relacionados con el problema de prevenir las pandemias, siendo consciente de que no voy a hablar de muchos otros, entre los que se encuentran los rendimientos agrícolas, el comercio internacional, el crecimiento económico y la difusión de los derechos humanos y la democracia.

---

* La población mundial continuará aumentando un tiempo mientras las mujeres nacidas durante «el pico infantil» crecen y alcanzan sus años fértiles.

No es casualidad que muchas de las herramientas utilizadas para combatir la COVID-19 hundan sus raíces en la salud global. De hecho, prácticamente a cada paso que se da en la lucha contra la COVID-19, hay una herramienta, sistema o equipo esencial que únicamente existe porque el mundo ha invertido en mejorar la salud de los pobres. Las huellas del trabajo realizado en materia de salud a nivel global pueden verse en cómo hemos combatido la COVID-19.

A continuación propongo una lista (aunque solo sea parcial) del modo en que ambas cuestiones se solapan.

Comprender el virus

Al principio de la pandemia, los científicos necesitaban saber a qué se enfrentaban. Para averiguarlo, recurrieron a la secuenciación genética, que es la tecnología que aceleró el desarrollo de las vacunas (al revelar rápidamente cuál era el código genético del virus de la COVID-19) y que hizo posible detectar y monitorizar las variantes a medida que se extendían por el mundo.

No resulta sorprendente que las primeras variantes de COVID-19 no se descubrieran en Estados Unidos, donde se tardó en reunir y secuenciar las muestras del virus; aunque había laboratorios disponibles y capacitados para hacer esto, no se aprovechó este recurso. En el primer año de la pandemia, comparado con otros países, Estados Unidos volaba a ciegas.

Por fortuna, varios países de África (sobre todo Sudáfrica y Nigeria) estaban mejor preparados, ya que durante años habían ido creando una red robusta de laboratorios de secuenciación. Su propósito inicial era ayudar con dolencias que afectan al continente de un modo desproporcionado, como sucede con la polio, pero cuando surgió la COVID-19, estos laboratorios estaban preparados para centrarse en otras enfermedades; como habían sido financiados y apoyados durante años, consiguieron más resultados, y más rápido, que sus homólogos en Estados Unidos. Los laboratorios de Sudáfrica fueron los primeros en descubrir la variante beta de la COVID-19, así como la posterior variante ómicron.

De manera similar, como señalé en el capítulo 3, los modelos informáticos nos han ayudado a saber mucho sobre esta pandemia y tienen que ganar aún más importancia en nuestros esfuerzos para prevenir las pandemias. Pero la idea de usar modelos informáticos para comprender las enfermedades infecciosas no surgió de repente con la COVID-19.

El Instituto para la Medición y Evaluación de la Salud (cuyos modelos informáticos fueron citados ampliamente por la Casa Blanca y los periodistas durante la pandemia) fue creado en 2007 para arrojar luz al mundo sobre las causas de muerte en los países pobres. El Imperial College de Londres creó su centro de modelos informáticos en 2008, con el objetivo de evaluar el riesgo de brotes y la efectividad de las diversas maneras de combatirlos. Ese mismo año, yo fundé el Instituto para la Modelización de Enfermedades y contraté a unas cuantas personas para que trabajaran en él; el instituto se diseñó para ayudar a los investigadores a entender mejor la malaria y para aconsejar sobre cuáles eran los caminos más efectivos para erradicar la polio; y ahora está ayudando a los gobiernos para que comprendan el impacto de diversas políticas contra la COVID-19. El hecho de que estos grupos (y muchos otros como ellos) hayan resultado ser muy útiles para luchar contra la COVID-19 demuestra que invertir en salud global también ayuda a combatir pandemias.

Conseguir suministros que salven vidas

Otro paso crucial que se dio al principio, antes de que hubiera vacunas disponibles, fue el de suministrar equipamiento preventivo (como mascarillas), oxígeno y otros elementos capaces de salvar vidas a la gente que lo necesitaba. Esto no fue fácil para nadie (incluso a Estados Unidos le costó conseguir y distribuir estos elementos en un primer momento) y los países pobres lo tuvieron aún peor. Una de las organizaciones a la que pudieron pedir apoyo fue el Fondo Mundial.

El Fondo Mundial fue creado en 2002 para luchar contra el sida, la tuberculosis y la malaria en países de rentas bajas y medias y ha sido un éxito arrollador. Ahora es la entidad no gubernamental que más fondos aporta en este campo. Hoy en día se asegura de que casi veintidós millones de personas que viven con VIH/sida consigan las medicinas que necesitan para seguir con vida. Cada año distribuye casi ciento noventa millones de redes mosquiteras que evitan la malaria, redes que se cuelgan sobre la cama por la noche para impedir que los mosquitos te piquen mientras duermes. En dos décadas ha salvado unos cuarenta y cuatro millones de vidas. Hace años definí el Fondo Mundial como lo más generoso que han hecho los seres humanos por sus congéneres. Sigo creyendo lo mismo hoy en día.

Para realizar toda esta labor, el Fondo Mundial tuvo que dar con una solución para llegar a la gente necesitada. Implementó una serie de mecanismos financieros para poder recaudar dinero y llevarlo adonde se quería con rapidez. Creó unos sistemas de distribución para repartir medicamentos en algunos de los lugares más remotos del planeta. Estableció unas redes de laboratorios y montó cadenas de suministros.

Cuando el Fondo Mundial decidió movilizar todos sus recursos para combatir la COVID-19, los resultados fueron impresionantes. Recaudó casi cuatro mil millones de dólares para luchar contra la COVID-19 en un solo año y colaboró con más de cien gobiernos y más de una docena de programas que ayudaron a múltiples países. Gracias al fondo, los países fueron capaces de comprar equipos de protección para los sanitarios que trabajaban en primera línea y redoblaron sus esfuerzos en el rastreo de contactos. A pesar de que alrededor de una sexta parte del dinero adicional recaudado por el Fondo Mundial reforzó su lucha contra el VIH, la tuberculosis y la malaria, siguió enfrentándose a grandes reveses: los fallecimientos por tuberculosis, por ejemplo, crecieron en 2020 por primera vez en más de una década.

Crear y probar nuevas vacunas

El desarrollo de la vacuna contra la COVID-19 se basó en gran medida en el trabajo que ya se había hecho para combatir otras enfermedades. Por ejemplo, la tecnología ARNm se había estado desarrollando desde hacía décadas, gracias a la financiación gubernamental, con el fin de luchar contra enfermedades infecciosas y bioterrorismo, y gracias a la financiación privada, con el fin de explorar su potencial como tratamiento contra el cáncer.

Entonces, cuando llegó el momento de probar las vacunas con seres humanos (lo cual suele ser un proceso largo y caro, como recordará el lector por el capítulo 6), los investigadores recurrieron a la Red de Ensayos de Vacunas VIH. Como el propio nombre indica, esta red se fundó para crear una infraestructura que pudiera acelerar los ensayos de vacunas VIH; y este sistema demostró ser crucial para las vacunas contra la COVID-19. Aunque muy pocos ensayos de estas vacunas se desarrollaron en África, la mayoría de los que sí se hicieron allí se apoyaron en la potente infraestructura de ensayos clínicos de Sudáfrica, la cual se había levantado con la financiación destinada a elaborar vacunas VIH. La primera prueba de lo efectivas que iban a ser las vacunas contra la COVID-19 o contra una variante se obtuvo en los ensayos de Sudáfrica.

Comprar y distribuir vacunas

Hace años, alguien creó un meme en el que se afirmaba que si mientras paseaba yo veía un billete de cien dólares en la acera, no me merecería la pena perder el tiempo en agacharme para cogerlo del suelo. Aunque nunca he tenido la oportunidad de comprobar esta teoría, estoy seguro de que no es cierta. ¡Pues claro que cogería ese billete de cien dólares! Primero echaría un vistazo a mi alrededor para ver si localizaba a la persona a la que se le cayó, porque seguramente alguien estaría muy triste por haber perdido esos cien dólares. Y si no viera a nadie, cogería ese dinero y lo enviaría adonde podría hacer un gran bien: a Gavi, la organización de vacunas que mencioné en el capítulo 6.

Aunque parte de su misión consiste en ayudar a los países pobres a comprar vacunas, también hace muchas cosas más. Del mismo modo, ayuda a los países a recopilar datos con los que medir la efectividad de su trabajo y hacer mejoras. Los ayuda a crear cadenas de suministros para que esas vacunas, esas jeringuillas y todos los demás elementos necesarios lleguen a los centros médicos donde hacen falta. Y también ofrece formación para líderes del sector de la salud, con el fin de que puedan gestionar los programas de vacunas de sus países de manera más efectiva y animar a que la gente quiera vacunarse.

Cuando la Fundación Gates ayudó a crear Gavi en 2001 con el fin de lograr que las vacunas estuvieran disponibles para todos los niños del mundo, no previmos el papel que acabaría desempeñando a la hora de combatir una pandemia como la de la COVID-19, pero al echar la vista atrás, ahora parece algo obvio: Gavi fue una inversión fantástica no solo para salvarles la vida a los niños, sino también para lidiar con la COVID-19. Tras haber ayudado a los países pobres a mejorar sus sistemas para distribuir vacunas durante dos décadas, Gavi tenía la experiencia y las capacidades necesarias para ayudar cuando ese desastre global se produjo.

Pero esa no es su única aportación, también es uno de los tres socios que gestiona COVAX, el programa diseñado para llevar las vacunas contra la COVID-19 a los habitantes de los países en desarrollo. Aunque COVAX ha tardado más de lo que nadie esperaba en alcanzar sus metas (por las razones que expliqué en el capítulo 6), hay que reconocerle su mérito en dos cosas muy importantes: ha distribuido mil millones de dosis de unas vacunas que ni siquiera habían estado disponibles un año antes y ha logrado esta hazaña con más rapidez que nunca en una situación similar. (Esto fue mucho más complejo de lo que parece: aunque Gavi y Unicef habían creado muchas infraestructuras para distribuir vacunas, su tarea consiste en inmunizar a niños y, en algunos casos, a adolescentes, por lo cual tuvieron que reestructurar sus sistemas para llegar también a los adultos durante la pandemia de COVID-19).

Los programas de vacunación globales no son los únicos que están obteniendo grandes resultados en la lucha contra la COVID-19. Los países que se centraron en mejorar sus sistemas de inmunización también estaban bien preparados para actuar. Echemos un vistazo a uno de ellos.

Tras independizarse del Reino Unido en 1947, la India emprendió una campaña masiva para eliminar la viruela; un proyecto que requirió mejorar el sistema sanitario, formar a vacunadores, comprar equipamiento que permitiera conservar la cadena de frío, llegar hasta las partes más remotas del país y crear una red de vigilancia para las enfermedades que podían prevenirse con las vacunas. Costó décadas, pero se logró. El último caso de viruela en la India se dio en 1975.

Después, a principios de la década de 1980, la India se centró en otro problema: los bajos índices de vacunación infantil habitual. En aquella época, el porcentaje de niños nacidos en la India que recibía estas vacunas básicas era de un solo dígito. Basándose en los sistemas que se habían diseñado para combatir la viruela, el gobierno se fijó como meta elevar los índices de inmunización de manera significativa. El éxito fue impresionante: los índices de vacunación se dispararon, y el número de casos cayó en picado. En 2000, por ejemplo, el país informó de que había habido más de treinta y ocho mil casos de sarampión y, veinte años más tarde, los casos se habían reducido a menos de seis mil. Cada año, el programa de inmunización de la India administra primeras dosis a más de veintisiete millones de recién nacidos y dosis de refuerzo a más de cien millones de niños de edades comprendidas entre uno y cinco años.

Poner en marcha un programa de inmunización tan robusto fue una inversión fantástica para la India mucho antes de la llegada de la COVID-19 y, cuando apareció el virus, esa inversión volvió a dar buenos resultados. Como tenía ya un sistema implementado, la India pudo contar rápidamente con casi 348.000 centros públicos y 28.000 centros privados para administrar las vacunas contra la COVID-19; entre ellos había muchos en las duras regiones montañosas del norte y el nordeste del país. Para mediados de octubre de 2021, el país había administrado mil millones de dosis de vacunas contra la COVID-19. Y, gracias a unos sistemas que ya estaban implementados, el gobierno creó enseguida una plataforma informática que le permitía rastrear los suministros de vacunas, registrar quién se había vacunado y proporcionar a la gente un certificado digital que demostraba que había sido vacunada.

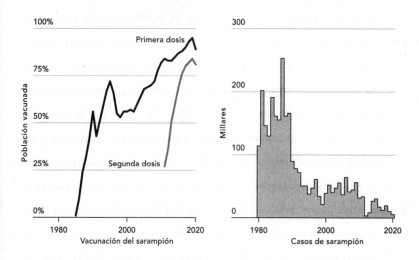

Aplastando el sarampión en la India. Los casos de sarampión cayeron en picado en la India cuando los índices de vacunación se dispararon. La primera dosis de la vacuna llegó a la India a mediados de la década de 1980 y una segunda dosis se añadió años después (OMS).

Para mediados de enero de 2022, un año después de iniciar la vacunación, la India había administrado más de mil seiscientos millones de dosis y más del 70 por ciento de los adultos ya habían recibido dos dosis. Aunque al gobierno todavía le quedaba mucho trabajo por hacer, sobre todo porque aún debía vacunar a más personas menores de dieciocho años, habría sido imposible que el país hubiera logrado alcanzar unas cifras tan altas y con tanta rapidez si no hubiera contado con un programa de inmunización ya implementado.

Engarzar la logística con todo lo anteriormente mencionado

Los países que recientemente habían llevado a cabo grandes campañas contra la polio (Pakistán y la India, por ejemplo) tenían otra ventaja: sus centros de operaciones de emergencia nacionales y regionales. (Quizá recuerde el lector estos centros neurálgicos de salud pública del capítulo 2). Cuando la COVID-19 atacó, estos COE fueron lógicamente el modelo que debía imitarse para coordinar las actividades relacionadas con la COVID-19.

En Pakistán, por ejemplo, las autoridades sanitarias pararon las campañas de vacunación de la polio a principios de 2020, ya que se corría el riesgo de que los vacunadores, al desplazarse de una comunidad a otra, transmitieran el contagio. Sin embargo, en marzo decidieron montar un centro de operaciones de emergencia contra la COVID-19 que tuviera como referencia el de la polio.

En unas pocas semanas, a más de seis mil sanitarios que habían sido formados para detectar los síntomas de la polio se les enseñó también a detectar los síntomas de la COVID-19. Un centro de atención de llamadas que se había montado para recibir informes de posibles casos de polio pasó a hacer lo mismo pero con los casos de COVID-19; cualquiera que se hallara dentro del país podía llamar a un número gratuito para obtener información fiable de un profesional formado. Miembros de la plantilla del COE de la polio fueron trasladados al centro de COVID-19 para llevar un registro del número de casos, coordinar el rastreo de contactos y compartir esta información a nivel gubernamental; todas estas funciones se habían establecido durante la campaña de la polio, la única diferencia era que ahora los mapas, los gráficos y las estadísticas que estaban pegados por todas las paredes informaban sobre casos de COVID-19.

Y gracias a las grandes inversiones realizadas en el sistema sanitario de Pakistán, el gobierno de esa nación estuvo listo para distribuir las vacunas en cuanto estuvieron disponibles. Para finales del verano de 2021, el país estaba vacunando aproximadamente a un millón de personas al día, un porcentaje de su población mayor que el de gran parte de los países de rentas medias y bajas, y para finales de 2021 había duplicado esa cifra, ya que vacunaba a dos millones de personas al día.

Esto me lleva a reflexionar sobre cierta crítica que llevo años oyendo. Intentar erradicar una enfermedad es lo que la gente en este campo llama un enfoque vertical, ya que intenta acabar con una enfermedad totalmente. El enfoque horizontal, por el contrario, es capaz de abordar muchos problemas distintos a la vez. Si se refuerzan los sistemas sanitarios, por ejemplo, puede esperarse una mejora en todo lo relativo a la malaria, la mortalidad infantil, la salud materna, etcétera.

Se critica que los enfoques verticales se realizan a costa de los horizontales, y que los horizontales son, por su propia naturaleza, los más efectivos a la hora de salvar vidas y mejorar la existencia de las personas cuando hay que invertir un dinero y unos recursos limitados.

Sin embargo, yo no estoy de acuerdo con esta crítica. El modo en que las campañas de polio se han transformado para ayudar a combatir la COVID-19 demuestra que los enfoques horizontales y verticales no son un juego de suma cero. Y la COVID-19 no es el único ejemplo: durante el brote de ébola de 2014 en África Occidental, los sanitarios que combatían la polio en Nigeria fueron capaces de ayudar en la lucha contra el ébola. Sin ellos, los casi ciento ochenta millones de ciudadanos del país habrían corrido un riesgo mucho mayor; de hecho, en países sin una infraestructura para erradicar la polio, el brote fue mucho peor.

No se debe reforzar un músculo a costa de debilitar otro. Si se mejora la capacidad del mundo de detectar y luchar contra los brotes (y los más peligrosos son los de enfermedades respiratorias), las inversiones realizadas beneficiarán al sistema de salud por entero. Lo contrario también es cierto: si los sanitarios están bien formados y cuentan con las herramientas necesarias y si todo el mundo recibe unos buenos cuidados, los sistemas sanitarios serán capaces de detener los brotes antes de que se propaguen ampliamente.

En mi trabajo en la fundación, a menudo abogo por incrementar la ayuda en materia de salud a los países en desarrollo. Como la mayoría de la gente no está muy al tanto de ese tema, se sorprende cuando se entera del poco dinero que se invierte.

Sumando todo el dinero que los gobiernos, las fundaciones y otros donantes aportan para ayudar a los países de rentas bajas y medias para mejorar la salud de sus ciudadanos, ¿qué cantidad obtenemos? Hablo de sumarlo todo: el dinero de la COVID-19, la malaria, el VIH/sida, la salud infantil y materna, la salud mental, la obesidad, el cáncer, el tabaquismo, etcétera.

En 2019 la respuesta habría sido cuarenta mil millones al año; esa fue la cantidad anual total de lo que se llama ayuda al desarrollo en materia de salud. En 2020, cuando los gobiernos ricos aumentaron generosamente sus aportaciones para lidiar con la COVID-19, la respuesta fue cincuenta y cinco mil millones. (Mientras escribo esto, la cifra de 2021 todavía no está disponible, pero preveo que será aproximadamente la misma).

Que invertir en la salud mundial cincuenta y cinco mil millones al año nos parezca mucho dinero puede depender del contexto. Viene a ser más o menos el 0,005 por ciento del PIB mundial anual. La gente se gasta casi lo mismo en perfume todos los años.

De esa cifra de cincuenta y cinco mil millones anuales, Estados Unidos aportan alrededor de siete mil novecientos millones al año (más que ningún otro país). Aun así, es menos del 0,2 por ciento del presupuesto del gobierno federal.

Los ciudadanos de los países que aportan dinero en esta materia pueden alegrarse del gran impacto que tiene este gasto. El beneficio que se obtiene por la inversión es tremendo.

¿Recuerda el lector lo del 20, 10, 5 de hace unas cuantas páginas? Eso es lo que se está pagando con este dinero. El primer gráfico de la página siguiente nos muestra el espectacular descenso de muertes infantiles en menores de cinco años desde 1990.

El siguiente gráfico nos muestra cómo se ha avanzado mundialmente, a lo largo de los últimos treinta años, a la hora de combatir las peores causas de mortalidad infantil.

¿Vemos cómo han descendido ampliamente las muertes por diarrea y neumonía? A Gavi hay que atribuirle gran parte del mérito de que se hayan dado estos grandes avances. ¿Vemos cómo los fallecimientos por malaria también han bajado? Eso es gracias al Fondo Mundial y a programas gubernamentales como la Iniciativa de la Malaria del presidente de Estados Unidos.

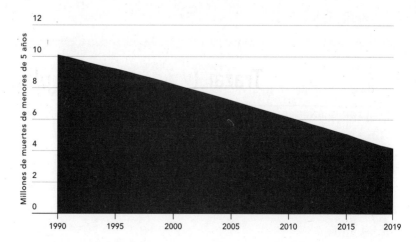

Las muertes infantiles se reducen a la mitad. Uno de los grandes logros del mundo ha sido el increíble avance que se ha hecho a la hora de reducir las muertes infantiles. Aquí puedes ver un descenso significativo de los fallecimientos provocados por enfermedades infecciosas, nutricionales y neonatales. (IHME).

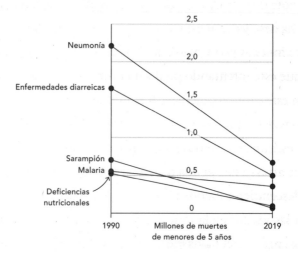

A por las enfermedades infecciosas. Las inversiones de programas como Gavi, el Fondo Mundial y la Iniciativa de la Malaria del presidente de Estados Unidos son la principal causa del descenso de los fallecimientos infantiles (IHME).

Gracias a estos avances históricos a escala global, muchos millones de familias no han tenido que enterrar a un niño. Y, como ahora hemos descubierto, estos esfuerzos nos beneficiarán también en otro sentido: nos ayudarán a prevenir las pandemias.

9

Trazar (y financiar) un plan para prevenir pandemias

Una de las muchas lecciones que hemos aprendido de la COVID-19 es que todos debemos ser muy cautelosos a la hora de vaticinar por dónde va a discurrir una enfermedad. El virus ha desafiado las expectativas y sorprendido a la comunidad científica muchas veces, algo que debería tener muy presente cualquiera que esté intentando predecir el futuro, como estoy haciendo yo en este capítulo, escrito a finales de enero de 2022.

Gracias a lo que saben sobre la enfermedad y sus variantes, muchos científicos creen ahora que para el verano de 2022 el mundo dejará atrás la fase aguda de la pandemia. El número de muertes irá descendiendo globalmente, debido a la protección conferida por las vacunas y la inmunidad natural una vez contraído el virus. Los países con bajos índices de COVID-19 y altos índices de otras enfermedades infecciosas, como la malaria y el VIH, quizá decidan con razón volver a centrar su atención en estas amenazas persistentes.

Pero incluso si eso es lo que acaba sucediendo (y espero que así sea), habrá aún mucho por hacer, porque con toda probabilidad, la COVID-19 se convertirá en una enfermedad endémica. Los habitantes de países de rentas medias y bajas seguirán necesitando tener un mejor acceso a las pruebas diagnósticas y los tratamientos. Los científicos también tendrán que estudiar dos cuestiones claves que marcarán cómo el mundo convivirá con la COVID-19. En primer lugar, ¿qué factores determinan lo inmunes que somos ante él? Cuanto más comprendamos qué determina la inmunidad, más probabilidades tendremos de mantener los fallecimientos en una cifra baja. En segundo lugar, ¿qué secuelas deja la COVID-19 persistente? Saber más sobre este síndrome (sobre el que hablé brevemente en el capítulo 5) ayudará a los médicos a tratar a los pacientes que lo padecen y permitirá saber a las autoridades sanitarias en qué medida es una pesada carga para el mundo entero.

Desgraciadamente, también cabe la posibilidad de que, cuando el lector tenga delante este capítulo, no estemos todavía fuera de peligro. Puede surgir una variante más peligrosa, una que se propague más fácilmente, cause síntomas más graves o evada la inmunidad mejor que las variantes anteriores. Si las vacunas y la inmunidad natural no impiden que se produzca un alto índice de fallecimientos ante tal variante, el mundo tendrá un problema muy grave.

Por esa razón, los gobiernos nacionales, los investigadores académicos y el sector privado tendrán que seguir haciendo un gran esfuerzo para obtener unas herramientas nuevas o mejoradas que nos protejan contra las peores secuelas de la COVID-19 si la amenaza evoluciona. Los gobiernos deberán proteger a sus ciudadanos, usando estrategias que consideren el hecho de que cada lugar tiene su propia idiosincrasia en cuanto a la COVID-19. La capacidad de las nuevas oleadas de COVID-19 para propagarse entre la población depende mucho del número de personas que hayan sido vacunadas, infectadas, las dos cosas o ninguna de ellas. Las autoridades sanitarias deberán adaptar sus estrategias en función de lo que los datos indiquen que pueda ser más efectivo en las áreas donde están trabajando.

Además de todo esto, los gobiernos deben esforzarse aún más en dar una información mejor sobre la incidencia de la COVID-19. A menudo, sobre todo en los países en desarrollo, los datos acerca de la COVID-19 proceden de unas pruebas clínicas escasas y de unos datos desfasados obtenidos mediante unas encuestas sencillas llevadas a cabo entre ciertas poblaciones en particular, como los sanitarios y los donantes de sangre. Con la ayuda de una vigilancia constante de la enfermedad, los países pueden obtener unos conocimientos cruciales; entre ellos, cuáles serán las maneras más efectivas de utilizar las intervenciones no farmacológicas al mismo tiempo que se acelera la recuperación económica.

Con algo de suerte pasaremos a tratar la COVID-19 como una enfermedad endémica, igual que la gripe estacional. Entretanto, con independencia de que la COVID-19 remita o vuelva agresivamente, también tenemos que esforzarnos en alcanzar otra meta distinta a largo plazo: prevenir la próxima pandemia.

Durante décadas hubo gente que advirtió al mundo de que debía prepararse para una pandemia, pero prácticamente nadie se lo tomó como algo prioritario. Entonces nos atacó la COVID-19 y detenerla se convirtió en el asunto más importante de la agenda global. Lo que me preocupa ahora es que si la COVID-19 remite, el mundo centrará su atención en otros problemas, y la prevención de pandemias volverá una vez más a estar en un segundo plano; o incluso igual en ninguno. Debemos tomar medidas ya, mientras todos nosotros todavía recordamos lo horrible que ha sido esta pandemia y sentimos la necesidad de que nunca se debe permitir que surja otra.

Al mismo tiempo, haber vivido esta experiencia puede llevarnos a engaño. No deberíamos asumir que la próxima amenaza pandémica vaya a ser exactamente como la COVID-19. Tal vez afecte más a los jóvenes que a los ancianos, o quizá también se propague adhiriéndose a superficies o a través de las heces humanas. Tal vez sea más contagiosa y se transmita con más facilidad de una persona a otra. O tal vez sea más letal. O, lo que es peor, podría ser a la vez más letal y más contagiosa.

Y podría estar diseñada por seres humanos. Aunque el plan mundial debería centrarse principalmente en protegernos de los patógenos naturales, los gobiernos también tendrían que tomarse muy en serio la posibilidad de colaborar con el fin de prepararse para un ataque bioterrorista. Como comenté en el capítulo 7, gran parte de este plan consiste en dar pasos que deberíamos dar de todas formas, como mejorar la vigilancia de las enfermedades, así como prepararnos para diseñar tratamientos y vacunas con más rapidez. No obstante, las autoridades militares deberían colaborar con los expertos en salud para diseñar políticas, configurar la agenda de investigación y realizar simulaciones de enfermedades en las cuales el patógeno fuera capaz de matar a millones o incluso miles de millones de personas.

Con independencia de cómo se produzca el siguiente gran brote, la clave es contar con mejores planes que los que tenemos hoy en día y con herramientas que se puedan utilizar con rapidez. Afortunadamente se han implementado buenos sistemas que permitan desarrollar esas herramientas. Los gobiernos de Estados Unidos, Europa y China están financiando investigaciones experimentales en sus primeras fases y apoyando el desarrollo del producto. India, Indonesia y otros países emergentes también están dando pasos en esa dirección. Biotech y las compañías farmacéuticas cuentan con grandes presupuestos para sacar las ideas del laboratorio y llevarlas al mercado.

De lo que carecen la mayoría de los países es de un plan concreto; un plan nacional de investigación que financie las mejores ideas científicas. Tiene que quedar claro quién está al mando del plan pandémico, hay que controlar el avance del mismo, probar ideas, implementar las más exitosas y cerciorarse de que acaban siendo unos productos que puedan ser manufacturados en cantidades masivas rápidamente. Sin un plan en marcha, cuando ocurra el próximo gran brote, el gobierno actuará de una manera reactiva y será demasiado tarde, ya que tendremos que intentar trazar un plan cuando la pandemia ya se esté expandiendo, y esa no es forma de proteger a la gente.

Comparemos esta situación con el modo en que los gobiernos se ocupan de la defensa nacional, donde se sabe exactamente quién es el responsable de evaluar las amenazas, de desarrollar nuevas capacidades y de llevar a cabo su implementación. Necesitamos estrategias para los brotes que sean tan claras, rigurosas y exhaustivas como la mejor estrategia militar del mundo.

Y no nos olvidemos de que todo este esfuerzo adicional para evitar pandemias tiene otra enorme ventaja: también podremos erradicar familias enteras de virus respiratorios; entre ellas, los coronavirus y la gripe, enfermedades que causan un tremendo sufrimiento. El impacto económico y en número de vidas humanas salvadas que tendría esto sería increíble en todo el mundo.

Considero que para establecer un plan que erradique las enfermedades respiratorias y prevenga las pandemias hay que tener en cuenta cuatro prioridades. Después de plantear cada una de ellas afrontaré el problema de cómo se financiará todo eso.

1. Fabricar y distribuir mejores herramientas

Mi labor en el ámbito de la tecnología y la filantropía se basa en una idea muy simple: la innovación puede mejorar nuestras vidas y resolver problemas muy importantes, ya sea al lograr que la educación sea accesible a más gente o al reducir el número de muertes infantiles. En las últimas décadas, por ejemplo, los avances en biología y medicina nos han permitido dar con nuevas formas de tratar y prevenir enfermedades.

Pero la innovación no es algo que ocurra por sí solo. Como demuestra la historia de las vacunas ARNm, hay que apoyar esas ideas e investigar, a veces durante décadas, para que puedan producir algo que tenga un valor práctico en un futuro. Por eso el paso 1 en cualquier plan de prevención de pandemias debería ser continuar investigando para tener mejores vacunas, terapias y pruebas diagnósticas.

Aunque las vacunas ARNm son extremadamente prometedoras, los investigadores públicos y privados también deberían tener en cuenta otras alternativas, como las vacunas de subunidades proteicas con adyuvantes que describí en el capítulo 6, ya que podrían proteger a las personas durante más tiempo, reducir el número de infecciones que esquivan a las vacunas o atacar a partes del virus que no es probable que cambien en las futuras variantes. Por último, nuestra meta debería ser desarrollar vacunas nuevas que nos protejan de familias enteras de virus, sobre todo de los virus respiratorios, pues esa es la clave para erradicar la gripe y los coronavirus. Todos los actores involucrados en la investigación y el desarrollo de vacunas (entre los que se encuentran los gobiernos y los donantes filantrópicos, los investigadores académicos, las empresas biotecnológicas y los desarrolladores y fabricantes farmacéuticos) deben ayudar a identificar cuáles son las mejores ideas que se hallan aún en un estado embrionario, con el fin de darles el empujón necesario para que recorran el camino hasta convertirse en un producto.

Además de las vacunas, también deberíamos crear medicamentos que bloqueen las infecciones y que la gente pudiera tomar por sí misma para protegerse inmediatamente de un patógeno respiratorio. Los gobiernos deberían promover que se siga esta vía, que se cree y use esta clase de medicamentos; y que incluso, una vez que los inhibidores estén disponibles, se fomenten los reembolsos federales a los médicos que se los prescriban a sus pacientes, tal y como ya se hace con otras medicinas y vacunas.

También debemos mejorar nuestra capacidad de probar y aprobar nuevos productos, algo que, como ya hemos visto en los capítulos 5 y 6, supone un proceso que lleva mucho tiempo. Unos pocos proyectos, como el ensayo RECOVERY del Reino Unido, establecieron unos protocolos por adelantado y construyeron unas infraestructuras que facilitaron llevar a cabo todo esto cuando golpeó la COVID-19. Deberíamos basarnos en esos modelos, en mejorar nuestra capacidad de realizar pruebas por todo el mundo para que podamos saber de inmediato qué funciona incluso cuando una nueva enfermedad solo esté presente en unos pocos países. Los reguladores tienen que acordar por adelantado cómo se va a reclutar a la gente y qué herramientas informáticas van a permitir que personas de todo el mundo se sumen al sistema en cuanto la enfermedad golpee. Y si introducimos los informes diagnósticos en el sistema de ensayos, podremos sugerir automáticamente a los médicos que sus pacientes se sumen a los ensayos a gran escala.

También debemos estar preparados para fabricar muchas dosis muy rápido. El mundo necesita tener una gran capacidad de fabricarlas en masa; la suficiente como para suministrar a todos los habitantes del planeta todas las dosis necesarias de una nueva vacuna en los seis meses posteriores a identificar un patógeno que podría convertirse en una amenaza global. Durante la COVID-19, cuando los países que fabrican muchas de las vacunas fueron golpeados con fuerza por la pandemia, estos restringieron sus exportaciones de vacunas para asegurarse de que tenían suficientes para sus propios ciudadanos. Sin embargo, lo que al planeta le interesa es que todo el mundo esté vacunado, así que habrá que tener en cuenta este obstáculo e invertir más en aumentar la capacidad de fabricación y en innovaciones que faciliten la transferencia y las licencias de tecnología.

Como los fabricantes de China e India son expertos en producir nuevas herramientas en grandes cantidades, pueden ser parte de la solución. Distintos países pueden comprometerse a proporcionar una parte de la capacidad de manufacturación que se requiera. Si China, la India, Estados Unidos y la Unión Europea acuerdan aportar cada uno un cuarto de dicha capacidad en el corto plazo y los países de Latinoamérica y África continúan desarrollando sus instalaciones, tendremos una solución global.

Otro aspecto crucial que debería investigarse es el de facilitar la distribución de vacunas; por ejemplo, resolviendo el problema que supone la cadena de frío. Con los parches de microagujas se lograría eso y, al mismo tiempo, vacunarse sería menos doloroso y la gente se podría vacunar ella sola. Ya se están desarrollando vacunas del sarampión que usan parches de microagujas, pero aún queda mucho trabajo por delante para que sean lo suficientemente baratas como para utilizarlas en grandes cantidades.

Entre otras ideas prometedoras tenemos las vacunas administradas por medio de espráis nasales, las que darían protección durante décadas, las que son de una sola dosis —y que, por tanto, no necesitarían dosis de refuerzo— y las vacunas combinadas que protegen contra múltiples patógenos (una que combatiese la gripe y la COVID-19 a la vez, por ejemplo).

Si consideramos que haber sido capaces de crear unas vacunas en el plazo de un año ha sido la gran sorpresa que nos ha dado la COVID-19, podríamos considerar también que la demora en desarrollar unas terapias efectivas ha sido la gran decepción de la pandemia. A pesar de lo que otras personas y yo esperábamos en un principio, hemos tardado casi dos años en dar con unos antivirales efectivos contra la COVID-19; y en una pandemia, dos años son una eternidad. Mientras implementamos los tratamientos que tenemos ahora, deberíamos crear los sistemas que nos permitieran desarrollar y aplicar tratamientos con más rapidez en el futuro.

Un paso esencial que deberíamos dar es el de preparar una biblioteca con millones de compuestos antivirales que estén diseñados para atacar los virus respiratorios comunes; entre ellos, medicamentos que funcionen con una amplia gama de variantes. Si contamos con tres o más de estos compuestos, podremos combinarlos para reducir las posibilidades de que emerja una variante resistente a los medicamentos. (Esto se hace ya con los tratamientos para el sida: se combinan tres antivirales, limitando así la propagación de los virus resistentes). Todos los investigadores deberían tener acceso a estas bibliotecas para poder ver qué compuestos existen ya y qué áreas de investigación serían las más fructíferas. También deberían estar estudiando la COVID-19 persistente para comprender qué la provoca, saber cómo ayudar a la gente que la padece y averiguar si en el futuro habrá otros patógenos que ocasionen unos síntomas duraderos similares.

Otro paso importante sería aprovechar los avances en inteligencia artificial y otro tipo de software para desarrollar antivirales y anticuerpos a mayor velocidad. Varias empresas están realizando un gran trabajo en este campo. Básicamente se crearía un modelo en tres dimensiones del patógeno diana (podría ser incluso uno que nunca se haya visto antes), así como los modelos de varios medicamentos que pensáramos que podrían combatirlo. El ordenador rápidamente enfrentaría a estos modelos y nos diría qué medicamentos son los más prometedores, cómo mejorarlos y, si es necesario, cómo desarrollar unos nuevos desde cero.

Asimismo, tendríamos que dar más incentivos a los fabricantes de genéricos para conseguir que los tratamientos antivirales estén disponibles antes de lo que lo estuvieron para combatir la COVID-19. Esto se podría lograr realizando pedidos por adelantado en nombre de los países de rentas bajas y medias, ya que, de este modo, los fabricantes de genéricos empezarían a fabricar un nuevo medicamento mientras aún se encuentre en pleno proceso de ser aprobado por el regulador. (Estos pedidos por adelantado eliminarían el riesgo de perder dinero que las compañías de genéricos corren si al final no se da la aprobación).

Aquí he de hacer un último comentario sobre la investigación biomédica. Se han escrito ríos de tinta sobre cómo y dónde surgió la COVID-19. Desde mi punto de vista, hay pruebas muy firmes de que saltó de un animal a un ser humano y de que no procede de un laboratorio de investigación, como algunas voces han afirmado. (Sé que hay personas bien informadas que no piensan que estas pruebas sean tan sólidas como yo creo. Es un misterio que tal vez nunca se resuelva a gusto de todos). Pero con independencia de cuál sea el origen de la COVID-19 y por muy remota que sea la posibilidad de que se tratara de un patógeno diseñado en un laboratorio, esto debería animar a los gobiernos y científicos a redoblar sus esfuerzos para reforzar la seguridad en los laboratorios, fijando unos estándares de seguridad globales y obligando a que se inspeccionen las instalaciones donde se trabaje con enfermedades infecciosas. El último fallecimiento provocado por la viruela en todo el mundo ocurrió en 1978, cuando una fotógrafa médica de la Universidad de Birmingham enfermó por culpa de una filtración que hubo en el edificio donde trabajaba, el cual también albergaba un laboratorio donde se estudiaba la viruela.

Además de contar con mejores vacunas y tratamientos, necesitamos animar a que se innove más en las pruebas diagnósticas. Realizárselas a los posibles enfermos debería servir para dos propósitos: comunicarles rápidamente si están infectados o no para que puedan obrar en consecuencia (por ejemplo, para que se confinen o no), e informar a las autoridades sanitarias para que sepan qué está ocurriendo en esa comunidad. Un cierto porcentaje de las pruebas positivas deberían secuenciarse para poder identificar las variantes en cuanto emerjan. La rápida implementación de las pruebas PCR y las políticas de cuarentena explican en gran parte por qué algunos países, como Australia, tienen muchísimas menos infecciones y muchísimo menos exceso de muertes que otros. Los gobiernos deben aprender de estos ejemplos y dar con la manera de aumentar el número de pruebas realizadas con mucha celeridad; y animar a la gente a que se haga las pruebas ofreciendo también tratamiento a cualquiera que dé positivo y corra un riesgo importante de padecer una enfermedad grave.

Los investigadores deberían seguir trabajando (y los que aportan los fondos continuar invirtiendo dinero) en las pruebas PCR de alto rendimiento, que cuentan con todo lo bueno de un test PCR normal, pero que son extraordinariamente rápidas. También son muy baratas, ya que no requieren los reactivos que limitaron nuestra capacidad diagnóstica durante la COVID-19 por problemas de suministro, y serán más fáciles de modificar para detectar nuevos patógenos en cuanto tengamos secuenciado su genoma.

También debemos apoyar el desarrollo de nuevos tipos de pruebas que faciliten la recogida de muestras y permitan dar los resultados con mayor rapidez, Las pruebas diagnósticas que recuerdan a un test de embarazo (los que se conocen como inmunoensayos de flujo lateral) abren la posibilidad de realizar estas pruebas de forma masiva en comunidades enteras. También podemos utilizar máquinas como el LumiraDx, que mencioné en el capítulo 3: se pueden usar para llevar a cabo una amplia gama de pruebas que ya existen y además se pueden adaptar para realizar otras nuevas. Y si en un brote futuro meterse un hisopo es un modo efectivo de conseguir una muestra, como sucede con la COVID-19, seremos capaces de usar esta técnica para aumentar el número de pruebas rápidamente incluso en los países de rentas bajas.

2. Crear el equipo GERM

El grupo que imaginé en el capítulo 2 tardará años en estar completamente operativo, por lo que se debe empezar a trabajar en su creación ya. Para que el equipo GERM se convierta en una realidad, los gobiernos necesitarán facilitarle recursos y cerciorarse de que cuenta con la dotación de personal debida. Muchas organizaciones pueden ofrecer consejos sobre cómo ha de diseñarse el GERM, pero su presupuesto anual ha de ser pagado casi por entero por los gobiernos de los países ricos y gestionado por la OMS como un recurso global.

Para aprovechar al máximo el dinero y el esfuerzo invertidos en el equipo GERM, el mundo también tendrá que invertir más en un campo complementario: la infraestructura de salud pública. Aquí no me refiero a personal médico, de enfermería y a los centros médicos (ya hablaremos al respecto más adelante en este capítulo), sino más bien a los epidemiólogos y otros especialistas que se dedican a vigilar enfermedades, gestionar la respuesta ante un brote y ayudar a los líderes políticos a tomar decisiones informadas durante una potencial crisis.

Las instituciones de salud pública no reciben la atención por parte de la ciudadanía ni la financiación por parte del gobierno que se merecen; ni a nivel estatal (ni siquiera en Estados Unidos), ni a nivel nacional, ni a nivel global con la OMS. No es sorprendente, ya que su labor se centra fundamentalmente en prevenir enfermedades y, como les gusta señalar a los expertos en sanidad pública, nadie te da las gracias por no haber sufrido una enfermedad. Aun así, por culpa de esta falta de atención, muchos elementos de los departamentos de salud pública están anticuados y deben ser modernizados, desde el modo en que fichan y retienen a gente estupenda hasta el software que utilizan. (En 2021 Microsoft trabajó con un departamento de salud de un estado de Estados Unidos que empleaba un software de hace veinte años). Son los cimientos para dar una respuesta rápida y efectiva ante un brote y necesitan ser reforzados.

3. Mejorar la vigilancia de enfermedades

Después de mucho tiempo siendo desdeñada por la ciudadanía en general, la vigilancia de enfermedades al fin está viviendo su momento de gloria. Y el mundo tiene que ponerse al día a marchas forzadas.

Un paso crucial que debe darse es mejorar los registros civiles y las estadísticas vitales en los países en desarrollo. Como mínimo, los países de rentas bajas y medias necesitan contar con unos registros más robustos de nacimientos y fallecimientos; una información que se suministraría a los sistemas nacionales de vigilancia de enfermedades, como el de Mozambique descrito en el capítulo 3. Después, partiendo de esa base, deberían centrarse en secuenciar genomas, realizar autopsias que utilicen técnicas mínimamente invasivas para obtener muestras de tejidos, vigilar las aguas residuales, etcétera. En última instancia, el objetivo de casi cualquier país es ser capaz de detectar y responder a los brotes que se produzcan dentro de sus fronteras, con independencia de que esa enfermedad sea la tuberculosis, la malaria o una que nunca antes hayamos visto.

Además, necesitamos que los distintos sistemas de vigilancia de enfermedades del mundo se integren para que las autoridades sanitarias puedan detectar con celeridad la aparición y circulación de virus respiratorios sin importar dónde emerjan. Estos sistemas deberían emplear tácticas activas y pasivas y suministrar datos en tiempo real; porque los datos desfasados no solo no sirven para nada, sino que a menudo llevan a error. Como ya he hecho hincapié a lo largo de este libro, los resultados de las pruebas diagnósticas tienen que ponerse en conocimiento del sistema de salud pública para que las autoridades sanitarias puedan vigilar los brotes y comprender mejor las enfermedades endémicas; el Estudio sobre la Gripe de Seattle es un buen modelo que se puede tomar como ejemplo. Y en países como Estados Unidos, donde las pruebas diagnósticas suelen ser tremendamente caras, los gobiernos tienen que incentivar de algún modo que se fabriquen pruebas más baratas y accesibles para todo el mundo.

Por último, debemos aumentar nuestra capacidad de secuenciar los genomas de los patógenos. El esfuerzo que se hizo en África en este sentido ha dado buenos resultados (las secuenciaciones hechas en este continente alertaron al mundo de la existencia, al menos, de dos variantes de la COVID-19) y este es el momento adecuado de redoblar la apuesta por estas inversiones; por ejemplo, apoyando proyectos como la Iniciativa de Genómica de Patógenos de África: una red de laboratorios desplegada por todo el continente que es capaz de compartir datos genómicos entre ellos. Existe una red similar en la India, y el modelo se está copiando en el sur y sudeste de Asia, pero debería copiarse en más sitios. China es el hogar de una industria de secuenciación muy efectiva, la cual también debe formar parte del sistema global. La secuenciación genómica es muy útil, ya que no solo sirve para prevenir otra pandemia, sino que, por ejemplo, proporcionará a los gobiernos nueva información sobre la genética de los mosquitos y la malaria, así como sobre la transmisión de la tuberculosis y el VIH.

Al campo de la genómica también le vendría muy bien que se invirtiera más en avances como el secuenciador Oxford Nanopore y en la aplicación para móviles que mencioné en el capítulo 3, lo cual haría posible secuenciar genomas en muchos más sitios. También debería investigarse más sobre cómo los cambios en el código genético de un patógeno afectan al modo en que este actúa dentro del cuerpo humano. Hoy en día podemos identificar las mutaciones de las diferentes versiones de un patógeno, pero ¿una mutación concreta hará la variante más transmisible? ¿Eso provocará que la enfermedad sea más grave? Todavía ignoramos mucho sobre estas cuestiones, que son un campo fértil para la investigación científica.

4. Reforzar los sistemas sanitarios

Cuando me empezó a interesar el tema de la salud global tanto como para intentar hacer algo al respecto, mi objetivo claro era desarrollar este tipo de herramientas nuevas que he estado describiendo. «Crea una nueva vacuna rotavirus —pensé— y ningún crío morirá de rotavirus». Aunque, con el paso del tiempo, he visto cómo las limitaciones en materia de distribución del sistema de salud (en concreto, a un nivel básico, en lo que solemos llamar atención primaria) son las que impiden que las vacunas y otras herramientas nuevas lleguen a todos los pacientes que las necesitan.

Una parte muy importante del trabajo de la Fundación Gates ha consistido en ayudar a mejorar estos sistemas y asegurar que las nuevas vacunas lleguen a todos los niños; esta clase de inversión salva vidas y pone los cimientos del crecimiento económico.* En cuanto un país deja atrás la pobreza y alcanza un nivel de ingresos medios, su gobierno cubre sus necesidades sanitarias. Muchos países han hecho esta transición a lo largo de las últimas décadas y, hoy en día, menos del 14 por ciento de la población mundial vive en países de rentas bajas que todavía necesitan ayuda para financiar su sanidad más básica.

La pandemia arrasó los sistemas de salud del mundo entero (la OMS estima que, a fecha de mayo de 2021, más de 115.000 sanitarios habían muerto de COVID-19), pero en los países de rentas bajas la situación es especialmente grave. El desafío fundamental al que se enfrentan es que no cuentan ni con la financiación ni con

---

* Es importante que los científicos que están trabajando para desarrollar grandes innovaciones prioricen que estas sean baratas y lo bastante prácticas como para funcionar en todas partes, no solo en los países de rentas altas. El problema de la distribución se debe afrontar desde la base.

los expertos ni con las instituciones que necesitan para ofrecer unos servicios de salud básicos a todos sus ciudadanos, por no hablar de que son incapaces de gestionar un brote grave. Y durante la pandemia, el problema empeoró, ya que muchos gobiernos ricos cortaron la ayuda al extranjero o redirigieron el dinero que se invertía en otras enfermedades a la lucha contra la COVID-19.

Tenemos que dar la vuelta a esta situación. Los modelos de referencia para los gobiernos ricos siguen siendo Suecia y Noruega; ambos donan al menos el 0,7 por ciento de su PIB para ayudar a países de rentas bajas y medias, y gran parte de ese dinero se invierte específicamente en mejorar todo lo relativo a la salud. (Retomaré el tema del objetivo del 0,7 por ciento en breve).

Por su parte, los países de rentas bajas y medias deberían aprender de los muchos buenos ejemplos que hay en el mundo entero. Sri Lanka, por ejemplo, logró crear un sistema de atención primaria robusto tras años de esfuerzo, lo cual contribuyó a que los índices de mortalidad infantil y materna descendieran significativamente, incluso cuando el país seguía siendo muy pobre.

Mientras los sistemas de salud se recuperan, los gobiernos deberían centrarse en invertir en salud pero de tal modo que se consigan varias cosas a la vez. Por ejemplo, si se contratan más sanitarios, se dispondrá de más gente que podrá atender los casos de malaria, podrá ofrecer pruebas para diagnosticar el VIH y también tratarlo y podrá rastrear los contactos de los pacientes de tuberculosis. Y, armados con las nuevas herramientas de diagnóstico conectadas digitalmente (como, por ejemplo, un ecógrafo portátil que ayuda a evaluar la salud de un feto y a detectar la neumonía viral, la tuberculosis y el cáncer de mama), estos trabajadores pueden ser la columna vertebral de un sistema de salud ambulante que proporcione a las autoridades una información nunca vista sobre cuáles son las causas de enfermedad y muerte en su país.

Pero tal y como la COVID-19 ha dejado patente, los países de rentas bajas y medias no son los únicos que necesitan reforzar sus sistemas sanitarios. Aunque hubo unos pocos países que actuaron con una celeridad ejemplar, ninguno reaccionó de una manera perfecta. Por tanto, hay unos cuantos pasos que los países, con independencia de cuál sea su nivel de renta, deberían plantearse dar.

El primero es centrarse más en la atención primaria. En muchos países de rentas bajas (así como en Estados Unidos), casi todo lo que se invierte en el sistema nacional de salud se destina a cubrir los caros gastos de hospital de personas que padecen una enfermedad avanzada, mientras que la atención primaria carece de los fondos necesarios. Pero hay estudios que demuestran que invertir más en atención primaria puede lograr, en realidad, que desciendan los costes del sistema sanitario en general: si se diagnostica una hipertensión en la atención primaria, al paciente se le recetará una medicación barata y su médico le aconsejará qué debe hacer; de este modo se evitará que la dolencia se agrave y amenace la vida del paciente (que podría sufrir un ataque al corazón, un fallo renal, una apoplejía), lo cual tendría como consecuencia una visita al hospital larga y cara. Se ha estimado que el 80 por ciento de los problemas de salud pueden ser gestionados de manera efectiva por una atención primaria robusta.

Otro paso crucial es decidir, antes de que estalle una crisis, de qué se responsabiliza cada uno. Las simulaciones de brotes como Contagio Carmesí recalcaron que era posible que se desatara el caos (¿recuerda el lector el problema que hubo con los nombres de las teleconferencias?), pero no se hizo casi nada al respecto. Ahora conocemos las consecuencias que acarrea la falta de decisión.

Durante la COVID-19, y sobre todo al principio, reinó una gran confusión en Estados Unidos acerca de qué podrían o deberían hacer los estados y qué papel desempeñaría el gobierno federal. De un modo similar, en Europa también se produjo cierta confusión sobre quién debía ser responsable de comprar las vacunas, los países individualmente o la UE. En una emergencia, lo menos deseable es que haya tal falta de claridad que la gente no esté segura de cuáles son sus responsabilidades.

Cada país necesita contar con un «zar» de la prevención de pandemias que tenga el mandato de establecer un plan y luego ejecutarlo para contener un brote. Esa autoridad establecerá las normas para obtener y distribuir los suministros básicos y también tendrá acceso a los datos y los modelos. El equipo GERM debería desempeñar este papel internacionalmente.

Los gobiernos y los donantes también necesitan contar con un foro mundial donde puedan coordinarse con los países pobres y actuar en nombre de ellos; por ejemplo, para acordar antes de tiempo cómo se va a financiar la compra de vacunas, pruebas diagnósticas y otros productos, a fin de evitar tener que hacer la recaudación de fondos en plena crisis. También deberían ponerse de acuerdo por adelantado sobre las directrices que se seguirán para distribuir estos productos, con el objetivo de que las nuevas herramientas lleguen más rápido a las personas que las necesitan.

En Estados Unidos, el gobierno federal es el que está en mejor posición para impulsar el desarrollo y producción a gran escala de vacunas, tratamientos y equipos de protección personal. Pero la gestión de las pruebas diagnósticas y los recursos de los hospitales es algo propio del ámbito local por su propia naturaleza. ¿Y qué pasa con la distribución de las vacunas? Aunque siempre habrá cadenas de suministros nacionales e incluso globales, el último kilómetro de la distribución es algo inherentemente local. Japón hizo un buen trabajo al clarificar cuáles eran las responsabilidades en los distintos niveles de la administración y es un buen modelo de referencia que los demás deberían examinar.

Cada plan gubernamental ha de tener en cuenta que todas las herramientas necesarias (incluidas las mascarillas, las pruebas diagnósticas, los tratamientos y las vacunas) deben distribuirse. Este no es un problema que afecte únicamente a los países de rentas bajas y medias; a casi todos los gobiernos les costó distribuir las vacunas durante la COVID-19. Si se diseñan unos sistemas de gestión de datos mejores, será más fácil ver dónde se necesitan los suministros y verificar quién ha sido vacunado. Algunos países, como Israel, gestionaron bien el proceso de verificación durante la COVID-19, pero en otros fue un desastre.

Como no se puede mejorar el sistema sanitario de la noche a la mañana, los países que inviertan en ello en épocas en que no hay pandemias reaccionarán mucho mejor cuando las cosas se tuerzan. Si contamos con una cadena de suministros ya implementada y unos sanitarios que educan a la gente sobre cómo se transmite el ébola o que distribuyen las vacunas del sarampión, entonces tenemos un manual de estrategia ya escrito y un equipo que lo leerá. Como me dijo una vez Bill Foege: «Las mejores decisiones se toman gracias a la mejor ciencia, pero los mejores resultados se logran gracias a la mejor gestión».

Los países más ricos del mundo se enorgullecen de haber sido históricamente los líderes de la innovación. El gobierno de Estados Unidos, por ejemplo, apoyó la investigación que llevó a la creación del microchip, lo que provocó que se produjera una avalancha de avances que hicieron posible la revolución digital. Sin estas inversiones, Paul Allen y yo nunca habríamos sido capaces de imaginar una empresa como Microsoft, y mucho menos convertirla en realidad. O tomemos un ejemplo más reciente: el trabajo revolucionario que se ha estado haciendo en fuentes de energía con cero emisiones en laboratorios nacionales de todo el país. Si el mundo es capaz de eliminar las emisiones de gases de efecto invernadero para 2050, como creo que es posible, una de las razones por las que esto se logrará será gracias a las investigaciones en energía respaldadas por Estados Unidos y sus socios.

Cuando nos atacó la COVID-19, tanto algunos académicos como ciertas empresas del Reino Unido y Alemania hicieron unos avances cruciales en el campo de las vacunas. La financiación por parte de los países de grandes ingresos (sobre todo de Estados Unidos, ya que en esta área ha sido líder mundial) ayudó a acelerar las innovaciones que demostraron ser esenciales para luchar contra la enfermedad. Una parte del gobierno de Estados Unidos apoyó el trabajo académico en ARNm, otra parte respaldó el trabajo necesario para transformar esa investigación básica en productos que pudieran ofrecerse al mercado y otra parte financió las empresas de vacunas que estaban trabajando con ARNm y otras tecnologías para el desarrollo de vacunas cuando la pandemia estalló.

Ahora, los gobiernos deben seguir liderando esta lucha, financiando los sistemas y equipos que el mundo necesita para prevenir las pandemias. Como ya escribí en el capítulo 2, creo que el equipo GERM requerirá unos mil millones al año y deberían ser los gobiernos de los países ricos y de algunos de rentas medias quienes lo financiaran.

Una de las tareas del GERM sería ayudar a identificar cuáles son las herramientas nuevas más prometedoras. Estimo que, a lo largo de la próxima década, todos los gobiernos en su conjunto tendrán que invertir entre quince mil y veinte mil millones de dólares al año para desarrollar las vacunas, los medicamentos inhibidores de infecciones, los tratamientos y las pruebas diagnósticas necesarias. Es un nivel de gasto que se podrá alcanzar si Estados Unidos incrementa sus inversiones en investigación en materia de salud en un 25 por ciento, o aproximadamente en diez mil millones, y si el resto del mundo iguala ese incremento dólar a dólar. Si bien es cierto que diez mil millones es mucho dinero, por supuesto, en términos absolutos solo es un 1 por ciento más que el presupuesto de defensa de Estados Unidos y es una gota en el océano comparado con los billones que se perdieron durante la COVID-19.

Para poder aprovechar al máximo tanto estas herramientas nuevas como al equipo GERM, tendremos que asumir la tarea fundamental de reforzar los sistemas sanitarios (mejorando las condiciones de los centros médicos, de los hospitales y de los sanitarios que ven a los pacientes), así como las instituciones de salud pública (apoyando a los epidemiólogos, al igual que a otros funcionarios y autoridades que vigilan los brotes y gestionan la respuesta ante ellos). Como el mundo ha demostrado a lo largo de la historia que es más que capaz de no invertir lo suficiente en ambas áreas, todavía queda mucho camino que recorrer: conseguir que los países de rentas altas y medias estén preparados para prevenir pandemias costará al menos treinta mil millones al año; ese es el total para todos estos países en conjunto.

Esta labor también hay que realizarla en los países de rentas bajas; por eso es tan importante que todos los países ricos sean tan generosos como Noruega, Suecia y otros gobiernos que invierten al menos el 0,7 por ciento de su PIB en ayuda al desarrollo. Si todos los países alcanzan ese nivel, contaremos con decenas de miles de millones de dólares de dinero que reforzarán los sistemas sanitarios; un dinero que, como ya comenté en el capítulo 8, se podrá utilizar para salvarles la vida a los niños y detener las pandemias antes de que empiecen.

La idea de que los países ricos deberían dedicar al menos el 0,7 de su PIB para ayudar tiene una larga historia detrás, que se remonta al menos a finales de los años sesenta. En 2005 la Unión Europea se comprometió a alcanzar esa meta en 2015 y, aunque muchos de los gobiernos del mundo son bastante generosos, solo unos pocos han cumplido sus promesas. Nunca ha habido un mejor momento que el presente, cuando la COVID-19 nos ha demostrado de manera innegable que los problemas de salud en una parte del mundo afectan a todas las demás partes del globo, para que los gobiernos ricos renueven su compromiso con este objetivo. Invertir en salud y en el desarrollo de países de rentas bajas es bueno para el mundo entero: todos se sentirán más seguros y a salvo; además, estos son los cimientos que ayudan a las personas y los países a abandonar la pobreza, y es lo correcto.

Y si bien es necesario invertir más, con eso no basta. Otro factor clave será facilitar el proceso de aprobación de los productos sin sacrificar la seguridad por el camino. Tal y como los científicos detrás del Estudio sobre la Gripe de Seattle y SCAN pudieron comprobar de primera mano, lograr que las ideas innovadoras funcionen es algo que cuesta mucho tiempo y esfuerzo, sobre todo durante una emergencia, donde cada hora cuenta.

Entretanto, los líderes de los países de rentas bajas y medias deberían establecer como una de sus prioridades la detección y detención de brotes; para ello, tendrían que buscar apoyo técnico y financiación en el exterior siempre que esto sea útil. Y al sumarse a proyectos como el sistema global para compartir datos en materia de salud, podrán obtener tanto ellos mismos como el resto del mundo más información acerca de qué está pasando sobre el terreno en cada región.

La OMS, como organización responsable de la coordinación del equipo GERM, puede ayudar dando prioridad a la principal misión del GERM: detectar brotes y dar la voz de alarma. El GERM también tiene una misión secundaria (contribuir a que se reduzca la pesada carga que suponen las enfermedades infecciosas; incluidas la malaria, el sarampión y demás), con la que ayudará a salvar cientos de miles de vidas y que permitirá que los miembros del equipo se mantengan en plena forma cuando no estén combatiendo activamente un brote.

La OMS es la única organización que puede exigir con más fuerza a los gobiernos que sean más francos con los posibles brotes que se produzcan dentro de sus fronteras. Los países miembros de la OMS también pueden exigirse cuentas en este aspecto, aunque hay que reconocer que hay motivos para hacer justo lo contrario. Si informar de un posible brote significa que a un país se le van a imponer restricciones de viaje, eso podría dañar la economía local, lo cual sería una buena razón para no hacerlo. Pero a la comunidad global le interesa obtener esta información, y los gobiernos del mundo entero se han comprometido a compartirla como parte del Reglamento Sanitario Internacional. La OMS debería trabajar con sus estados miembros para reforzar este reglamento y su implementación. Gracias a la COVID-19 hemos aprendido que los países que compartieron información y actuaron con rapidez pagaron un precio a corto plazo (no cabe duda de que los confinamientos y las restricciones de viaje resultaron muy dolorosos, a pesar de ser unas medidas adecuadas), pero lograron que los daños no fueran tan perjudiciales como podían haberlo sido, tanto para sus propios ciudadanos como también para el resto del mundo.

Otros grupos también tienen otros papeles importantes que desempeñar. Las compañías farmacéuticas y biotecnológicas deberían comprometerse a escalonar los precios y firmar más acuerdos de licencia de tecnología para asegurarse de que incluso sus productos más avanzados están disponibles para los habitantes de los países en desarrollo. Las empresas tecnológicas deberían desarrollar nuevas herramientas digitales, como, por ejemplo, formas más baratas y fáciles de recoger muestras para las pruebas diagnósticas, o software que monitorice internet en busca de indicios de un brote.

De forma más general, las fundaciones y otras instituciones sin ánimo de lucro deberían ayudar a los gobiernos a reforzar sus sistemas de salud pública y de atención primaria. El sector público siempre será el que pague gran parte de los gastos y asuma la pesada labor de la implementación, pero las entidades sin ánimo de lucro pueden probar nuevas ideas e identificar cuáles son las que mejor funcionan. Las fundaciones también deberían respaldar la investigación de herramientas mejores que puedan ser usadas tanto para combatir las enfermedades infecciosas actuales como las futuras amenazas pandémicas. Y como los demás problemas globales no van a desaparecer porque haya una pandemia, las entidades filantrópicas también tienen que seguir apoyando la lucha por evitar el desastre climático, ayudando a los granjeros de rentas bajas a cultivar más comida y mejorando la educación en el mundo entero.

Cuando les comenté a mis amigos que estaba escribiendo un libro sobre pandemias, me di cuenta de que se sorprendieron un poco.

Muchos de ellos habían tenido la amabilidad de leer el libro sobre el cambio climático que publiqué en 2021 y, aunque son muy educados como para decírmelo, sin duda estaban pensando: «¿Cuántos más de estos libros en los que nos hablas sobre un problema muy gordo y nos das un plan para resolverlo vas a escribir? Vale, tenemos que solucionar lo del clima. Y ahora toca hablar de la pandemia y la salud. ¿Te queda algún tema más por tratar?».

La respuesta es que estos son los dos problemas más graves en los que debemos invertir más recursos. El cambio climático y las pandemias (e incluyo aquí la posibilidad de un ataque bioterrorista) son probablemente las mayores amenazas para la existencia de la humanidad. Por suerte, tenemos la posibilidad de hacer grandes avances en ambos campos en la próxima década.

En el caso del cambio climático, si en los próximos diez años desarrollamos tecnologías verdes, creamos los incentivos financieros adecuados e implementamos las políticas públicas idóneas, podremos alcanzar el objetivo de que se produzcan cero emisiones de gases de efecto invernadero para 2050. Y en el caso de las epidemias, las perspectivas son aún mejores: a lo largo de la próxima década, si los gobiernos incrementan sus inversiones en investigación y adoptan políticas basadas en las evidencias, podremos desarrollar la mayoría de las herramientas necesarias para evitar que un brote se convierta en un desastre; además, la cantidad de dinero que se requiere para prepararse para una pandemia es mucho menor que la que se necesitará para evitar el desastre climático.

Quizá esta causa nos parezca muy lejana. Quizá nos resulte extraña la sensación de que podemos hacer algo que afecte el curso de una pandemia. Una enfermedad nueva y misteriosa es algo aterrador y puede ser también muy frustrante, porque da la impresión de que no podemos hacer nada al respecto.

Pero hay cosas que todos y cada uno de nosotros podemos hacer. Elegir líderes que se tomen las pandemias en serio y tomen buenas decisiones basadas en la ciencia cuando llegue el momento. Seguir sus consejos: ponte la mascarilla, quédate en casa y mantén la distancia cuando estés en exteriores. Vacunarnos en cuanto podamos. Evitar la desinformación y los bulos que inundan las redes sociales: obtengamos información sobre todo lo relativo a la salud pública de fuentes fiables, como la OMS, el CDC de Estados Unidos y sus equivalentes en otros países.

Sobre todo no debemos permitir que el mundo olvide lo espantosa que fue la COVID-19. Hagamos todo lo posible para que las pandemias sean un tema candente (tanto a nivel local como a nivel nacional e internacional), para que podamos romper el círculo vicioso de pánico y negación que las convierte en lo más importante del mundo durante un tiempo, hasta que nos olvidamos de ellas y retomamos nuestras vidas cotidianas. Todos ansiamos que las cosas vuelvan a ser como antes, pero si hay un error que no podemos permitirnos el lujo de volver a cometer es el de pecar de confianza ante las pandemias.

No tenemos que rendirnos y vivir sumidos en un miedo perpetuo a que suceda otra catástrofe global. El hecho de que ahora comprendamos esta amenaza mejor que nunca debería animar al mundo a tomar medidas: a invertir miles de millones ahora para no perder millones de vidas y billones de dólares en el futuro. Contamos con la oportunidad de aprender de nuestros errores y asegurarnos de que nadie tenga que vivir otro desastre como la COVID-19. Pero podemos ser incluso más ambiciosos: trabajaremos para lograr un mundo donde todos dispongan de la oportunidad de vivir una vida sana y productiva. Lo opuesto a pecar de confianza no es tener miedo, sino hacer algo al respecto.

Cómo la COVID-19 ha cambiado el curso de nuestro futuro digital

Mientras escribía este libro, he pasado mucho tiempo pensando en cómo la pandemia de COVID-19 ha acelerado las innovaciones en el campo de las enfermedades infecciosas. Sin embargo, también ha abierto la puerta a una nueva era de cambios veloces que van más allá de las innovaciones en el ámbito de la salud.

En marzo de 2020, cuando casi todo el mundo adoptaba unos confinamientos estrictos, muchas personas se vieron obligadas a dar con la manera de realizar ciertas actividades que antes requerían su presencia física desde la seguridad que ahora les brindaban sus hogares. En lugares como Estados Unidos* recurrimos a las herramientas digitales, como las videoconferencias, e hicimos la compra del súper online para llenar ese vacío en nuestras vidas, usándolas de un modo nuevo y creativo. (Recuerdo pensar que la idea de celebrar una fiesta de cumpleaños virtualmente parecía ser algo muy extraño en los primeros días de la pandemia).

---

* La pandemia ha acelerado la digitalización en el mundo entero de diferentes modos, pero voy a centrarme en los países de rentas altas donde el ritmo del cambio ha sido más veloz.

Creo que si echamos la vista atrás, podemos considerar marzo de 2020 como un punto de inflexión en el que la digitalización comenzó a acelerarse rápidamente. Aunque el mundo lleva volviéndose cada vez más digital desde hace décadas, hasta ahora había sido un proceso relativamente gradual. En Estados Unidos, por ejemplo, tuvimos la impresión de que los móviles inteligentes estaban por todas partes de un día para otro, pero lo cierto es que tardamos diez años en pasar de tener un 35 por ciento de estadounidenses que poseían un móvil al 85 por ciento actual.

Por otro lado, marzo de 2020 fue un momento insólito en el que la digitalización dio un enorme salto adelante en muchas áreas. Los cambios no se limitaron a un grupo demográfico concreto o una tecnología específica. Los profesores y alumnos recurrieron a las plataformas online para seguir aprendiendo. Los oficinistas empezaron a celebrar reuniones para intercambiar ideas por Zoom o Teams y después, por la noche, pasaban el rato virtualmente con sus amigos. Los abuelos se dieron de alta en Twitch para poder ver las bodas de sus nietos. Y casi todo el mundo compró online mucho más, lo que provocó que las ventas de comercio electrónico en Estados Unidos se incrementarán un 32 por ciento en 2020 respecto al año anterior.

La pandemia nos obligó a repensar qué era aceptable o no para muchas actividades. Las alternativas digitales que en su día eran consideradas como algo inferior de repente pasaron a ser lo preferible. Antes de marzo de 2020, si un vendedor o vendedora hubiera querido quedar para hablar con un cliente por videoconferencia, muchos se lo habrían tomado como una señal de que en realidad no le interesaba demasiado realizar esa venta.

Antes de la pandemia, ni se me habría ocurrido pedirles a los líderes políticos que me cedieran treinta minutos de su tiempo para hablar por videoconferencia sobre cómo mejorar la atención primaria, porque se habría considerado que eso no era tan respetuoso como quedar en persona. Ahora, cuando sugiero que hablemos por videoconferencia, comprenden que puede ser un modo de comunicarse muy efectivo y me hacen un hueco para que nos reunamos de manera virtual. En cuanto la gente se adapta a lo digital, normalmente ya no lo deja.

En los primeros días de la pandemia, muchas tecnologías eran «bastante buenas», sin más. Las usábamos de un modo que no era exactamente el que se había pretendido darles, y los resultados eran a veces un tanto irregulares. A lo largo de los dos últimos años (una vez que quedaba claro que estas herramientas digitales son necesarias y han venido para quedarse) hemos visto grandes mejoras tanto en su calidad como en sus prestaciones. En el futuro, a medida que el hardware y el software mejoren, se seguirán produciendo avances en este sentido.

Nos encontramos en los albores de esta nueva era de la digitalización. Cuanto más utilizamos las herramientas digitales, más información obtenemos gracias a los usuarios sobre cómo mejorarlas; y podremos ser más creativos sobre qué usos darles para mejorar nuestras vidas.

El primer libro que escribí, *Camino al futuro,* trataba sobre cómo pensaba que los ordenadores personales e internet iban a moldear el futuro. Se publicó en 1995 y, aunque no di en el clavo con todas mis predicciones (pensaba que los agentes digitales serían casi tan buenos como los ayudantes humanos a estas alturas), sí que acerté con algunas cosas clave (ahora tenemos plataformas de vídeo a la carta y ordenadores que nos caben en los bolsillos).

Este es un libro muy distinto. Pero, al igual que *Camino al futuro,* habla fundamentalmente sobre cómo la innovación puede resolver grandes problemas. Y quería compartir algunas ideas sobre cómo la tecnología va a cambiar nuestras vidas, incluso aún más rápido, ya que hemos tenido que repensar nuestra relación con ella durante la pandemia.

Uno de mis escritores favoritos, Václav Smil, narra esta misma escena en varios de sus libros. Te cuenta cómo una joven se despierta y se toma un café instantáneo antes de ir al metro a trabajar. Cuando llega a la oficina, sube en ascensor hasta la décima planta y, de camino a su escritorio, se para a tomar una Coca-Cola que saca de una máquina expendedora. El giro argumental es que la situación que describe tiene lugar en la década de 1880 y no en la era moderna.

Cuando oí esta historia hace años, me sorprendió lo familiar que me resultaba la escena que Smil describía. Pero cuando la leí de nuevo durante la pandemia, tuve la sensación por primera vez de que me estaba describiendo el pasado (¡aunque la parte de tomar una Coca-Cola en medio de la jornada laboral sigue siendo muy actual!).

De todos los campos que la pandemia ha modificado para siempre, sospecho que el del trabajo de oficina es en el que vamos a ver unos cambios más profundos. Aunque la pandemia alteró la forma de trabajar en cualquier industria, los oficinistas eran los que lo tenían más fácil para aprovechar las herramientas digitales. La situación que Smil describe (en la que uno se desplaza a algún sitio todos los días para trabajar en una oficina, sentado a un escritorio) cada vez parece más ser una reliquia del pasado, aunque haya sido la norma durante más de un siglo.

Mientras escribo esto a principios de 2022, muchas empresas y trabajadores todavía están intentando averiguar cómo va a ser su «nueva normalidad». Algunos ya han retomado el trabajo presencial. Otros han apostado por trabajar totalmente en remoto. La mayoría está entre dos aguas, intentando dilucidar qué les viene mejor.

Esto me entusiasma, ya que abre las puertas a experimentar con otros modos de trabajar. Lo que cabía esperar del trabajo tradicional ha cambiado de un modo drástico. Veo muchas posibilidades de repensar las cosas y descubrir qué es efectivo y qué no. Aunque la mayoría de las empresas probablemente optarán por una solución híbrida, por la cual los empleados irán a la oficina unos cuantos días a la semana, que se podrá implementar de muchas formas. ¿Qué días queremos que esté todo el mundo en la oficina para celebrar reuniones? ¿Vamos a permitir que los empleados trabajen remotamente los lunes y viernes, o vamos a dejar que se queden en casa de martes a jueves? Para poder reducir al máximo el tráfico que genera tanto trabajador al desplazarse, lo mejor sería que las empresas de una misma zona no escogieran los mismos días.

Una predicción que hice en *Camino al futuro* fue que la digitalización nos brindaría más posibilidades de escoger dónde vivir y provocaría que mucha gente trasladara su residencia lejos de las ciudades. Daba la sensación de que esto no iba a suceder... hasta que estalló la pandemia. Ahora redoblo mi apuesta por esa predicción. Algunas empresas decidirán que solo hay que trabajar en la oficina una semana al mes. Esto permitirá a los empleados vivir más lejos, ya que es más fácil soportar un largo viaje si no tienes que hacerlo casi todos los días. Aunque ya hemos atisbado algunos indicios de que esta transición ya está en marcha, creo que veremos cómo se ahonda en ella en la década que tenemos por delante a medida que los empleadores vayan decantándose por el trabajo en remoto.

Si se decide que los empleados tienen que estar en la oficina menos del 50 por ciento del tiempo, se podrá compartir el espacio de trabajo con otra empresa. Las oficinas son un gasto importante para cualquier negocio y este podría verse reducido a la mitad. Si un número suficiente de empresas hacen esto, la demanda de oficinas caras se reducirá.

No veo ninguna razón que justifique que las empresas tengan que tomar decisiones en firme ahora mismo al respecto. Este es un gran momento para probar cosas. Quizá se podría optar por que un grupo pruebe un método mientras otro prueba otro, para poder así comparar resultados y hallar el equilibrio adecuado para todo el mundo. Surgirán tensiones entre los gerentes, que suelen ser más conservadores con los cambios, y los empleados, que quieren más flexibilidad. En el futuro es probable que en los currículos se incluya el dato de si el candidato prefiere trabajar en una oficina o en remoto.

La pandemia ha obligado a las empresas a replantearse la productividad en el trabajo. Las paredes que separaban lo que antes eran compartimentos estancos (las salas donde se realizaban discusiones de ideas o las reuniones de equipo, los pasillos donde se conversaba apresuradamente) se están derrumbando. Las estructuras que pensábamos que eran básicas en la cultura de oficina han empezado a evolucionar, y los cambios se intensificarán en los años venideros a medida que los negocios y los empleados asuman estas nuevas formas de trabajar que han venido para quedarse.

Creo que a la mayoría de la gente le sorprenderá el ritmo al que avanzarán las innovaciones a lo largo de la próxima década ahora que la industria del software se está centrando en los escenarios de trabajo remoto. Muchas de las cosas buenas que tiene trabajar en un mismo espacio físico con otras personas (como coincidir con otros compañeros cuando te acercas a la máquina de café) pueden ser recreadas con el interfaz de usuario adecuado.

Si se usa una plataforma como Teams para trabajar, ya se está utilizando un producto mucho más sofisticado que el que se usaba en marzo de 2020. Prestaciones como las salas de descanso, las transcripciones en directo y las opciones para cambiar de vista ahora son unas prestaciones estándar en la mayoría de los servicios de teleconferencia. Los usuarios ahora están comenzando a aprovechar todas las prestaciones que tienen a su disposición. Por ejemplo, yo suelo usar la función de chat en muchas de mis reuniones virtuales para añadir comentarios y plantear preguntas. Ahora, cuando tengo reuniones en persona, echo de menos esta posibilidad de poder contar con esta clase de interacción de banda ancha sin distraer al resto del grupo.

A la larga, las reuniones digitales dejarán de ser una mera copia de una reunión en persona. La transcripción en directo algún día nos permitirá buscar un tema por todas las reuniones de la empresa. Podremos ser capaces de añadir automáticamente las medidas propuestas a nuestra lista de tareas en cuanto se mencionen y analizar la grabación en vídeo de una reunión para aprender a ser más productivo con nuestro tiempo.

Una de las grandes desventajas de las reuniones online es que el vídeo no nos deja ver adónde mira cada uno. Gran parte de la comunicación no verbal se pierde, eliminando así el factor humano. Cuando abandonamos los cuadros y rectángulos de la pantalla para trasladarnos a otro tipo de «entorno», todo se vuelve un poco más natural, pero eso no resuelve la falta de contacto visual directo. Esto está a punto de cambiar, ya que vamos a trasladar a los participantes a un espacio tridimensional. Una serie de empresas (entre

las que se encuentran Meta y Microsoft) han presentado recientemente sus versiones del «metaverso»; un mundo digital que replica
y potencia la realidad física. (El término fue acuñado, en 1992, por
Neal Stephenson, uno de mis escritores modernos de ciencia ficción favoritos).

La idea consiste en que usaremos un avatar tridimensional (una
representación digital de nosotros mismos) para reunirnos con
gente en un espacio virtual que imita lo que sentimos cuando estamos con otras personas en la vida real. A esta sensación se le suele
llamar «presencia», y muchas empresas tecnológicas han estado
trabajando en capturar esa sensación desde antes de que estallara la
pandemia. Cuando se hace bien, la presencia no solo puede replicar lo que se siente en un encuentro en persona, sino que lo potencia: imaginémonos una reunión donde los ingenieros de una empresa de automóviles que viven en tres continentes distintos
puedan desmontar un modelo tridimensional del motor de un
vehículo nuevo para hacerle mejoras.

Este tipo de reunión se podría llevar a cabo bien por realidad
aumentada (donde se superpone una capa digital por encima de
nuestro entorno físico) o por realidad virtual (donde entramos en
un mundo completamente inmersivo). El cambio no se producirá
de inmediato, ya que casi nadie posee las herramientas que permitan realizar esta clase de capturas de movimientos, lo cual contrasta con lo que ha sucedido con las videoreuniones, que se han impuesto gracias a que mucha gente ya tenía ordenadores personales
o móviles con cámaras. Ahora mismo podemos utilizar unas gafas
y unos guantes de realidad virtual para controlar nuestro avatar,
pero a lo largo de los próximos años se inventarán herramientas más sofisticadas y menos molestas, como, por ejemplo, unas
gafas más ligeras o incluso unas lentillas.

Gracias a las mejoras en visión computacional, tecnología de visualización, sonido y sensores, nuestras expresiones faciales, la altura a la que se hallan nuestros ojos y nuestro lenguaje corporal podrán ser captados con muy poco retardo. Pensemos en esas veces en que hemos intentado intervenir durante una animada video-rreunión y lo difícil que nos ha resultado hacerlo porque no podíamos ver el modo en que el lenguaje corporal de una persona cambia cuando está terminando de expresar una idea.

Una prestación clave del metaverso es el uso del espacio auditivo, con lo cual se consigue que lo que estamos oyendo parezca que viene realmente de donde está hablando la persona. Para tener una verdadera sensación de presencia, se requiere que la tecnología capture lo que se siente al estar en una habitación con alguien, no solo lo que se ve.

En otoño de 2021 tuve la oportunidad de participar en una reunión en el metaverso con unos auriculares. Fue sorprendente oír cómo las voces parecían moverse a la vez que las personas. Uno no se da cuenta de lo raro que es que en una reunión el sonido solo proceda del altavoz de su ordenador hasta que prueba otra cosa. En el metaverso seremos capaces de girarnos hacia un compañero de trabajo y tener una tranquila conversación en paralelo con él como si estuviera en la misma habitación.

Estoy especialmente entusiasmado con cómo las tecnologías del metaverso permitirán realizar el trabajo en remoto de una forma más espontánea, pues eso es lo más importante que se pierde al no estar en la oficina. Trabajar desde la sala de estar no va a propiciar precisamente que tengamos una charla improvisada con el gerente sobre la última reunión o una conversación informal con nuestro nuevo compañero de trabajo sobre el partido de fútbol de anoche. Pero si todos estamos trabajando juntos en remoto en un espacio virtual, seremos capaces de ver cuándo alguien está libre y acercarnos a esa persona para charlar.

Nos acercamos a un umbral en el cual la tecnología empieza a replicar de verdad lo que se siente al estar en la oficina. Los cambios que hemos visto en el lugar de trabajo son los precursores de lo que creo que acabaremos viendo en muchas áreas. Avanzamos hacia un futuro donde todos pasaremos más tiempo alrededor de espacios digitales y dentro de ellos. Ahora el metaverso tal vez parezca un concepto novedoso, pero a medida que la tecnología mejore, evolucionará hasta que dé la sensación de ser más bien una extensión de nuestro mundo físico. Hay, por supuesto, sectores enormes de la economía donde el lugar de trabajo no va a cambiar tanto o lo hará de un modo distinto al que estoy describiendo aquí. Así, es probable que el trabajo de una auxiliar de vuelo haya evolucionado mucho en los últimos años, pero no por culpa de una digitalización cada vez mayor. En el de un camarero en un restaurante, quizá los clientes ahora usen un código QR para saber el menú y decidir qué quieren, y luego encarguen la comida a través de sus móviles. Y en el de alguien que trabaje en la planta de producción de una fábrica, la tecnología habrá provocado cambios desde mucho antes de la pandemia.*

En cualquier caso, la digitalización acabará transformando todas nuestras vidas de una manera u otra. Pensemos en cómo ha cambiado en el modo en que cuidamos de nuestra salud desde 2020. ¿Hemos tenido alguna cita médica virtual en los dos últimos años? ¿Alguna vez habíamos sido atendidos por una cuestión de

---

* Además del auge de la automatización, la realidad aumentada ha venido para quedarse; gracias a ella se podrá formar a los empleados para que realicen tareas complejas y ver rápidamente el estado de una pieza del equipamiento con solo echar una ojeada.

salud virtualmente antes de la COVID-19? El número de personas que emplea servicios de telemedicina se multiplicó por treinta y ocho durante la pandemia.

Los beneficios de la telemedicina son indudables durante un brote. Gente que antes tal vez se habría mostrado escéptica ante las consultas virtuales, de repente les veía un lado positivo muy evidente: si uno no se siente bien, es mucho más seguro que lo atiendan en remoto mientras se queda en casa, donde no tiene que preocuparte de si va a contagiar a alguien o de si le van a contagiar a él.

Una vez se prueba la telemedicina, queda claro que tiene muchas ventajas aparte de evitar el contacto con personas que están enfermas. Ir al médico puede llevarnos mucho tiempo, ya que hemos de pedir permiso en el trabajo o buscar a alguien que cuide de los críos, ir hasta la consulta del médico, aguardar en la sala de espera, realizar los trámites necesarios tras la consulta y luego volver a casa o al trabajo. Eso quizá merezca la pena según el tipo de consulta, pero parece ser cada vez menos necesario para otras; sobre todo para las consultas de salud mental.

Las citas con el terapeuta nos llevan menos tiempo y es más fácil hacerles un hueco en nuestro día a día cuando solo tenemos que encender el portátil. Las sesiones pueden ser tan largas o cortas como sea necesario. Tal vez no merezca la pena ir hasta la consulta de un terapeuta para una sesión de un cuarto de hora, pero sí tiene mucho más sentido si la sesión se puede realizar desde casa. Además, mucha gente se siente más cómoda en su propio hogar que en un entorno clínico.

Otros tipos de consultas médicas también puede que se vuelvan más flexibles a medida que surjan nuevas herramientas. Ahora, cuando nos toca hacer nuestra revisión física anual, seguramente tengamos que ir a la consulta del médico para que nos examine las constantes vitales y nos saque sangre; pero ¿y si contáramos con un artilugio de uso privado y seguro en casa que nuestro médico pudiera controlar por vía remota para comprobar nuestra tensión arterial?

Algún día, dentro de poco, nuestro médico podría ser capaz de echar un vistazo a los datos recopilados por un reloj inteligente (con nuestro permiso) para comprobar cómo estamos durmiendo o cómo varía nuestro ritmo cardiaco en función de que estemos en activo o en reposo. En vez de ir a una consulta a que nos extraigan sangre, nos podrían examinar la sangre en un sitio idóneo de nuestro barrio (tal vez en la farmacia local), que envíe los resultados directamente a nuestro médico. Y si nos mudáramos a otro estado, podríamos seguir viendo al mismo médico de atención primaria en quien hemos confiado durante años.

Todas estas posibilidades podrán hacerse realidad en el futuro. Siempre habrá especialidades de salud que requerirán que las consultas sean presenciales (soy incapaz de imaginarme un futuro donde un robot nos extirpe el apéndice en la sala de estar), pero las consultas más rutinarias acabarán produciéndose en la comodidad de nuestro propio hogar.

Sin embargo, no sé si las alternativas virtuales reemplazarán las estructuras existentes en la educación obligatoria tal y como van a hacerlo en los ámbitos del trabajo de oficina y la salud. Aun así, el cambio también va a llegar a la educación. Aunque la pandemia COVID-19 ha dejado claro que los jóvenes aprenden mejor cuando pueden estar cara a cara con sus profesores, la digitalización les aportará unas nuevas herramientas que complementarán lo que se les enseña en un aula.

A quien fuera padre y tuviera un hijo en edad escolar durante la pandemia, lo más probable es que le resulten muy familiares los conceptos de aprendizaje sincrónico y asincrónico. El aprendizaje sincrónico intenta imitar lo que se vive normalmente asistiendo al colegio: un profesor utiliza un servicio de videoconferencia para dar una clase en vivo y los estudiantes pueden intervenir para hacer preguntas, como sucede en un aula real. Esta seguirá siendo una buena opción para los estudiantes que tras concluir la educación obligatoria van a formación profesional o a la universidad, sobre todo para quienes requieran más flexibilidad. Pero no veo que el aprendizaje sincrónico se vaya a mantener como método de enseñanza para los alumnos de la educación obligatoria en un mundo pospandémico, salvo quizá para los estudiantes de los últimos cursos o cuando haya una nevada, ya que es un método que no funciona bien con los más jóvenes.

Por otro lado, el aprendizaje asincrónico ha venido para quedarse; aunque de un modo distinto a lo que hemos visto durante el punto álgido de la pandemia. En esta clase de enseñanza, los estudiantes ven unas lecciones pregrabadas y realizan los deberes a su ritmo, y los profesores pueden publicar algún mensaje puntual en un foro de debate y pedir a su clase que participe para obtener más créditos.

Sé que ambas formas de aprendizaje en remoto son frustrantes para muchos profesores, padres y estudiantes, y entiendo que la idea de mantenerlos de alguna manera no les parezca muy atractiva. Pero hay un potencial extraordinario en algunas de las herramientas utilizadas en el aprendizaje asincrónico que complementan el trabajo que los alumnos y los profesores ya hacen juntos en clase.

Pensemos en cómo un plan de estudios digital puede hacer que los deberes sean más enriquecedores e interesantes. Un estudiante podrá recibir comentarios y observaciones en tiempo real mientras hace los deberes online. Los días en que entregaba los deberes y luego tenía que esperar a ver qué había hecho bien deberían haber quedado ya atrás. El contenido será más interactivo y estará más personalizado para ellos, ayudándolos así a centrarse en las áreas donde necesitan un poco más de ayuda a la vez que se potencia su autoestima al plantearles problemas que se sienten cómodos resolviendo.

Un profesor será capaz de ver lo rápido que trabajan tus alumnos y con qué frecuencia necesitan alguna pista o ayuda, lo que le permitirá saber mejor cómo avanzan los críos. Con apretar simplemente un botón sabrá si Noah podría necesitar más ayuda en algún tema en concreto y si Olivia está lista para afrontar una tarea de lectura más avanzada.

Las herramientas digitales también pueden facilitar más la personalización del aprendizaje en el aula. Un ejemplo con el que estoy familiarizado es la plataforma Summit Learning. Los estudiantes junto a los profesores escogen una meta (tal vez quiera ingresar en una universidad en concreto o prepararse para una cierta carrera profesional) y trazan un plan de aprendizaje digital. Además de recibir formación de manera tradicional en el aula, usan la plataforma para poner a prueba sus conocimientos y evaluar su propio rendimiento. Dejar que los chavales asuman el control de su aprendizaje de esta manera ayuda a cultivar la confianza, la curiosidad y la perseverancia.

Estas tecnologías llevan desarrollándose desde hace tiempo, pero su avance se ha acelerado cuando la demanda se disparó durante la pandemia. En los próximos años, la Fundación Gates hará una fuerte inversión en estas herramientas y evaluará qué es lo que funciona o no.

Algunos de los mayores avances se han dado en el plan de estudios de matemáticas, especialmente en álgebra. Aunque el álgebra es una asignatura clave si uno quiere completar la enseñanza obligatoria, es la que tiene el mayor índice de suspensos en cualquier curso de instituto. Los estudiantes que no la aprueban tienen solo un 20 por ciento de posibilidades de finalizar la educación básica; un problema que afecta en particular a los estudiantes que son negros, latinos, que no dominan el idioma en que se imparten las clases o están en situación de pobreza, lo cual los coloca en una situación de desventaja a la hora de desarrollar una carrera profesional y tener una renta más alta en el futuro. Los críos que tienen dificultades con el álgebra suelen acabar creyendo que no se les dan bien las matemáticas, y eso es algo que los atormentará durante el resto del tiempo que pasen en el colegio. Se frustran al enfrentarse a problemas matemáticos que tal vez son demasiado complicados para su nivel actual y se van quedando cada vez más rezagados a medida que las clases avanzan.

Como ejemplo de empresa que está trabajando en innovar en el ámbito digital puedo poner a Zearn, cuyo nuevo plan de estudios de matemáticas para estudiantes de primaria les ayuda a apuntalar conceptos que son claves en matemáticas más avanzadas, como las fracciones y el orden de las operaciones. Zearn proporciona a los educadores materiales de enseñanza para preparar las clases y ha creado lecciones y tareas digitales que logran que hacer los deberes sea más divertido.

Espero que herramientas como esta ayuden a más estudiantes a tener éxito en el colegio mientras facilitan su trabajo a los profesores. Al contrario de lo que sucedió en el apogeo de la pandemia (cuando el aprendizaje en remoto obligó a los profesores a hacer malabares para sacar el trabajo adelante), el software acabará permitiéndoles tener más tiempo para poder centrarse en aquello en lo que pueden aportar más.

Aunque, claro, la capacidad de las herramientas de educación digital de transformar el aprendizaje depende de que los niños tengan acceso a la tecnología en casa. La brecha digital se ha estrechado desde el principio de la pandemia y continuará haciéndolo, pero muchos niños siguen sin tener un ordenador decente o una conexión a internet rápida y fiable en su hogar. (Esto es especialmente cierto en el caso de los estudiantes de color y de familias de bajos ingresos, quienes más se podrían beneficiar de las herramientas digitales que pueden contribuir a cerrar las brechas educativas). Dar con la manera de facilitar el acceso a lo digital es tan importante como desarrollar innovaciones. En última instancia, la digitalización se impondrá (ya sea en la educación o en cualquier otro campo) en la medida en que pueda extenderse.

En 1964 Bell Telephone exhibió en la Feria Mundial el primer videoteléfono que ha existido jamás. El Picturephone parecía algo sacado de *Los Supersónicos,* ya que en él se podía ver una pequeña imagen en vivo en medio de una pantalla de tubo futurista con forma de óvalo. Yo tenía ocho años por aquel entonces. Cuando vi unas fotografías de ese teléfono en el periódico, no podía creer que lo que estaba viendo fuera posible. Poco podía imaginar que, décadas más tarde, me pasaría horas y horas al día hablando por videollamada.

Resulta fácil considerar que la tecnología es algo mundano cuando forma parte de nuestra vida cotidiana. Aunque cuando uno se para a pensarlo un rato, los avances digitales de hoy en día son algo milagroso. Ahora somos capaces de estar en contacto unos con otros y con el mundo de una forma que en el pasado habría parecido pura ciencia ficción.

Las reuniones virtuales han recorrido un largo camino desde que Bell Telephone presentó este primer prototipo de Picturephone en 1964.

Para muchas personas (sobre todo para los ancianos que viven en residencias y necesitan ayuda para las tareas más básicas) las videollamadas se han convertido en un salvavidas que les permite seguir conectados al mundo. Por mucho que estemos hartos de tanta hora feliz y tanta fiesta de cumpleaños virtual, no se puede negar que la tecnología nos ha dado la posibilidad de seguir relacionándonos con los demás, y eso nos ha ayudado a sobrellevar los días más negros de la pandemia.

Aunque la pandemia de COVID-19 ha sido devastadora, imaginemos cómo habría sido hace una década: la sensación de aislamiento habría sido mucho peor. A pesar de que las videollamadas existían, no contábamos con una velocidad de banda ancha suficiente como para permitir que mucha gente pudiera conectarse a la vez para hacer videorreuniones desde casa. La razón por la que la infraestructura de banda ancha ha mejorado tan rápido a lo largo de la pasada década ha sido que la gente quería poder ver Netflix por las noches. Para cuando la pandemia comenzó, el ancho de banda se había incrementado tanto que la gente podía trabajar en remoto durante el día.

Lo cierto es que resulta imposible predecir con exactitud cómo los grandes avances moldearán el futuro. Se nos pueden ocurrir muchas maneras en las que una nueva tecnología cambiará la vida como la conocemos, pero entonces surge algo como la COVID-19 que obliga a todo el mundo a usar las herramientas que tiene a su disposición de una forma nueva. A pesar de que tuvo una visión de futuro asombrosa, dudo mucho que ni siquiera Katalin Karikó se hubiera imaginado que las vacunas ARNm algún día fueran a desempeñar un papel tan clave en el final de una pandemia.

Me muero por ver cómo las innovaciones digitales continúan evolucionando en los próximos años. Los avances digitales que hemos visto a lo largo de los dos últimos años albergan el potencial de darnos más flexibilidad y opciones para mejorar la vida de la gente. Cuando echemos la vista atrás sobre esta época, sospecho que la historia la considerará como un tiempo horrible de desolación y pérdida que también provocó unos cambios colosales a mejor.

Glosario

Anticuerpos: proteínas creadas por el sistema inmunitario que se adhieren a la superficie de un patógeno e intentan neutralizarlo.

Anticuerpos monoclonales (mAbs): forma de tratar algunas enfermedades. Se trata de anticuerpos que han sido extraídos de la sangre de un paciente y aislados o diseñados en un laboratorio para luego ser clonados miles de millones de veces, con el fin de curar con ellos a alguien que está infectado.

ARNm (ARN mensajero): material genético que lleva instrucciones para fabricar ciertas proteínas a las fábricas de nuestras células, donde las proteínas se ensamblan. Las vacunas ARNm introducen un código genético en nuestras células que enseña a estas a fabricar formas que encajan con ciertas estructuras de un virus dado, activando nuestro sistema inmunitario para que produzca anticuerpos que combatan ese virus.

Cadena de frío: proceso por el cual se mantiene una vacuna a una temperatura adecuada mientras viaja de la fábrica donde se manufactura hasta el centro médico donde será administrada.

CEPI (Coalición para las Innovaciones en Preparación para Pandemias): organización sin ánimo de lucro creada en 2017 para acelerar las investigaciones de vacunas que combatan nuevas enfermedades infecciosas y ayudar a que esas vacunas lleguen a los habitantes de los países más pobres.

COVAX: entidad global cuyo fin es llevar las vacunas contra la COVID-19 a países de rentas bajas y medias; está liderada por CEPI, Gavi y la OMS.

Efectividad, eficacia: mide lo bien que funciona una vacuna o un medicamento. En el ámbito médico, la eficacia se refiere a los resultados en un ensayo clínico, y la efectividad, a los resultados en el mundo real. Por simplificar las cosas, en este libro he utilizado la palabra efectividad para referirme a ambos conceptos.

Fondo Mundial: su nombre oficial es Fondo Mundial para la lucha contra el sida, la tuberculosis y la malaria, y es una entidad sin ánimo de lucro diseñada para acabar con las epidemias de esas tres enfermedades.

Gavi, la Alianza para las Vacunas: organización sin ánimo de lucro creada en 2000 para animar a los fabricantes a bajar los precios de las vacunas para los países más pobres, con la vista puesta en que esos países a largo plazo demandarán esas vacunas en grandes cantidades. Anteriormente era conocida como la Global Alliance for Vaccines and Immunization (Alianza Global para las Vacunas e Inmunización).

Genoma, secuenciación genómica: el genoma es el código genético de un organismo. Todos los seres vivos tienen genomas, y todo genoma es único. Secuenciar un genoma es el proceso de averiguar el orden en el cual aparece la información genética.

GERM: Equipo Mundial de Respuesta y Movilización ante Epidemias (Global Epidemic Response and Mobilization).

IHME: Instituto para la Medición y Evaluación de la Salud (The Institute of Health Metrics and Evaluation), organización dedicada a la investigación, cuya sede se halla en la Universidad de

Washington y cuyo fin es aportar datos que guíen la toma de decisiones en materia de salud pública.

Infecciones posvacunación: infección que ocurre en una persona que ha sido vacunada contra una enfermedad.

Intervenciones no farmacológicas (INF): conjunto de políticas y herramientas que reducen la expansión de una enfermedad sin tener que recurrir a vacunas y medicamentos. INF comunes incluyen el uso de mascarillas, distanciamiento social, cuarentenas, cierre de negocios y escuelas, restricciones de viaje y rastreo de contactos.

OMS: Organización Mundial de la Salud, división de las Naciones Unidas responsable de la salud pública a nivel internacional.

Pruebas PCR: reacción en cadena de la polimerasa, es el modelo de referencia actual en el campo de las pruebas que permiten diagnosticar enfermedades.

Rastreo de contactos: proceso por el cual se identifica a las personas que han estado en contacto con alguien que ha contraído una cierta enfermedad.

SCAN: Red de Evaluación del Coronavirus de Seattle (The Seattle Coronavirus Assessment Network) creada para saber más sobre cómo se propaga una enfermedad respiratoria a través de una comunidad. Colabora con el Estudio sobre la Gripe de Seattle.

Test de antígenos: prueba diagnóstica de enfermedades que busca unas proteínas específicas en la superficie de un patógeno. Las pruebas de antígenos son menos precisas que las PCR, pero dan sus resultados más rápido, no requieren de un laboratorio y son útiles para identificar si una persona puede ser contagiosa. Los inmunoensayos de flujo lateral (esos que nos hacemos en casa y recuerdan a las pruebas de embarazo) son pruebas de antígenos.

Agradecimientos

Quiero dar las gracias a los empleados, administradores y socios de la Fundación Bill y Melinda Gates que han trabajado de manera incansable para ayudar durante la COVID-19. Vuestra pasión y compromiso son una inspiración para mí. Melinda y yo tenemos la gran suerte de trabajar con este grupo de gente con tanto talento.

Escribir este libro fue como intentar acertar a un objetivo en movimiento, ya que recibía información nueva casi a diario. Así que fue necesario hacer un gran esfuerzo colectivo para estar al tanto de los últimos datos y análisis. Me siento muy agradecido con todos los que me han ayudado a completar *Cómo evitar la próxima pandemia*.

He escrito todos y cada uno de mis libros con uno o más colaboradores en las labores de escritura e investigación. Para este libro, tal y como ya hizo en el anterior, Josh Daniel me ha ayudado con su considerable talento a explicar temas complejos de forma sencilla y clara. Josh y sus colegas Paul Nevin y Casey Selwyn conformaron un trío fantástico que llevó a cabo unas investigaciones exhaustivas, sintetizó las ideas de expertos de muchos campos y me ayudó a aclarar mis pensamientos. Aprecio sus consejos y admiro su gran trabajo.

En este libro han aportado ideas y sugerencias muchas personas de la fundación, como Mark Suzman, Trevor Mundel, Chris Elias, Gargee Ghosh, Anita Zaidi, Scott Dowell, Dan Wattendorf, Lynda Stuart, Orin Levine, David Blazes, Keith Klugman y Susan Byrnes, quienes se sumaron a las sesiones de tormenta de ideas y revisaron los borradores al mismo tiempo que seguían realizando sus exigentes trabajos durante una pandemia. No puedo olvidarme de otras personas de la fundación que han aportado sus opiniones expertas, han investigado y han realizado críticas constructivas a los borradores, como Hari Menon, Oumar Seydi, Zhi-Jie Zheng, Natalie Africa, Mary Aikenhead, Jennifer Alcorn, Valerie Nkamgang Bemo, Adrien de Chaisemartin, Jeff Chertack, Chris Culver, Emily Dansereau, Peter Dull, Ken Duncan, Emilio Emini, Mike Famulare, Michael Galway, Allan Golston, Vishal Gujadhur, Dan Hartman, Vivian Hsu, Hao Hu, Emily Inslee, Carl Kirkwood, Dennis Lee, Murray Lumpkin, Barbara Mahon, Helen Matzger, Georgina Murphy, Rob Nabors, Natalie Revelle, David Robinson, Torey de Rozario, Tanya Shewchuk, Duncan Steele, Katherine Tan, Brad Tytel, David Vaughn, Philip Welkhoff, Edward Wenger, Jay Wenger, Greg Widmyer y Brad Wilken. Los equipos de comunicación y promoción no solo me ayudaron a la hora de investigar, sino que, gracias a ellos, este trabajo seguirá adelante, de tal modo que pueda lograr que las ideas plasmadas en este libro se transformen en cambios concretos que contribuyan a que el mundo esté más preparado para lidiar con el próximo gran brote.

Agradezco las críticas de los primeros pasajes y borradores que realizaron Anthony Fauci, David Morens, Tom Frieden, Bill Foege, Seth Berkley, Larry Brilliant, Sheila Gulati y Brad Smith.

También quiero dar las gracias a toda la gente de Gates Ventures que ha contribuido a que este libro sea una realidad.

Larry Cohen proporcionó un liderazgo y una visión que fueron esenciales y extraordinarios. Aprecio su serenidad, sus sabios consejos y su dedicación al trabajo que realizamos juntos.

Niranjan Bose me dio sus consejos como experto y me ayudó a entender con claridad muchos detalles técnicos. Becky Bartlein y el resto del equipo de Exemplars in Global Health me ayudaron a detallar las razones por las que algunos países respondieron mucho mejor que otros.

Alex Reid dirigió con esmero el equipo de comunicaciones que fue responsable de asegurarse que el libro se lanzara con éxito. Joanna Fuller fue clave a la hora de ayudarme a conocer todos los detalles de la historia del Estudio sobre la Gripe de Seattle y SCAN.

Andy Cook lideró la estrategia online que hizo que este libro se halle online en mi sitio web, las redes sociales y más allá.

Ian Saunders hizo un trabajo fabuloso como líder de equipo creativo que ayudó a que este libro esté en el mercado.

Meghan Groob nos dio unos consejos excelentes en el ámbito editorial, sobre todo en el epílogo. Anu Horsman dirigió el proceso creativo del contenido visual del libro. Jen Krajicek trabajó entre bambalinas para gestionar su producción. Brent Christofferson supervisó la producción de los elementos visuales, en los que se utilizaron gráficos de Beyond Words e ilustraciones de Jono Hey. John Murphy me ayudó a identificar a los héroes de la lucha contra la COVID-19 y a saber mucho más sobre ellos.

Greg Martinez y Jennie Lyman me ayudaron a estar al día sobre hacia dónde se dirige la tecnología; un trabajo que se refleja sobre todo en el epílogo.

Gregg Eskenazi y Laura Ayers negociaron los contratos y obtuvieron los permisos pertinentes de las docenas de fuentes que aparecen en este libro.

Muchas otras personas desempeñaron un papel importante en la creación y lanzamiento de este libro; entre ellas se encuentran Katie Rupp, Kerry McNellis, Mara MacLean, Naomi Zukor, Cailin Wyatt, Chloe Johnson, Tyler Hughes, Margaret Holsinger, Josh Friedman, Ada Arinze, Darya Fenton, Emily Warden, Zephira Davis, Khiota Therrien, Abbey Loos, K. J. Sherman, Lisa Bishop, Tony Hoelscher, Bob Regan, Chelsea Katzenberg, Jayson Wilkinson, Maheen Sahoo, Kim McGee, Sebastian Majewski, Pia Dierking, Hermes Arriola, Anna Dahlquist, Sean Williams, Bradley Castaneda, Jacqueline Smith, Camille Balsamo-Gillis y David Sanger.

También quiero dar las gracias al resto del increíble equipo de Gates Ventures: Aubree Bogdonovich, Hillary Bounds, Patrick Brannelly, Gretchen Burk, Maren Claassen, Matt Clement, Quinn Cornelius, Alexandra Crosby, Prarthna Desai, Jen Kidwell Drake, Sarah Fosmo, Lindsey Funari, Nathaniel Gerth, Jonah Goldman, Andrea Vargas Guerra, Rodi Guidero, Rob Guth, Rowan Hussein, Jeffrey Huston, Gloria Ikilezi, Farhad Imam, Tricia Jester, Lauren Jiloty, Goutham Kandru, Sarah Kester, Liesel Kiel, Meredith Kimball, Jen Langston, Siobhan Lazenby, Anne Liu, Mike Maguire, Kristina Malzbender, Amelia Mayberry, Caitlin McHugh, Emma McHugh, Angelina Meadows, Joe Michaels, Craig Miller, Ray Minchew, Valerie Morones, Henry Moyers, Dillon Mydland, Kyle Nettelbladt, Bridgette O'Connor, Patrick Owens, Dreanna Perkins, Mukta Phatak, David Vogt Phillips, Tony Pound, Shirley Prasad, Zahra Radjavi, Kate Reizner, Chelsea Roberts, Brian Sanders, Bennett Sherry, Kevin Smallwood, Steve Springmeyer, Aishwarya Sukumar, Jordan-Tate Thomas, Alicia Thompson, Caroline Tilden, Rikki Vincent, Courtney Voigt, William Wang, Stephanie Williams, Sunrise Swanson Williams, Tyler Wilson, Sydney Yang, Jamal Yearwood y Mariah Young.

Quiero dar las gracias especialmente a los equipos de recursos humanos tanto de Gates Ventures como de la Fundación Gates por todo lo que han hecho durante la COVID-19 para mantener una cultura de empresa robusta a la vez que ponían por encima de todo la salud y la seguridad de todos.

Chris Murray y el resto del equipo del Instituto para la Medición y Evaluación de la Salud me ayudaron con la investigación, la modelización y los análisis que me llevaron a reflexionar y que también fueron la fuente de información de muchos de los gráficos y estadísticas de este libro.

La página web de Max Roser Our World in Data es una fuente de información muy valiosa a la que he recurrido infinidad de veces mientras escribía este libro.

Este libro no habría sido posible sin el apoyo incansable de mi editor, Robert Gottlieb de Knopf. Gracias a él logramos que este libro sea claro y no espante al lector. Katherine Hourigan gestionó todo el proceso de forma magistral, ayudándonos a mantener el rumbo a pesar de tener una fecha de entrega tan ajustada (y autoimpuesta). Y quiero dar las gracias a toda la gente de Penguin Random House que apoyó este libro: Reagan Arthur, Maya Mavjee, Anne Achenbaum, Andy Hughes, Ellen Feldman, Mike Collica, Chris Gillespie, Erinn Hartman, Jessica Purcell, Julianne Clancy, Amy Hagedorn, Laura Keefe, Suzanne Smith, Serena Lehman y Kate Hughes.

Gracias al apoyo increíblemente generoso que Warren Buffett ha prestado a la Fundación Gates, tal y como prometió en 2006, hemos podido expandir nuestra labor por todo el mundo y ahondar en ella. Me siento honrado por su compromiso y me siento afortunado de poder considerarlo mi amigo.

He aprendido mucho gracias a Melinda desde el día que la conocí en 1987. Estoy profundamente orgulloso de la familia que hemos criado juntos y de la fundación que hemos creado juntos.

Por último, quiero dar las gracias a Jenn, Rory y Phoebe. El año en que escribí este libro fue increíblemente difícil para el mundo, y, personalmente, para nuestra familia. Me siento agradecido por su apoyo constante y amor. Nada es más importante para mí que ser su padre.

NOTAS

Introducción

[11-12] El gobierno chino había tomado: Hien Lau *et al.*, «El impacto positivo del confinamiento en Wuhan a la hora de contener el brote de la COVID-19 en China», *Journal of Travel Medicine* 27, n.º 3 (abril de 2020).

[14] En él aseguraba que la diarrea mataba: Nicholas D. Kristof, «Para el Tercer Mundo el agua sigue siendo una bebida letal», *The New York Times,* 9 de enero de 1997.

[14] Foto de *The New York Times.* © 1997 The New York Times Company. Todos los derechos reservados. Usado con permiso.

[15] Uno de los que más influyeron: Banco Mundial, Informe del desarrollo mundial de 1993, https://elibrary.worldbank.org.

[15 Se diagnosticaron 1,5 millones de casos nuevos: Organización Mundial de la Salud (OMS), «Número de infecciones nuevas de VIH», https://www.who.int.

[16] Golpeó Madagascar en 2017: «Gestionando epidemias: datos clave sobre las grandes enfermedades mortíferas», OMS, 2018, https://www.who.int.

[16] Gráfico: Asesinas endémicas. Fuente: Instituto para la Medición y Evaluación de la Salud (IHME) de la Universidad de Washington, Estudio de la Global Burden of Disease (GBD) de 2019, https://healthdata.org.

[16] En el año 2000 más de quince millones de personas: Instituto para la Medición y Evaluación de la Salud, Comparación del GBD, https://vizhub.healthdata.org/gbd-compare/.

[17] Foto: Eye Ubiquitous/Universal Images Group a través de Getty Images.

[18] Viajes internacionales en 2019, antes del COVID-19: Our World in Data, «Turismo», https://www.ourworldindata.org.

[21] Cuando llegó el mes de julio: «2014-2016 Brote de ébola en África Occidental», Centros para el Control y Prevención de Enfermedades (CDC), https://www.cdc.gov.

[21] Foto: Enrico Dagnino/*Paris Match* a través de Getty Images.

[32] En 2021 la Casa Blanca anunció: Seth Borenstein, «El director científico quiere que la vacuna para la próxima pandemia esté lista en 100 días», Associated Press, 2 de junio de 2021.

[33] Mueren a causa de la gripe: OMS, «Estrategia global de la gripe 2019-2030», https://www.who.int.

1. Aprender de la COVID

[38] A finales de 2021: Our World in Data, «Exceso de muertes estimadas por cada 100.000 personas durante la COVID-19», https://www.ourworldindata.org.

[38] Gráfico: El auténtico coste en vidas de la COVID-19. La cifra estimada de exceso de muertes globales incluye las cifras oficiales de fallecimientos por COVID-19, las muertes adicionales estimadas y los óbitos por todas las causas atribuidas a complicaciones derivadas de la pandemia hasta diciembre de 2021. Fuente: Instituto para la Medición y Evaluación de la Salud (IHME) de la Universidad de Washington (2021).

[39] Gráfico: Contención de la COVID-19 en Vietnam. Casos nuevos por día (media acumulada de siete días). Fuente: «Una historia de éxito frente a la emergente COVID-19». Exemplars in Global Health, https://exemplars.health/emerging-topics/epidemic-preparedness-and-response/covid-19/vietnam (publicado en marzo de 2021; consultado en enero de 2022). Usando datos obtenidos por Hannah Ritchie *et al.*, «La pandemia del coronavirus COVID-19» (2020), publicado online en OurWorldInData.org, https://www.ourworldindata.org/coronavirus.

[39 La tasa de exceso de mortalidad: Our World in Data, «Exceso de muertes estimadas por cada 100.000 personas durante la COVID-19», https://www.ourworldindata.org.

[39] Los datos del IHME parecen indicar también: T. J. Bollyky *et al.*, «Pre-

paración para pandemias y la COVID-19: Un análisis exploratorio de la infección e índices de fallecimientos, así como factores contextuales asociados con la preparación en 177 países, del 1 de enero de 2020 al 30 de septiembre de 2021», *The Lancet,* en prensa.

[41] Uganda y sus vecinos: Prosper Behumbiize, «La seguridad electrónica en el punto de entrada y la implementación del certificado de viaje DHIS2 en las fronteras de Uganda», https://comunity.dhis2.org.

[41] Foto: Sally Hayden/SOPA Images/LightRocket a través de Getty Images.

[45] Para proteger a su familia: «7 héroes olvidados de la pandemia», The Gates Notes, https://gatesnotes.com.

[45] Foto: The Gates Notes, LLC/Ryan Lobo.

[46] En todo el mundo, los profesionales sanitarios: OMS, «Fallecimientos de sanitarios durante la COVID-19)», https://www.who.int.

[53] Por otro lado, exigir la perfección: Este relato de la experiencia de David Sencer está basado en esta entrevista: Victoria Harden (entrevistadora) y David Sencer (entrevistado), CDC, «SENCER, DAVID J.», *The Global Health Chronicles,* https://globalhealthchronicles.org/ (consultado el 28 de diciembre de 2021).

[54] En total se contaron 362 enfermos de Guillain-Barré: Kenrad E. Nelson, «Comentario invitado: la vacuna de la gripe y el síndrome de Guillain-Barré, ¿hay un riesgo?», *American Journal of Epidemiology* 175, n.º 11 (1 de junio de 2012): 1129-1132.

[56] Solo en 2021 se administró un total: unicef, «Los datos del mercado de las vacunas COVID-19)», https://www.unicef.org; y datos proporcionados por Linksbridge.

[57] Sin embargo, en palabras del difunto profesor y médico Hans Rosling: *Diez razones por las que estamos equivocados con el mundo... y por qué las cosas están mejor de lo que crees* (Flatiron Books, 2018).

2. Formar un equipo de prevención de pandemias

[61] En el año 6 de nuestra era: Michael Ng, «Cohortes de vigilancia», en *La enciclopedia del ejército romano.*

[61] En Estados Unidos, antes de la Revolución de las trece colonias: Me-

rrimack Fire, Rescue, and EMS, «La historia de la lucha contra el fuego», https://www.merrimacknh.gov/about-fire-rescue.

[62] En la actualidad hay unas: U. S. Bureau of Labor Statistics, «Empleo ocupacional y sueldos, mayo de 2020», https://www.bls.gov/; National Fire Protection Association, «Perfil del Cuerpo de Bomberos de Estados Unidos en 2018», https://www.nfpa.org.

[62] Durante casi ochocientos años: Thatching Info, «Empajando los tejados de la ciudad de Londres», https://www.thatchinginfo.com/.

[62] En la actualidad, una importante ONG orientada a la prevención de desastres: National Fire Protection Association, https://www.nfpa.org.

[69] Una tablilla egipcia: Global Polio Eradication Initiative (GPEI), «Historia de la polio», https://www.polioeradication.org/.

[70] Al agregar una vacuna: GPEI, https://www.polioeradication.org/.

[70] Gráfico: El fin de la polio. Los datos son solo de casos de polio salvaje. Fuentes: OMS, Avances en los Objetivos hacia una Inmunización Global, 2011 (consultado en enero de 2022), datos suministrados por 194 estados miembros de la OMS.

[71] Foto: © UNICEF/UN0581966/Herwig

[71] El coordinador de Pakistan: Entrevista con el Dr. Shahzad Baig, coordinador nacional del Centro de Operaciones de Emergencias Nacionales de Pakistán.

[72] Para poner esa cifra en perspectiva: IISS, «El gasto en defensa sube, a pesar de la contracción económica», https://www.iiss.org.

3. Mejorar la detección temprana de brotes

[77] Algunos países africanos, por ejemplo: CDC, «Integración de la vigilancia y respuesta ante las enfermedades (IDSR)», https://www.cdc.gov.

[79] En Vietnam, los maestros reciben instrucciones: A. Clara *et al.*, «Desarrollando herramientas de monitorización y evaluación para una vigilancia basada en eventos: la experiencia de Vietnam», *Global Health* 16, n.º 38 (2020).

[81] Según la OMS: «Informe global sobre sistemas de datos y capacidad sanitaria, 2020», https://www.who.int.

[81] A finales de octubre de 2021: IHME, «Resumen de los resultados globales de la COVID-19», 3 de noviembre de 2021, https://www.healthdata.org.

[81] En Europa esta proporción era: IHME resultados para la Unión Europea y África.

[82] Un tiempo después, estudios financiados por la Fundación Gates: Sources TK.

[82] Mozambique es asimismo: CHAMPS, «Una red global que salva vidas», https://champshealth.org.

[83] En 2013 apoyamos a investigadores: MITS Alliance, «¿Qué es MITS?», https://mitsalliance.org.

[84] Foto: The Gates Notes LLC/Curator Pictures, LLC.

[86] Como ya sabemos qué aspecto: Cormac Sheridan, «El coronavirus y la carrera para distribuir unas pruebas diagnósticas fiables», *Nature Biotechnology* 38 (abril de 2020): 379-391.

[90] El sistema Nexar es capaz de procesar: Biosearch Technologies, especificaciones técnicas Nexar, https://www.biosearchtech.com.

[91] Foto: LGC, Biosearch Technologies.

[95] La mayor parte de los ingredientes de una ensalada común: Correspondencia por email con Lea Starita del Advanced Technology Lab del Instituto Brotman Baty.

[100] Gráfico: Llegada de la COVID-19 al estado de Washington. Datos consultados el 9 de diciembre de 2021. Las infecciones diarias confirmadas representan los casos de cuya existencia se ha informado por día. Las infecciones estimadas son el número de personas que se estima que se han infectado por COVID-19 cada día, incluidas las que no se han hecho una prueba diagnóstica. Datos COVID-19 disponibles entre febrero de 2020 y abril de 2020. Fuente: Instituto para la Medición y Evaluación de la Salud (IHME) de la Universidad de Washington.

[101] «Secuenciación genética indica que el coronavirus»: Sheri Fink y Mike Baker, «Secuenciación genética indica que el coronavirus podría llevar semanas propagándose por EE. UU.», *The New York Times*, 1 de marzo de 2020.

[105] En la actualidad, Oxford Nanopore colabora con: Oxford Nanopore, «Oxford Nanopore, la Fundación Bill y Melinda Gates, los Centros de Control y Prevención de Enfermedades de África y otros socios colaboran para transformar la vigilancia de enfermedades en África», https://nanoporetech.com.

[109] En marzo de 2020, Neil Ferguson: Neil M. Ferguson *et al.*, «Informe 9: el impacto de las intervenciones no farmacológicas (INF) para reducir la mortalidad y la demanda de sanidad», https://www.imperial.ac.uk.

346 CÓMO EVITAR LA PRÓXIMA PANDEMIA

4. Ayudar a la gente a protegerse de inmediato

[114] En su libro *Inmunidad:* Bill Gates, «¿De dónde surge el miedo a las vacunas?», https://gatesnotes.com.

[115] Foto: Gado a través de Getty Images.

[119] Según un estudio: Steffen Juranek y Floris T. Zoutman, «El efecto de las intervenciones no farmacológicas en la demanda de sanidad y la mortalidad: evidencias de la COVID-19 en Escandinavia», *Journal of Population Economics* (julio de 2021): 1 a 22, doi:10.1007/s00148-021-00868-9.

[119] Otro estudio calculó: Solomon Hsiang *et al.,* «El efecto de las políticas de anticontagio a gran escala en la pandemia de COVID-19», *Nature* 584, n.º 7820 (agosto de 2020): 262-267, doi:10.1038/s41586-020-2404-8.

[121] Entre marzo de 2020 y junio de 2021: Unesco, «Cierres de colegios y políticas regionales para mitigar los problemas que sufre la enseñanza en Asia-Pacífico», http://uis.unesco.org.

[122] Gráfico: La COVID-19 es mucho peor para las personas mayores: el índice (%) estimado de fatalidad de la infección incluye el número estimado de personas de ambos sexos que murieron de COVID-19 globalmente en 2020 antes de la introducción de las vacunas. Fuente: Instituto para la Medición y Evaluación de la Salud (IHME) de la Universidad de Washington.

[123] Según cálculos de la ONU: Unesco.

[123] En Estados Unidos: Emma Dorn *et al.,* «La COVID-19 y los problemas de la enseñanza: la disparidad crece y los estudiantes necesitan ayuda», McKinsey & Company, 8 de diciembre de 2020, https://www.mckinsey.com.

[124] A lo largo de marzo de 2021, en Estados Unidos: CDC, «Informe científico: Transmisión del SARS-CoV-2 en colegios y guarderías. Actualizado», diciembre de 2021, https://www.cdc.gov.

[125] Un estudio reveló: Victor Chernozhukov, Hiroyuki Kasahara y Paul Schrimpf, «La relación entre abrir los colegios y la propagación de la COVID-19 en Estados Unidos: análisis de datos a nivel de condado», *Proceedings of the National Academy of Sciences* (octubre de 2021): 118.

[126] Un ingenioso estudio: Joakim A. Weill *et al.,* «El acatamiento del distanciamiento social como resultado de las declaraciones de emergencia de la COVID-19 varía mucho según los ingresos)» *Proceedings of the National Academy of Sciences of the United States of America* (agosto de 2020): 19658-19660.

[128] Cada año, la influenza mata: CDC, «Preguntas frecuentes sobre la

carga estimada que supone la gripe», https://www.cdc.gov; OMS, «Pregunta al experto: preguntas y respuestas sobre la gripe», https://www.who.int.

[130] Según la revista *Nature*: «¿Por qué muchos países han fracasado a la hora de rastrear los contactos COVID-19, pero algunos lo han hecho bien?», *Nature*, 14 de diciembre de 2020.

[131] En marzo de 2020: Ha-Linh Quach *et al.*, «Contención con éxito de un brote de COVID-19 importado en un vuelo mediante el rastreo de contactos extensivo, la realización sistemática de pruebas diagnósticas y las cuarentenas obligatorias: lecciones de Vietnam», *Travel Medicine and Infectious Disease* 42 (agosto de 2021).

[131] En dos condados: R. Ryan Lash *et al.*, «El rastreo de contactos COVID-19 en dos condados, Carolina del Norte, de junio a julio de 2020», *MMWR: Morbidity and Mortality Weekly Report* 69 (25 de septiembre de 2020).

[132] Resultó que las pruebas diarias: B. C. Young *et al.*, «Pruebas diarias para los contactos de individuos con infección SARS-CoV-2 y asistencia y transmisión SARS-CoV-2 en las escuelas de secundaria y centros de estudios superiores ingleses: un ensayo aleatorio por grupos de etiqueta abierta», *The Lancet* (septiembre de 2021).

[132] En general, si se inicia: Billy J. Gardner y A. Marm Kilpatrick, «La eficiencia en el rastreo de contactos, la heterogeneidad de la transmisión y la aceleración de la epidemia COVID-19», *PLOS Computational Biology* (17 de junio de 2021).

[133] Cerca del 70 por ciento de esos casos: Dillon C. Adam *et al.*, «Concentración y potencial de superpropagación de las infecciones de SARS-CoV-2 en Hong Kong», *Nature Medicine* (septiembre de 2020).

[133] Por razones que aún no entendemos muy bien: Kim Sneppen *et al.*, «La sobredispersión en la COVID-19 incrementa la efectividad de limitar contactos no repetitivos para controlar la transmisión», *Proceedings of the National Academy of Sciences of the United States of America* 118, n.º 14 (abril de 2021).

[133] Con esta limitación en mente: W. J. Bradhsaw *et al.*, «El rastreo bidireccional de contactos podría mejorar drásticamente el control de la COVID-19», *Nature Communications* (enero de 2021).

[134] Un estudio reveló: Akira Endo *et al.*, «Implicaciones del rastreo inverso en presencia de la transmisión sobredispersa de los brotes de la COVID-19», *Wellcome Open Research* 5, n.º 239 (2021).

[135] En Sídney, Australia: Anthea L. Katelaris *et al.*, «Evidencias epide-

miológicas de la transmisión aérea del SARS-CoV-2 mientras se cantaba en una iglesia, Australia, 2020», *Emerging Infectious Diseases* 27, n.º 6 (2021): 1677.

[135] En un restaurante de Cantón, China: Jianyun Lu *et al.*, «Brote de CO-VID-19 asociado con el aire acondicionado de un restaurante, Cantón, China, 2020», *Emerging Infectious Diseases* 26, n.º 7 (2020): 1628.

[135] En Christchurch, Nueva Zelanda: Nick Eichler *et al.*, «Transmisión del síndrome respiratorio agudo coronavirus 2 durante la cuarentena de fronteras y viajes aéreos, Nueva Zelanda (Aotearoa)», *Emerging Infectious Diseases* 27, n.º 5 (2021): 1274.

[137] De hecho, aun en el caso: CDC, «Informe científico: SARS-CoV-2 y la transmisión por superficie (por fómites) en entornos comunitarios cerrados», 5 de abril de 2021, https://www.cdc.gov.

[137] Además, al menos durante un tiempo: Apoorva Mandavilli, «¿El coronavirus se transmite cada vez mejor por el aire?», *The New York Times*, 1 de octubre de 2021.

[140] Un estudio utilizó una simulación informática: Rommie Amaro *et al.*, «#COVIDsetransmiteporelaire: imagen del SARS-CoV-2 Delta en un aerosol respiratorio creada por un microscopio computacional multiescala equipado con IA», 17 de noviembre de 2021, https://sc21.supercomputing.org.

[141] Data de 1910: Christos Lynteris, «¿Por qué realmente la gente lleva mascarilla durante una epidemia», *The New York Times*, 13 de febrero de 2020; Wudan Yan, «¿Qué se puede y no se puede aprender de un doctor de China que fue un pionero de las mascarillas», *The New York Times*, 24 de mayo de 2021.

[141] Para muchas personas: M. Joshua Hendrix, Charles Walde, Kendra Findley y Robin Trotman, «Ausencia de transmisión aparente de SARS-CoV-2 entre dos peluqueras tras estar expuestas al virus en una peluquería donde era obligatorio el uso de mascarilla; Springfield, Misuri, mayo de 2020», *Morbidity and Mortality Weekly Report* 69 (2020): 930-932.

[142] La primera se denomina: J. T. Brooks *et al.*, «Maximizando la colocación de la ropa y las mascarillas quirúrgicas para mejorar su rendimiento y reducir la transmisión y exposición al SARS-CoV-2», *Morbidity and Mortality Weekly Report* 70 (2021): 254-257.

[142] Un equipo de investigación: Siddharta Verma, Manhar Dhanak y John Frankenfield, «Visualización de la efectividad de las mascarillas en la reducción de los aerosoles inhalados», *Physics of Fluids* 32, n.º 061708 (2020).

[143] Otro grupo de investigadores: J. T. Brooks *et al.*, «Maximizando la colocación de la ropa y las mascarillas quirúrgicas para mejorar su rendimiento y reducir la transmisión y exposición al SARS-CoV-2», *Morbidity and Mortality Weekly Report* 70, n.º 7 (2021): 254-257.

[143 Un estudio demostró: Gholamhossein Bagheri *et al.*, «Una cota superior en la exposición persona a persona de las partículas respiratorias infecciosas en humanos», *Proceedings of the National Academy of Sciences* 118, n.º 49 (diciembre de 2021).

[144] Foto: The Gates Notes, LLC/Sean Williams.

[144] En San Francisco: Christine Hauser, «Los antimascarillas de 1918», *New York Times*, 10 de diciembre de 2020.

[145] En Bangladesh: Jason Abaluck, *et al.*, «Impacto comunitario de las mascarillas en la COVID-19: un ensayo aleatorio por grupos en Bangladesh», *Science*, 2 de diciembre de 2021.

5. Encontrar tratamientos nuevos cuanto antes

[149] Su director general dijo: Tedros Adhanom Ghebreyesus, declaraciones en la Conferencia de Seguridad de Múnich, 15 de febrero de 2020, https://www.who.int.

[149] Solo en la primera mitad de 2020: OMS, «Consejos para los ciudadanos sobre la enfermedad del coronavirus (COVID-19): derribando mitos», mayo de 2021, https://www.who.int.; Ian Freckelton, «COVID-19: Miedo, charlatanería, bulos y ley», *International Journal of Law and Psychiatry* 72, n.º 101611 (septiembre-octubre de 2020).

[151] Cientos de estudios clínicos: La Biblioteca Nacional de Medicina de Estados Unidos, https://clinicaltrials.gov (busca «COVID-19 e hidroxicloroquina»; Peter Horby y Martin Landray, «No se obtiene ningún beneficio clínico con el uso de la hidroxicloroquina en pacientes hospitalizados con COVID-19», 5 de junio de 2020, https://www.recoverytrial.net.

[152] La hidroxicloroquina desató una demanda febril: Aliza Nadi, «El medicamento para el lupus que 'salva vidas' prácticamente se agota después de que Trump pregone que es un posible tratamiento para el coronavirus», NBC News, 23 de marzo de 2020.

[152] Cuando llegó el verano: The Recovery Collaborative Group, «La

dexametasona en pacientes hospitalizados con COVID-19», *New England Journal of Medicine*, 25 de febrero de 2021.

[153]   Menos de un mes después: Plataforma Africana de Suministros Médicos, 17 de julio de 2020, https://amsp.africa; Ruth Okwumbu-Imafidon, «Unicef negocia comprar medicamento para la COVID-19 para cuatro millones y medio de pacientes en los países pobres», *Nairametrics*, 30 de julio de 2020.

[153]   Unos investigadores británicos calcularon: el Servicio Nacional de Salud de Inglaterra (NHS), «El tratamiento desarrollado en la NHS salva millones de vidas», 23 de marzo de 2021, https://www.england.nhs.uk.

[154]   Sin embargo, un estudio posterior: Robert L. Gottlieb *et al.*, «Administración temprana del remdesivir para evitar el avance de un COVID-19 severo en pacientes externos», *New England Journal of Medicine*, 22 de diciembre de 2021.

[155]   Si una persona se infecta: Institutos Nacionales de Salud de Estados Unidos, «Tabla 3a. Anticuerpos monoclonales anti-SARS-CoV2: datos clínicos seleccionados», diciembre de 2021, https://www.covid19treatmentguidelines. nih.gov.

[157]   Cuando se administró Paxlovid: Pfizer, «El nuevo y prometedor tratamiento antiviral oral de Pfizer reduce el riesgo de hospitalización o muerte en un 89 % en el análisis provisional de la fase 2/3 del estudio EPIC-HR», 5 de noviembre de 2021, https://www.pfizer.com/.

[161]   Según la OMS: OMS, «Guía para la gestión/vida clínica de la COVID-19», 25 de enero de 2021, https://www.who.int.

[161]   Cientos de miles de personas: Clinton Health Access Initiative, «Cerrar la brecha de oxígeno», febrero de 2020, https://www.clintonhealthaccess.org/.

[162]   En el momento en que escribo: https://hewatele.org/.

[163]   Hace unos nueve mil años: «Hombre de la Edad de Piedra usaba un torno dental», BBC News, 6 de abril de 2006.

[163]   El antiguo médico y científico egipcio: Rachel Hajar, «Historia de la cronología de la medicina», *Heart Views: The Official Journal of the Gulf Heart Association* 16, n.º1 (2015): 43 a 45.

[164]   En ocasiones, la invención de un fármaco: Alan Wayne Jones, «El descubrimiento temprano de los medicamentos y el auge de la química farmacéutica», *Drug Testing and Analysis*, n.º 6 (junio de 2011): 337-344; Melissa Coleman y Jane Moon, «Antifebrina: una casualidad feliz que da paso a una seria tristeza», *Anesthesiology* 134 (2021): 783.

[168] En mayo de 1747: Arun Bhatt, «Evolución de la investigación clínica: antes de James Lind y más allá de él», *Perspectives in Clinical Research* 1, n.º 1 (2010): 6-10.

[168] Se completó al cabo de seis semanas: U.K. Research and Innovation, «El ensayo Recovery», https://www.ukri.org.

[178] Las compañías de genéricos fabrican: Centro para el Desarrollo Global, «Investigación de fondo y análisis de escenarios en la adquisición de productos sanitarios a nivel global», mayo de 2018, https://www.cgdev.org.

[178] El programa contra la malaria que la OMS: OMS, «Evaluación del impacto de los sistemas de las actividades de apoyo y precualificación de la OMS», junio de 2019, https://www.who.int.

[178] Incluso en Estados Unidos: la Administración de Medicamentos y Alimentos de los Estados Unidos, «Medicamentos genéricos», https://www.fda.gov.

6. Prepararse para fabricar vacunas

[185] Gráfico: Las vacunas contra la COVID-19 se desarrollaron con una rapidez increíble. El año en que se identificó la enfermedad es la fecha en que el virus en cuestión fue aislado por primera vez a partir de muestras de los pacientes. La disponibilidad de la vacuna indica cuándo la vacuna se usó de un modo amplio para combatir la enfermedad. La vacunación global de la tosferina, la polio y el sarampión muestra el porcentaje de niños de un año que habían sido inmunizados contra la enfermedad. Las vacunas contra la COVID-19 incluyen a todos los individuos vacunados a fecha de diciembre de 2021. Fuente: «Vacunación» (2013), de Samantha Vanderslott, Bernadeta Dadonaite y Max Roser, publicado online en OurWorldInData.org, datos extraídos de https://ourworldindata.org/vaccination. CC BY 4.0.

[186] Históricamente, la probabilidad media: Asher Mullard, «El desarrollo de las vacunas COVID-19 se acelera», *The Lancet,* 6 de junio de 2020.

[187] En junio, después de ver los datos iniciales: Siddhartha Mukherjee, «¿Se puede desarrollar una vacuna contra la COVID-19 a tiempo?», 178 *York Times,* 9 de junio de 2020.

[187] La vacuna fabricada por Pfizer: OMS, «La OMS autoriza para uso de emergencia la primera vacuna contra la COVID-19 y hace hincapié en que es

necesario que sea accesible al mundo entero», 31 de diciembre de 2020, https://www.who.int

[187] Para hacernos una idea de lo rápido que ocurrió esto: CDC, «Seguridad de las vacunas: Resumen, historia y cómo funciona el proceso de seguridad», 9 de septiembre de 2020, https://www.cdc.gov.

[188] Esta proeza extraordinaria: «Maurice Hilleman», Wikipedia, diciembre de 2021.

[188] Gráfico: Fabricar una vacuna. Previamente, cuatro años era lo mínimo que se había tardado en desarrollar una vacuna (la de las paperas), y el responsable fue Maurice Hilleman. La línea de un año de la COVID-19 representa el tiempo transcurrido entre el primer intento de producir una vacuna contra la COVID-19 y la aprobación de la autorización de emergencia de la vacuna de Pfizer y BioNTech. Fuente: reproducida con permiso. N Engl J Med 2020; 382:1969-1973. Copyright 2020, Massachusetts Medical Society..

[190] Foto (izquierda): Paul Hennessy/SOPA Images/LightRocket a través de Getty Images; foto (derecha): Brian Ongoro/AFP a través de Getty Images.

[191] Desde el año 2000 ha ayudado: Gavi, «Nuestro impacto», 21 de septiembre de 2020, https://www.gavi.org.

[192] Gráfico: Gavi salva vidas. El número de niños vacunados muestra a los que han recibido la última dosis recomendada de una vacuna apoyada por Gavi y distribuida solo por sistemas rutinarios, 2016-2020. Las muertes de menores de cinco años muestran la probabilidad medida de que un niño nacido en cualquiera de los países donde actúa Gavi muera antes de alcanzar los cinco años. Fuente: Gavi Annual Progress Report 2020; United Nations Inter-agency Group for Child Mortality Estimation 2021.

[194] La cifra sube todavía más: Joseph A. DiMasia, Henry G. Grabowski y Ronald W. Hansen, «Innovación en la industria farmacéutica: Nuevas estimaciones de los costes de investigación y desarrollo», *Journal of Health Economics* (mayo de 2016): 20-33.

[196] En verano de 2021: CEPI «Resumen de la reunión del 24-25 de junio del consejo», 19 de agosto de 2021, https://www.cepi.net

[197] Con COVAX se pretendía resolver: Benjamin Mueller y Rebecca Robbins, «Donde un vasto programa de vacunación global se torció», *The New York Times,* 7 de octubre de 2021.

[198] Ilustración: The Gates Notes, LLC/Studio Muti.

[202] En 1999, un investigador oncológico: J. J. Wheeler *et al.,* «Partículas

plásmido-lípido: Construcción y caracterización», *Gene Therapy* (febrero de 199): 271-281.

[202] Seis años después: Nathan Vardi, «El héroe olvidado de la COVID: La historia olvidada del científico cuyo gran descubrimiento hizo que las vacunas fueran posibles», *Forbes,* 17 de agosto de 2021.

[204] Japón solo había administrado: «Dosis de vacunas contra la COVID-19 administradas por el fabricante, Japón», Our World in Data, enero de 2022.

[209] La palabra vacuna procede: Patrick K. Turley, «Vacunas: de *vacca,* una vaca», Biblioteca Nacional de Medicina de los Estados Unidos, 29 de marzo de 2021, https://www.ncbi.nlm.nih.gov/.

[209] Ese mismo año un suero contaminado: «Contaminación de antitoxinas», *The History of Vaccines,* https://historyofvaccines.org/.

[209] Con el tiempo, la labor de regulación: «La ley de control biológico», *The History of Vaccines,* https://historyofvaccines.org/.

[210] La fase de exploración: «Desarrollo, prueba y regulación de las vacunas», *The History of Vaccines,* 17 de enero de 2018, https://historyofvaccines. org/; «Fases de los ensayos clínicos», BrightFocus Foundation, https://www. brightfocus.org/.

[220] En los países de rentas bajas, solo lo recibió el 8 por ciento: Hannah Ritchie *et al.,* «Pandemia del coronavirus (COVID-19)», Our World in Data, enero de 2022, https://www.ourworldindata.org.

[221] Gráfico: Desigualdad vacunal. La población vacunada representa el número de personas que recibieron al menos una dosis prescrita por el protocolo de vacunación. Esto no incluye a las personas que se han infectado con SARS-CoV-2. Fuente: Datos oficiales recopilados por Our World in Data. CC BY 4.0.

[222] En 2021 la Casa Blanca: «Preparación pandémica de Estados Unidos: Tranformando nuestras capacidades», la Casa Blanca, septiembre de 2021, https://whitehouse.gov/.

[...] La más usada: «Fabricante indio rebaja un 30 por ciento el precio de una vacuna infantil», Gavi, 18 de abril de 2013, https://www.gavi.org.

[223] Eso supone que se ha incrementado por dieciséis: Melissa Malhame *et al.,* «Moldeando los mercados para que promuevan la salud global, una historia sobre las lecciones aprendidas durante quince años en el mercado de las vacunas pentavalentes»; *Vaccine: X,* 9 de agosto de 2019.

[223] Y mientras estaba escribiendo este libro: «India completa la introducción nacional de la vacuna neumocócica conjugada», Gavi, 12 de noviembre de 2021, https://www.gavi.org., «Comparación del GBD», IHME, https://www.healthdata.org/.

[226] Gráfica: Los índices de vacunación global son más altos que nunca. OMS, difteria, tétanos y tosferina (DTP3), 2021; información consultada en enero de 2022; datos proporcionados por The World Bank Income Group: https://apps.who.int/gho/data.

[228] Foto: The Gates Notes, LLC/Uma Bista.

[229] La vacuna del sarampión: CDC, «Vacunación del sarampión», https://www.cdc.gov/.

[230] Cuando a Larry Brilliant: W. Ian Lipkin, Larry Brilliant y Lisa Danzig, «Ganando por un pelo en la lucha contra la COVID-19», *The Hill*, 1 de enero de 2022.

[233] Foto: The Gates Notes, LLC/Jason J. Mulikita.

7. Practicar, practicar y practicar

[237] En julio de 2015, *The New Yorker:* Kathryn Schulz, «El Grande de verdad», *The New Yorker,* 13 de julio de 2015.

[238] En el ejercicio de 2016: el Departamento Militar de Washington, «Examinando los éxitos de Cascadia se alza y preparándonos para nuestro próximo gran ejercicio», 7 de junio de 2018, https://m.mil.wa.gov; la División de Gestión de Emergencias, «Ejercicio de Cascadia se alza de 2016 en el estado de Washington, informe *a posteriori*», 1 de agosto de 2018, https://m.mil.wa.gov/.

[239] Tal y como señalaba el programa de preparación para la gripe de la OMS: OMS, «Una guía práctica para desarrollar y realizar simulacros para probar y validar los planes para afrontar la pandemia de gripe», 2018, https://www.who.int.

[240] El mérito de haber realizado el primero: Karen Reddin, Henry Bang y Lee Miles, «Evaluando simulacros como preparación para crisis sanitarias como la de la COVID-19: reflexiones sobre cómo incorporar ejercicios de simulacros para una respuesta efectiva», *International Journal of Disaster Risk Reduction* 59 (1 de junio de 2021): 102245.

[241] Cygnus, en particular, puso de relieve: David Pegg, «¿Qué fue el ejercicio Cygnus y qué se descubrió gracias a él», *The Guardian*, 7 de mayo de 2020.

[241] Estados Unidos tuvo una experiencia similar: el Departamento de Salud y Servicios Humanos de los Estados Unidos, «Informe *a posteriori* del ejercicio funcional Contagio Carmesí de 2019», enero de 2020, información extraída de https://www.governmentattic.org.

[244] Menos de dos meses después: Tara O'Toole, Mair Michael y Thomas V. Inglesby, «Arrojando luz sobre 'Invierno Oscuro'», *Clinical Infectious Diseases* 34, n.º 7 (1 de abril de 2002): 972-983.

[249] Durante el verano de 2013: Kathy Scott, «Emergencia a gran escala: Batallas de inteligencia en Orlando (ejercicio)», *Airport Improvement*, julio-agosto de 2013.

[249] En el otro extremo: Sam LaGrone, «Ejercicio a gran escala en 2021 demuestra cómo la armada y los marines podrían luchar en una futura batalla global», *USNI News*, 9 de agosto de 2021.

[250] Un buen modelo: Alexey Clara *et al.*, «Probando los sistemas de advertencia y respuesta temprana mediante un ejercicio a gran escala en Vietnam», *BMC Public Health* 21, n.º 409 (2021).

[254] Como mi amigo Nathan Myhrvold: Nathan Myhrvold, «Terrorismo estratégico: una llamada a actuar», *Lawfare*, https://paper.ssrn.com.

[258] A principios de los años ochenta: correspondencia por email con Bill Foege.

8. Cerrar la brecha sanitaria que separa a países ricos y pobres

[261] En todos los grupos de edad: Samantha Artiga, Latoya Hill y Sweta Haldar, «Casos COVID-19 y muertes según raza/etnicidad: Datos actuales y cambios a lo largo del tiempo», https://www.kff.org.

262] En 2020 empujó: Daniel Gerszon Mahler *et al.*, «Estimaciones actualizadas del impacto de la COVID-19 en la pobreza global: ¿superando la pandemia en 2021?», *World Bank Blogs*, 24 de junio de 2021, https://blogs.worldbank.org/.

[262 En enero de 2021: Tedros Adhanom Ghebreyesus, «Las declaraciones iniciales del director general de la OMS en la sesión 148.ª del comité ejecutivo», 18 de enero de 2021, https://www.who.int/.

[262] «La pandemia se ha dividido en dos»: Weiyi Cai *et al.*, «La pandemia se ha dividido en dos», *The New York Times*, 15 de mayo de 2021.

[262] Un funcionario de la OMS denunció: James Morris, «Que los países ricos acaparen vacunas contra la COVID-19 es 'grotesca y moralmente indignante', eso deja a RU en peligro, advierte la OMS», Yahoo News UK, 6 de mayo de 2021.

[262] Hacia finales de marzo: Our World in Data, «Porcentaje de la población totalmente vacunada contra la COVID-19», https://www.ourworldindata.org.

[263] Tengamos en cuenta que, para finales de 2021: Our World in Data, «Exceso de muertes estimadas durante la COVID-19 en el mundo», https://www.ourworldindata.org.

[263] Pero comparémosla con: IHME, «Comparación del GBD», https://vizhub.healthdata.org/ (datos consultados el 31 de diciembre de 2021).

[264] Gráfico: La brecha de sanitaria. Muertes por cada 100.000 personas. La Norteamérica de rentas altas incluye a Estados Unidos, Canadá y Groenlandia. Fuente: Instituto para la Medición y Evaluación de la Salud (IHME) de la Universidad de Washington, Estudio de la Global Burden of Disease (GBD) de 2019.

[265] Un niño nacido en Estados Unidos: «OMS, esperanza de vida al nacer (años)», https://www.who.int/.

[269] Gráfico: Hoy en día sobreviven más niños que en ningún otro momento de la historia. Los datos de mortalidad infantil por debajo de los cincos (5q0), la probabilidad de morir entre el nacimiento y los cinco años exactos, se expresan como una media anual de muertes por cada 1.000 nacimientos. Fuente: Naciones Unidas, Departamento de Economía y Asuntos Sociales, División de Población (2019), Perspectivas de Población Mundial 2019, Agregados Especiales, edición online, Rev. 1.

[270] Admiré el modo tan inteligente: Hans Rosling, «¿Salvar a los niños pobres fomentará la superpoblación?», https://www.gapminder.org; Our World in Data, «¿Dónde están muriendo los niños en el mundo?», https://www.ourworldindata.org/.

[270] Sucedió en Francia: Carta anual de Bill y Melinda Gates, 2014, https://www.gatesfoundation.org/.

[271] Tal y como explica en su sitio web el Fondo de Población de las Naciones Unidas: «El dividendo demográfico», https://www.unfpa.org/.

[275] Recaudó casi cuatro mil millones: El Fondo Mundial, «Nuestra respuesta al COVID-19», https://www.theglobalfund.org, información consultada en diciembre de 2021.

[275] A pesar de que alrededor de una sexta parte: OMS, «Las muertes por tuberculosis aumentan por primera vez en más de una década por culpa de la pandemia COVID-19», 14 de octubre de 2021, https://www.who.int.

[276] Parte de su misión: Gavi, https://www.gavi.org.

[278] Tras independizarse del Reino Unido: Chandrakant Lahariya, «Una breve historia de las vacunas y la vacunación en India», *Indian Journal of Medical Research* 139, n.º 4 (2014): 491-511.

[278] En 2000, por ejemplo: Datos de la OMS sobre la inmunización en la India, https://immunizationdata.who.int/.

[279] Gráfico: Aplastando el sarampión en la India. Las vacunas del sarampión incluyen una primera dosis (MCV1) y una segunda dosis (MCV2). El número anual de casos de sarampión incluye los confirmados clínicamente, así como los relacionados epidemiológicamente o mediante investigación de laboratorio. Fuente: OMS, alcance de la vacunación del sarampión, datos obtenidos del formulario de notificación conjunta de la OMS y Unicef y de las estimaciones conjuntas de la OMS y Unicef sobre la tasa de inmunización. https://immunizationdata.who.int/pages/coverage.

[280] En unas pocas semanas: Iniciativa Global de Erradicación de la Polio, «La primera llamada», 13 de marzo de 2020, https://polioeradication.org/.

[280] La plantilla del COE de la polio: Entrevista con Faisal Sultan, 13 de octubre de 2021.

[281] Para finales del verano de 2021: Our World in Data, «Dosis diarias de vacunas contra la COVID-19 administrada por cada 100 personas», https://www.ourworldindata.org/.

[282] En 2019 la respuesta: IHME, «Flujo del desarrollo de la asistencia sanitaria», https://vizhub.healthdata.org.

283] La gente se gasta casi lo mismo: Statista Research Department, «El tamaño del mercado global de fragancias de 2012 a 2025 (en miles de millones de dólares estadounidenses», 30 de noviembre de 2020, https://www.statista.com.

[284] Gráfico: Las muertes infantiles se reducen a la mitad. Fallecimientos totales por culpa de enfermedades transmisibles de niños menores de 5 años, 1990-2019. Fuente: Instituto para la Medición y Evaluación de la Salud (IHME)

de la Universidad de Washington, Estudio de la Global Burden of Disease (GBD) de 2019.

[284] Gráfico: A por las enfermedades prevenibles. Muertes de menores de 5 años por las causas previsibles seleccionadas. Las muertes por neumonía representan «las infecciones en las vías respiratorias bajas». Fuente: Instituto para la Medición y Evaluación de la Salud (IHME) de la Universidad de Washington.

9. Trazar (y financiar) un plan para prevenir pandemias

[295] El último fallecimiento provocado por la viruela. CDC, «Historia de la viruela», https://www.cdc.gov.

[302] En muchos países de rentas bajas: La Iniciativa del Rendimiento de la Atención Primaria, https://improvingphc.org.

[306] Como el mundo ha demostrado a lo largo de la historia: Comité Independiente de Alto Nivel sobre la Financiación del Esfuerzo Mundial para la Preparación y Respuesta ante las Pandemias. «Un Pacto Global para Nuestra Era Pandémica», junio de 2021, https://pandemic-financing.org.

[307] La idea de que los países ricos: OCDE, «La historia del 0,7 % del AOD/INB», https://www.oecd.org.

Epílogo: Cómo la COVID-19 ha cambiado el curso de nuestro futuro digital

[314] En Estados Unidos, por ejemplo: Pew Research Center, «Datos sobre móviles», https://pewresearch.org.

[314] Y casi todo el mundo: U. S. Census Bureau: «Ventas trimestrales del comercio electrónico, cuarto trimestre de 2020», febrero de 2021, https://www.census.gov.

[323] El número de personas que emplea: Oleg Bestsennyy et al., «Telemedicina: ¿Una realidad postCOVID-19 de un cuarto de billón de dólares?», McKinsey & Company, 9 de julio de 2021, https://www.mckinsey.com/.

[327] El álgebra es una asignatura clave: Timothy Stoelinga y James Lynn, «El álgebra y el estudiante no preparado», investigación de la UIC sobre la Iniciativa de Política Educativa Urbana, junio de 2013, https://mcmi.uic.edu/.

[328] La brecha digital se ha estrechado: Emily A. Vogels, «Algunas brechas digitales persisten entre la América rural, urbana y suburbana», Pew Research Center, 19 de agosto de 2021, https://pewresearch.org.

[328] Esto es especialmente cierto en el caso: Sara Atske y Andrew Perrin, «La banda ancha en el hogar, tener un ordenador en Estados Unidos depende de la raza, la etnicidad», Pew Research Center, 16 de julio de 2021, https://pewresearch.org.

[329] Foto: AT&T Photo Service/United States Information Agency/PhotoQuest a través de Getty Images.

ÍNDICE ALFABÉTICO

Los números de página en *cursiva* hacen referencia a ilustraciones.

368 CÓMO EVITAR LA PRÓXIMA PANDEMIA

Gates, Melinda, 13, 17, 25, 26, 266

Gavi, la Alianza para las Vacunas, 191,
192, 191n, *192*, 218, 276, 277, 283,
284, 332

GBS (síndrome de Guillain-Barré), 54

genoma, secuenciación genómica de
patógenos, 95-99, *96*, 103, 105,
111, 135, 299, 332

de COVID-19, 99, 103, 104, 135,
272-274

desarrollo de fármacos antivirales y,
165, 166

para el desarrollo de vacunas, 272

patógeno diseñado artificialmente,
257

plan pandémico global y, 299-301

proteínas S, vacunas ARNm y, 201,
203

GERM (Equipo Mundial de Respuesta y
Movilización ante Epidemias), 61-
73, 296, 297, 332

acontecimientos como respuesta a
un brote, 65, 66

analogía de un cuerpo de bomberos
mundial, 63

antecedentes históricos, 61, 62

coste anual, 72, 73, 306

diplomacia y líderes locales o
nacionales, 68

ejercicios (juegos de gérmenes) y, 69,
246, 252

enfermedades nuevas como
prioridad, 72

financiación y contratación, 67, 298,
297

fuente de financiación, 73n

función de, 63, 73

gestión por parte de la OMS, 67,
73n

herramientas, 305, 306

lista de comprobación del grado de
preparación frente a pandemias,
69

papel de los empleados, 67

precedentes: COE, 69-72

principal misión, 308

sistemas sanitarios y, 306

zar de la prevención de pandemias y,
303

Global Burden of Disease, 36, 36n

GOARN (Red Mundial de Alerta y
Respuesta ante Brotes Epidémicos),
65

gripe, 18, 19, 22

erradicar, 33, 289

estacional, 287

Estudio de la Gripe de Seattle, 24,
91-106, 298, 307

falta de diagnóstico y pruebas en EE.
UU., 97

gripe porcina (1976), impulso de la
inmunización masiva, 54, 55

gripe porcina (2009-10), 18, 19

INF y temporada de gripe 2020-21,
128, 129

información de nuevos tipos, 77

información genética y, 94, 95

inhibidor oral para, 231

métodos de prevención, 56

muertes y hospitalizaciones, 33, 128,
128n, 129

mutaciones (variantes), 95

pandemia (1918), 18, 18n, 19, *19*,
54, 114, 144, 145, 145n

recurrencia de cepas, 129

simulación, Indonesia, 241, 242

simulaciones de pandemia en
EE.UU., 244

vacunas universales para, 31, 197,
234

vacunas, 193, 206

372 **CÓMO EVITAR LA PRÓXIMA PANDEMIA**